LI CHENG ZHANG JIAO LIAN AO SHU BI JI

李成章教练奥数笔记

第8卷

李成章　著

内容提要

本书为李成章教练奥数笔记第八卷,书中内容为李成章教授担任奥数教练时的手写原稿.书中的每一道例题后都有详细的解答过程,有的甚至有多种解答方法.

本书适合准备参加数学竞赛的学生及数学爱好者研读.

图书在版编目(CIP)数据

李成章教练奥数笔记. 第8卷/李成章著. —哈尔滨:哈尔滨工业大学出版社,2016.1(2023.7重印)

ISBN 978-7-5603-5727-0

Ⅰ.①李… Ⅱ.①李… Ⅲ.①数学-竞赛题-题解 Ⅳ.①O1-44

中国版本图书馆CIP数据核字(2015)第280424号

策划编辑 刘培杰 张永芹
责任编辑 张永芹 杜莹雪
封面设计 孙茵艾
出版发行 哈尔滨工业大学出版社
社 址 哈尔滨市南岗区复华四道街10号 邮编150006
传 真 0451-86414749
网 址 http://hitpress.hit.edu.cn
印 刷 哈尔滨圣铂印刷有限公司
开 本 787mm×1092mm 1/16 印张18.25 字数204千字
版 次 2016年1月第1版 2023年7月第3次印刷
书 号 ISBN 978-7-5603-5727-0
定 价 48.00元

◎

目录

八 坐标法

1 设四边形$A_1A_2A_3A_4$内接于⊙O，H_1，H_2，H_3，H_4分别为$\triangle A_2A_3A_4$，$\triangle A_3A_4A_1$，$\triangle A_4A_1A_2$和$\triangle A_1A_2A_3$的垂心，求证H_1，H_2，H_3，H_4四点共圆并求出这个圆的圆心的位置．（1992年全国联赛二试1题）

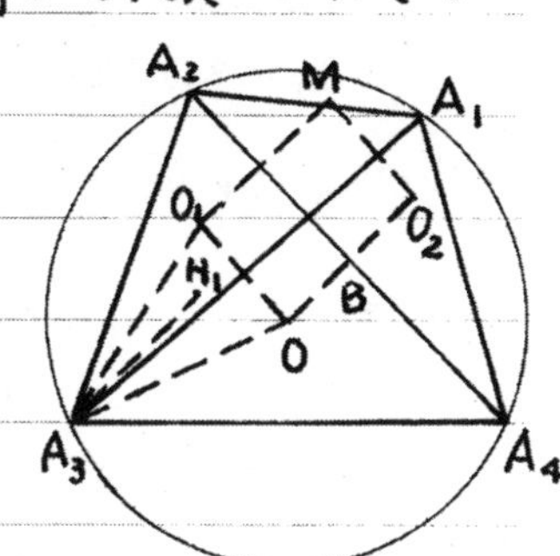

证1 作点O关于A_1A_3的对称点O_1，关于A_2A_4的对称点O_2，以O_1，O，O_2为连续3个顶点作平行四边形O_1OO_2M．记$OO_2\cap A_2A_4=B$，连结A_3O，A_3O_1，A_3H_1．

$\because A_3H_1 \mathrel{\underline{\parallel}} 2OB = OO_2 \mathrel{\underline{\parallel}} O_1M$，

$\therefore$ 四边形$A_3H_1MO_1$为平行四边形．$\therefore MH_1 = O_1A_3 = OA_3 = R$，其中R为⊙O的半径长．

同理 $MH_2 = MH_3 = MH_4 = R$．$\therefore H_1$，H_2，H_3，H_4四点共圆且圆心就是点M．

证2 取以点O为原点，⊙O半径为单位长的直角坐标系，于是可设顶点A_1，A_2，A_3，A_4的坐标依次为$(\cos\alpha_1, \sin\alpha_1)$，$(\cos\alpha_2, \sin\alpha_2)$，$(\cos\alpha_3, \sin\alpha_3)$和$(\cos\alpha_4, \sin\alpha_4)$．于是由欧拉定理知$H_1$，$H_2$，$H_3$，$H_4$的坐标分别为

$$H_1(\cos\alpha_2+\cos\alpha_3+\cos\alpha_4,\ \sin\alpha_2+\sin\alpha_3+\sin\alpha_4),$$

$$H_2(\cos\alpha_3+\cos\alpha_4+\cos\alpha_1,\ \sin\alpha_3+\sin\alpha_4+\sin\alpha_1),$$

$$H_3(\cos\alpha_4+\cos\alpha_1+\cos\alpha_2,\ \sin\alpha_4+\sin\alpha_1+\sin\alpha_2),$$

$$H_4(\cos\alpha_1+\cos\alpha_2+\cos\alpha_3,\ \sin\alpha_1+\sin\alpha_2+\sin\alpha_3).$$

令 $M(\cos\alpha_1+\cos\alpha_2+\cos\alpha_3+\cos\alpha_4,\ \sin\alpha_1+\sin\alpha_2+\sin\alpha_3+\sin\alpha_4)$，
容易验证

$$MH_i=\sqrt{\cos^2\alpha_i+\sin^2\alpha_i}=1,\quad i=1,2,3,4.$$

∴ H_1，H_2，H_3，H_4 四点共圆且圆心就是点 M.

由 H_1，A_1 及 M 的坐标表示式可知，过点 H_1 作 $H_1M \mathrel{\underline{\parallel}} OA_1$，所得的点 M 即为圆心的几何位置.

2　如图，在四边形ABCD中，对角线AC平分∠BAD，在CD上取一点E，BE∩AC = F，DF∩BC = G，求证∠GAC = ∠CAE。

（1999年全国联赛二试1题）

证　取以A为原点，直线CA为y轴的直角坐标系。因为AC平分∠BAD，所以直线AB和AD的斜率互为相反数。设C(0，c)，F(0，f)，B(b，kb)，D(d，-kd)。

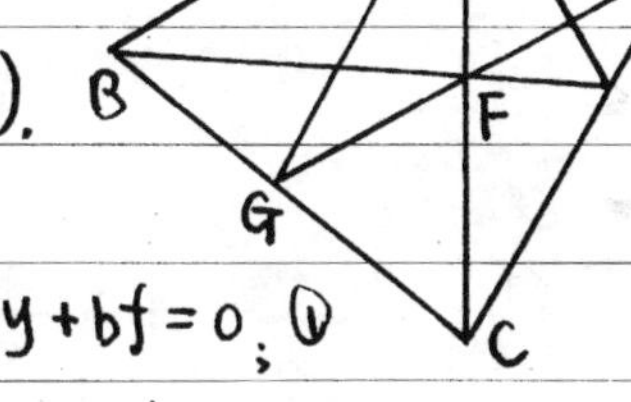

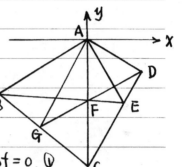

于是可得下列直线方程：

BF：$\dfrac{kb-f}{b}=\dfrac{f-y}{-x}$，$(kb-f)x-by+bf=0$；①

DC：$\dfrac{-kd-c}{d}=\dfrac{c-y}{-x}$，$(kd+c)x+dy-cd=0$；②

DF：$\dfrac{-kd-f}{d}=\dfrac{f-y}{-x}$，$(kd+f)x+dy-df=0$；③

BC：$\dfrac{kb-c}{b}=\dfrac{c-y}{-x}$，$(kb-c)x-by+bc=0$。④

①×d＋②×b，得到

$$(2kbd-df+bc)x+bd(f-c)=0.$$

解得

$$x_E=\frac{bd(c-f)}{2kbd-df+bc}.\qquad⑤$$

③×b＋④×d，得到

$$(2kbd+bf-cd)x+bd(c-f)=0.$$

解得

$$x_G=\frac{bd(f-c)}{2kbd+bf-cd}.\qquad⑥$$

将⑤代入①，得到

$$y_E=\frac{kb-f}{b}x_E+f=\frac{d(c-f)(kb-f)}{2kbd-df+bc}+f$$
$$=\frac{kbdf+kbcd-cdf+bcf}{2kbd-df+bc}. \qquad ⑦$$

将⑥代入④，得到

$$y_G=\frac{kb-c}{b}x_G+c=\frac{d(f-c)(kb-c)}{2kbd+bf-cd}+c$$
$$=\frac{kbdf+kbcd-cdf+bcf}{2kbd+bf-cd}. \qquad ⑧$$

由⑤—⑧可得

$$k_{AG}=\frac{y_G}{x_G}=-\frac{y_E}{x_E}=-k_{AE}. \quad \therefore \angle GAC=\angle CAE.$$

3 如图，在△ABC中，$\angle A=60^\circ$，$AB>AC$，点O是外心，两条高BE和CF交于点H，在线段BH，HF上分别取点M，N，使得$BM=CN$，求$\frac{MH+NH}{OH}$的值。 （2002年全国联赛二试1题）

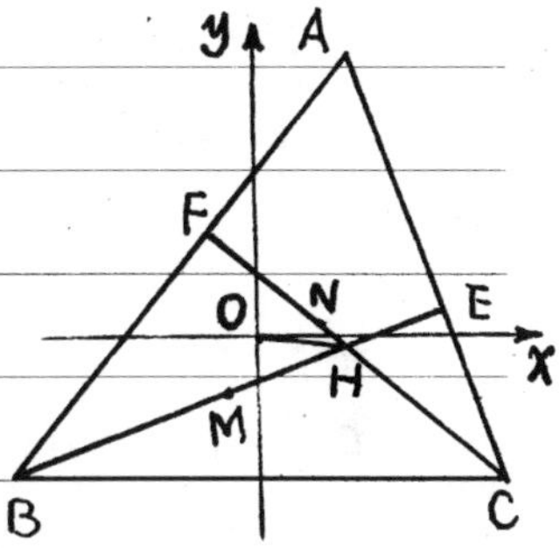

解1 取以O为原点，过点O平行于BC的直线为x轴，⊙O半径为1的直角坐标系。于是点B与C关于y轴对称。设$A(\cos\alpha,\sin\alpha)$，$B(\cos\beta,\sin\beta)$，于是$C(-\cos\beta,\sin\beta)$。因$\angle A=60^\circ$，所以$\angle BOC=120^\circ$。所以$\beta=210^\circ$。$H(\cos\alpha,\sin\alpha+2\sin\beta)$。因为

$$MH+NH=BH-BM+CN-CH=BH-CH,$$

故只须算出BH，CH，OH的长度。

$$BH=\sqrt{(\cos\alpha-\cos\beta)^2+(\sin\alpha+\sin\beta)^2}=\sqrt{2(1-\cos(\alpha+\beta))}$$
$$=2\sin\frac{\alpha+\beta}{2}=2\sin\frac{210^\circ+\alpha}{2}=2\cos\frac{30^\circ+\alpha}{2}.$$
$$CH=\sqrt{(\cos\alpha+\cos\beta)^2+(\sin\alpha+\sin\beta)^2}=\sqrt{2(1+\cos(\alpha-\beta))}$$
$$=2\cos\frac{\beta-\alpha}{2}=2\cos\frac{210^\circ-\alpha}{2}=-2\sin\frac{30^\circ-\alpha}{2}.$$
$$OH=\sqrt{\cos^2\alpha+(\sin\alpha+2\sin\beta)^2}=\sqrt{2(1-\cos(90^\circ-\alpha))}$$
$$=2\sin\frac{90^\circ-\alpha}{2}.$$
$$\therefore\ \frac{MH+NH}{OH}=\frac{BH-CH}{OH}=\frac{\cos\frac{30^\circ+\alpha}{2}+\sin\frac{30^\circ-\alpha}{2}}{\sin\frac{90^\circ-\alpha}{2}}$$
$$=\frac{\sin\frac{150^\circ-\alpha}{2}+\sin\frac{30^\circ-\alpha}{2}}{\sin\frac{90^\circ-\alpha}{2}}=\frac{2\sin\frac{90^\circ-\alpha}{2}\cos 30^\circ}{\sin\frac{90^\circ-\alpha}{2}}=2\cos 30^\circ=\sqrt{3}.$$

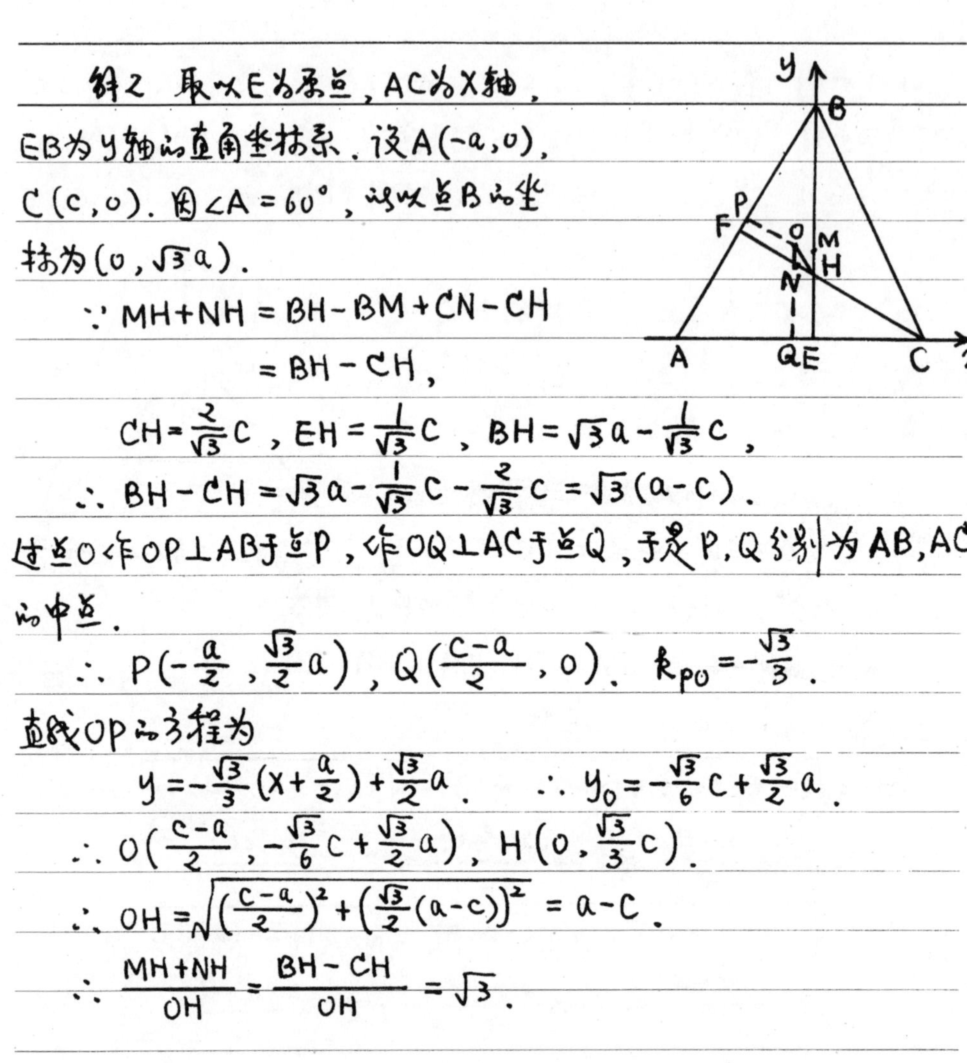

解2 取以E为原点，AC为X轴，EB为y轴的直角坐标系．设$A(-a,0)$，$C(c,0)$．因$\angle A=60^\circ$，所以点B的坐标为$(0,\sqrt{3}a)$．

$$\because MH+NH=BH-BM+CN-CH=BH-CH,$$

$$CH=\frac{2}{\sqrt{3}}c,\ EH=\frac{1}{\sqrt{3}}c,\ BH=\sqrt{3}a-\frac{1}{\sqrt{3}}c,$$

$$\therefore BH-CH=\sqrt{3}a-\frac{1}{\sqrt{3}}c-\frac{2}{\sqrt{3}}c=\sqrt{3}(a-c).$$

过点O作$OP\perp AB$于点P，作$OQ\perp AC$于点Q，于是P，Q分别为AB，AC的中点．

$$\therefore P\left(-\frac{a}{2},\frac{\sqrt{3}}{2}a\right),\ Q\left(\frac{c-a}{2},0\right).\ k_{PO}=-\frac{\sqrt{3}}{3}.$$

直线OP的方程为

$$y=-\frac{\sqrt{3}}{3}\left(x+\frac{a}{2}\right)+\frac{\sqrt{3}}{2}a.\quad \therefore y_0=-\frac{\sqrt{3}}{6}c+\frac{\sqrt{3}}{2}a.$$

$$\therefore O\left(\frac{c-a}{2},-\frac{\sqrt{3}}{6}c+\frac{\sqrt{3}}{2}a\right),\ H\left(0,\frac{\sqrt{3}}{3}c\right).$$

$$\therefore OH=\sqrt{\left(\frac{c-a}{2}\right)^2+\left(\frac{\sqrt{3}}{2}(a-c)\right)^2}=a-c.$$

$$\therefore \frac{MH+NH}{OH}=\frac{BH-CH}{OH}=\sqrt{3}.$$

4 如图，$\odot O_1$与$\odot O_2$和$\triangle ABC$的3边所在的直线都相切，E，F，G，H为切点，EG和FH的延长线交于点P，求证 $PA\perp BC$.

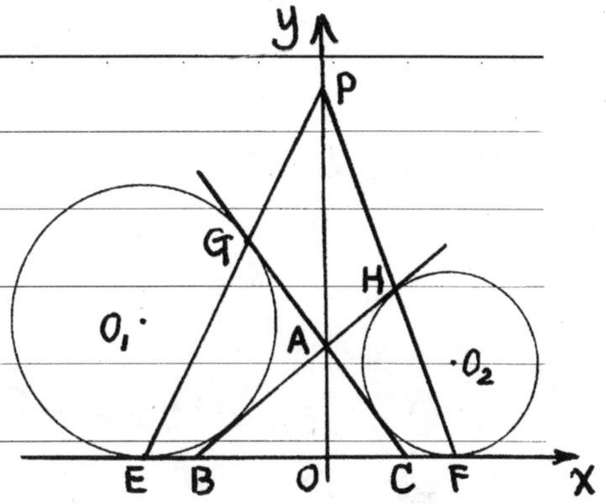

（1996年全国联赛二试1题）

证 取以BC为x轴，以$\triangle ABC$的边BC上的高AO的垂足O为原点的直角坐标系．设$\angle ABC=2\alpha$，$\angle ACB=2\beta$，$x_B=-b$，$x_C=c$，因为点A在y轴上，故有

$$x_A=x_C\operatorname{tg}2\beta=x_B\operatorname{tg}2\alpha,\quad c\operatorname{tg}2\beta=b\operatorname{tg}2\alpha,$$

$$c\operatorname{ctg}2\alpha=b\operatorname{ctg}2\beta. \qquad ①$$

因为直线BO_2的斜率为$\operatorname{tg}\alpha$，所以BO_2的方程为

$$y=\operatorname{tg}\alpha(x+b). \qquad ②$$

又因$\angle CO_2F=\beta$，所以CO_2的方程为

$$y=\operatorname{ctg}\beta(x-c). \qquad ③$$

将②和③联立，解得点O_2的坐标为

$$\left(\frac{b\operatorname{tg}\alpha+c\operatorname{ctg}\beta}{\operatorname{ctg}\beta-\operatorname{tg}\alpha},\ \frac{b+c}{\operatorname{ctg}\beta-\operatorname{tg}\alpha}\cdot\frac{\operatorname{tg}\alpha}{\operatorname{tg}\beta}\right).$$

从而点F作为点O_2在x轴上的投影，其坐标为

$$\left(\frac{b\operatorname{tg}\alpha+c\operatorname{ctg}\beta}{\operatorname{ctg}\beta-\operatorname{tg}\alpha},\ 0\right).$$

又因$BO_2\perp HF$，所以直线HF的斜率为$-\operatorname{ctg}\alpha$，方程为

$$y=-\operatorname{ctg}\alpha\left(x-\frac{b\operatorname{tg}\alpha+c\operatorname{ctg}\beta}{\operatorname{ctg}\beta-\operatorname{tg}\alpha}\right). \quad ④$$

同理，EG的方程为

$$y=\operatorname{ctg}\beta\left(x-\frac{b\operatorname{ctg}\alpha+c\operatorname{tg}\beta}{\operatorname{tg}\beta-\operatorname{ctg}\alpha}\right). \quad ⑤$$

将④与⑤联立，解得点P的坐标：

$$x_P=\frac{\operatorname{ctg}\alpha(b\operatorname{tg}\alpha+c\operatorname{ctg}\beta)(\operatorname{tg}\beta-\operatorname{ctg}\alpha)+\operatorname{ctg}\beta(b\operatorname{ctg}\alpha+c\operatorname{tg}\beta)(\operatorname{ctg}\beta-\operatorname{tg}\alpha)}{(\operatorname{ctg}\beta+\operatorname{ctg}\alpha)(\operatorname{ctg}\beta-\operatorname{tg}\alpha)(\operatorname{tg}\beta-\operatorname{ctg}\alpha)}. \quad ⑥$$

$$⑥\text{的分子}=(\operatorname{tg}\alpha\operatorname{tg}\beta-1)\left(\operatorname{ctg}^2\alpha(b\operatorname{tg}\alpha+c\operatorname{ctg}\beta)-\operatorname{ctg}^2\beta(b\operatorname{ctg}\alpha+c\cdot\operatorname{tg}\beta)\right). \quad ⑦$$

$$\begin{aligned}⑦\text{中后一括号}&=b\operatorname{ctg}\alpha-b\operatorname{ctg}\alpha\operatorname{ctg}^2\beta+c\operatorname{ctg}^2\alpha\operatorname{ctg}\beta-c\operatorname{ctg}\beta\\&=b\operatorname{ctg}\alpha(1-\operatorname{ctg}^2\beta)+c\cdot\operatorname{ctg}\beta(\operatorname{ctg}^2\alpha-1). \quad ⑧\end{aligned}$$

按倍角公式有

$$\operatorname{ctg}2\theta=\frac{\operatorname{ctg}^2\theta-1}{2\operatorname{ctg}\theta}. \qquad \operatorname{ctg}^2\theta-1=\operatorname{ctg}2\theta\cdot2\operatorname{ctg}\theta.$$

按⑧式可得

$$\begin{aligned}⑦\text{中后一括号}&=-b\operatorname{ctg}\alpha\cdot2\operatorname{ctg}\beta\operatorname{ctg}2\beta+c\cdot\operatorname{ctg}\beta\cdot2\operatorname{ctg}\alpha\operatorname{ctg}2\alpha\\&=2\operatorname{ctg}\alpha\operatorname{ctg}\beta(-b\operatorname{ctg}2\beta+c\operatorname{ctg}2\alpha)=0.\end{aligned}$$

所以 $x_P=0$，即点P在y轴上．所以 $PA\perp BC$．

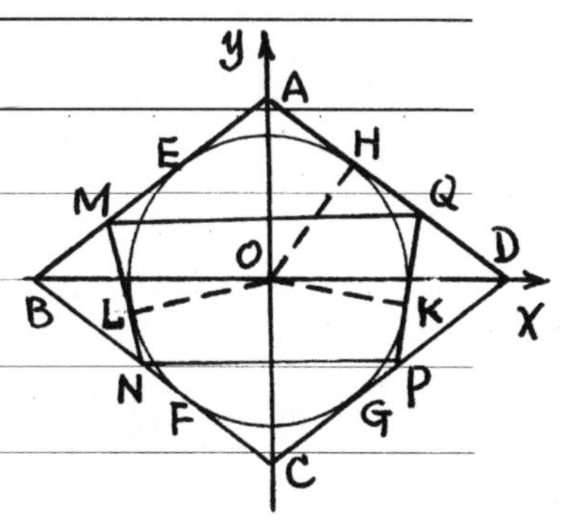

5　如图，菱形ABCD的内切圆⊙O与各边分别切于点E，F，H，G，在$\overset{\frown}{FE}$和$\overset{\frown}{GH}$上分别作⊙O的切线交AB于点M，交BC于点N，交CD于点P，交DA于点Q．求证MQ∥NP．（1995年全国联赛二试3题）

证　取以O为原点，对角线BD，AC分别为x轴和y轴，⊙O半径为1的直角坐标系．设点H的坐标为$(\cos\theta,\sin\theta)$，于是点A和D之坐标分别为$\left(0,\frac{1}{\sin\theta}\right)$和$\left(\frac{1}{\cos\theta},0\right)$，直线AD的方程为

$$x\cos\theta+y\sin\theta=1. \quad ①$$

由对称性知菱形的另外3条边所在直线的方程分别为

$$AB\quad -x\cos\theta+y\sin\theta=1, \quad ②$$

$$BC\quad -x\cos\theta-y\sin\theta=1, \quad ③$$

$$CD\quad x\cos\theta-y\sin\theta=1. \quad ④$$

设PQ与⊙O的切点K的坐标为$(\cos\alpha,\sin\alpha)$，于是直线PQ的方程为

$$x\cos\alpha+y\sin\alpha=1. \quad ⑤$$

将④与⑤联立并解得点P的坐标：

$$x_P=\frac{\cos\frac{\alpha-\theta}{2}}{\cos\frac{\alpha+\theta}{2}},\quad y_P=\frac{\sin\frac{\alpha-\theta}{2}}{\cos\frac{\alpha+\theta}{2}}. \quad ⑥$$

将①与⑤联立，解得点Q的坐标为

$$x_Q=\frac{\cos\frac{\alpha+\theta}{2}}{\cos\frac{\alpha-\theta}{2}},\quad y_Q=\frac{\sin\frac{\alpha+\theta}{2}}{\cos\frac{\alpha-\theta}{2}}. \quad ⑦$$

设MN与⊙O的切点L的坐标为$(\cos\beta,\sin\beta)$，同理可求得点M和N的坐标分别为：

$$M\left(\frac{\sin\frac{\theta-\beta}{2}}{\sin\frac{\theta+\beta}{2}},\frac{\cos\frac{\theta-\beta}{2}}{\sin\frac{\theta+\beta}{2}}\right),\quad N\left(\frac{\sin\frac{\theta+\beta}{2}}{\sin\frac{\theta-\beta}{2}},\frac{-\cos\frac{\theta+\beta}{2}}{\sin\frac{\theta-\beta}{2}}\right).\quad ⑧$$

由⑥－⑧即可求得直线MQ与NP的斜率：

$$k_{MQ}=\frac{\dfrac{\cos\frac{\theta-\beta}{2}}{\sin\frac{\theta+\beta}{2}}-\dfrac{\sin\frac{\alpha+\theta}{2}}{\cos\frac{\alpha-\theta}{2}}}{\dfrac{\sin\frac{\theta-\beta}{2}}{\sin\frac{\theta+\beta}{2}}-\dfrac{\cos\frac{\alpha+\theta}{2}}{\cos\frac{\alpha-\theta}{2}}}=\frac{\cos\frac{\theta-\beta}{2}\cos\frac{\alpha-\theta}{2}-\sin\frac{\alpha+\theta}{2}\sin\frac{\theta+\beta}{2}}{\sin\frac{\theta-\beta}{2}\cos\frac{\alpha-\theta}{2}-\cos\frac{\alpha+\theta}{2}\sin\frac{\theta+\beta}{2}}$$

$$=\frac{\frac{1}{2}\left(\cos\frac{\alpha-\beta}{2}+\cos\left(\theta-\frac{\alpha+\beta}{2}\right)+\cos\left(\theta+\frac{\alpha+\beta}{2}\right)-\cos\frac{\alpha-\beta}{2}\right)}{\sin\frac{\theta-\beta}{2}\cos\frac{\alpha-\theta}{2}-\cos\frac{\alpha+\theta}{2}\sin\frac{\theta+\beta}{2}}.$$

$$k_{NP}=\frac{\dfrac{\sin\frac{\alpha-\theta}{2}}{\cos\frac{\alpha+\theta}{2}}+\dfrac{\cos\frac{\theta+\beta}{2}}{\sin\frac{\theta-\beta}{2}}}{\dfrac{\cos\frac{\alpha-\theta}{2}}{\cos\frac{\alpha+\theta}{2}}-\dfrac{\sin\frac{\theta+\beta}{2}}{\sin\frac{\theta-\beta}{2}}}=\frac{\sin\frac{\alpha-\theta}{2}\sin\frac{\theta-\beta}{2}+\cos\frac{\theta+\beta}{2}\cos\frac{\alpha+\theta}{2}}{\cos\frac{\alpha-\theta}{2}\sin\frac{\theta-\beta}{2}-\sin\frac{\theta+\beta}{2}\cos\frac{\alpha+\theta}{2}}$$

$$=\frac{\frac{1}{2}\left(\cos\left(\theta-\frac{\alpha+\beta}{2}\right)-\cos\frac{\alpha-\beta}{2}+\cos\left(\theta+\frac{\alpha+\beta}{2}\right)+\cos\frac{\alpha-\beta}{2}\right)}{\cos\frac{\alpha-\theta}{2}\sin\frac{\theta-\beta}{2}-\sin\frac{\theta+\beta}{2}\cos\frac{\alpha+\theta}{2}}.$$

$\therefore k_{MQ}=k_{NP}$. $\therefore MQ\parallel NP$.

6 以△ABC的底边BC为直径作半圆，分别交AB，AC于点D和E．分别过点D，E作BC的垂线，垂足分别为F，G，$DG\cap EF=M$，求证$AM\perp BC$．

（1996年中国集训队选拔考试1题）

证 取以BC中点O为原点，以直线BC为x轴，以OC为单位长的直角坐标系．因D，E在半圆上，故可设两点坐标分别为$(\cos\alpha,\sin\alpha)$，$(\cos\beta,\sin\beta)$．于是$F(\cos\alpha,0)$，$G(\cos\beta,0)$．

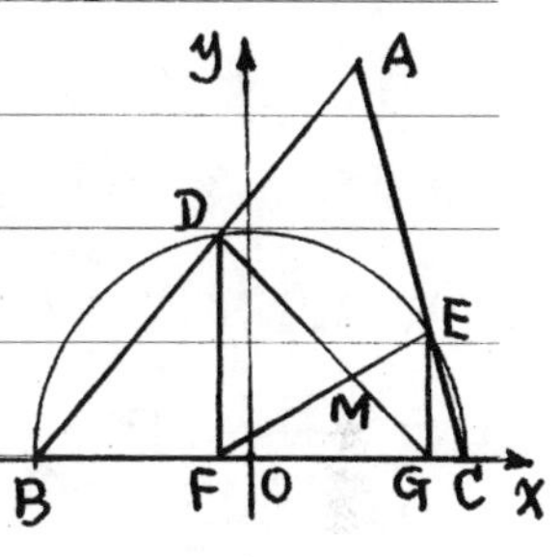

因B和C的坐标分别为$(-1,0)$和$(1,0)$，故直线AB和AC的方程分别为

$$AB:\ \frac{\cos\alpha+1}{\sin\alpha}=\frac{x+1}{y};\quad AC:\ \frac{\cos\beta-1}{\sin\beta}=\frac{x-1}{y}.$$

两式联立，解得点A的横坐标为

$$x_A=\frac{\sin(\alpha+\beta)-\sin\alpha+\sin\beta}{\sin(\beta-\alpha)+\sin\alpha+\sin\beta}=\frac{2\sin\frac{\alpha+\beta}{2}\cos\frac{\alpha+\beta}{2}-2\cos\frac{\alpha+\beta}{2}\sin\frac{\alpha-\beta}{2}}{2\sin\frac{\beta-\alpha}{2}\cos\frac{\beta-\alpha}{2}+2\sin\frac{\alpha+\beta}{2}\cos\frac{\alpha-\beta}{2}}$$

$$=\frac{\cos\frac{\alpha+\beta}{2}}{\cos\frac{\alpha-\beta}{2}}.$$

另一方面，直线DG和EF的方程分别为

$$DG:\ \frac{\cos\alpha-\cos\beta}{\sin\alpha}=\frac{x-\cos\beta}{y};\quad EF:\ \frac{\cos\beta-\cos\alpha}{\sin\beta}=\frac{x-\cos\alpha}{y}.$$

两式联立，解得点M的横坐标为

$$x_M=\frac{\sin(\alpha+\beta)}{\sin\alpha+\sin\beta}=\frac{2\sin\frac{\alpha+\beta}{2}\cos\frac{\alpha+\beta}{2}}{2\sin\frac{\alpha+\beta}{2}\cos\frac{\alpha-\beta}{2}}=\frac{\cos\frac{\alpha+\beta}{2}}{\cos\frac{\alpha-\beta}{2}}=x_A.$$

$\therefore AM\perp BC$．

7 凸四边形ABCD的对角线AC和BD交于点O，△AOB和△COD的重心分别为M_1, M_2，△BOC和△AOD的垂心分别为H_1, H_2，求证直线$M_1M_2 \perp H_1H_2$.（1972年全苏数学奥林匹克）

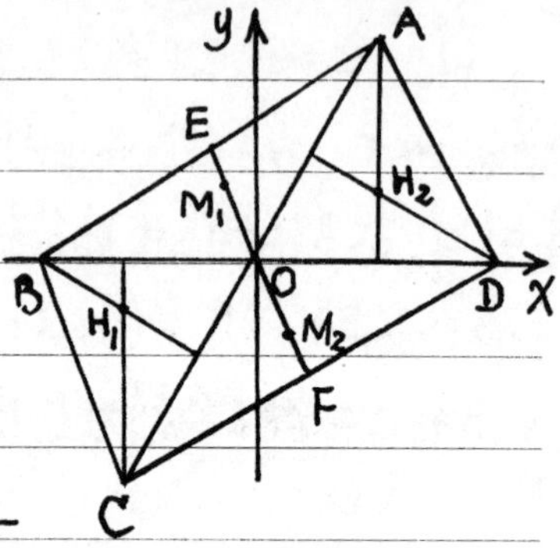

证 取以点O为原点，以BD为x轴的直角坐标系. 于是可设$B(b,0)$，$D(d,0)$，$A(a_1,a_2)$和$C(\lambda a_1,\lambda a_2)$. 从而点$M_1$和$M_2$的坐标分别为

$$M_1\left(\frac{a_1+b}{3},\frac{a_2}{3}\right),\ M_2\left(\frac{\lambda a_1+d}{3},\frac{\lambda a_2}{3}\right).$$

$$\therefore k_{M_1M_2}=\frac{a_2-\lambda a_2}{(a_1+b)-(\lambda a_1+d)}=\frac{(1-\lambda)a_2}{(1-\lambda)a_1+b-d}.$$

另一方面，显然有$x_{H_2}=a_1$，$x_{H_1}=\lambda a_1$.

$$\because k_{OA}=\frac{a_2}{a_1},\quad \therefore k_{DH_2}=-\frac{a_1}{a_2}.$$

所以直线DH_2的方程为

$$y=-\frac{a_1}{a_2}(x-d).\qquad y_{H_2}=-\frac{a_1}{a_2}(a_1-d)=\frac{a_1}{a_2}(d-a_1).$$

$$\therefore H_2\left(a_1,\frac{a_1}{a_2}(d-a_1)\right).$$

同理 $H_1\left(\lambda a_1,\frac{a_1}{a_2}(b-\lambda a_1)\right)$.

$$\therefore k_{H_1H_2}=\frac{\frac{a_1}{a_2}(b-\lambda a_1-d+a_1)}{\lambda a_1-a_1}=\frac{(1-\lambda)a_1+b-d}{a_2(\lambda-1)}=-\frac{1}{k_{M_1M_2}}.$$

$\therefore M_1M_2 \perp H_1H_2$.

8　在直角$\triangle ABC$中，AD是斜边BC上的高，M，N分别是$\triangle ABD$与$\triangle ACD$的内心，连结MN并双向延长，分别交AB，AC于点K和L，求证$S_{\triangle ABC}\geqslant 2S_{\triangle AKL}$.　(1988年IMO 5题)

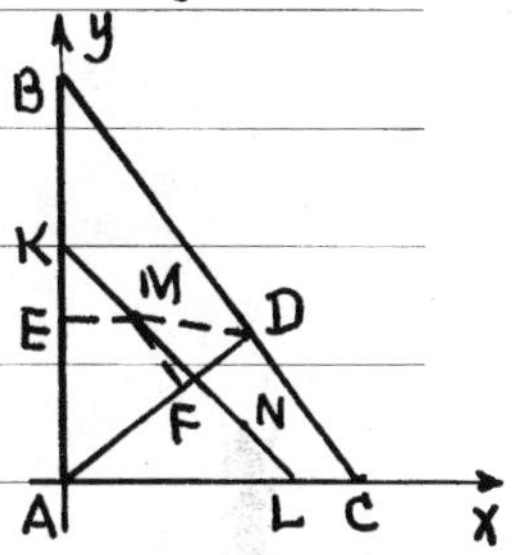

证　取以A为原点，AC为x轴的直角坐标系．设$\triangle ABD$和$\triangle ACD$的内切圆半径分别为r_1和r_2．过M作$ME\perp AB$于点E，作$MF\perp AD$于点F，连结MD．于是$\triangle FDM$为等腰直角三角形且$ME=MF=r_1$．设$AB=c$，$AC=b$，于是$d=AD=\dfrac{bc}{\sqrt{b^2+c^2}}$．所以点$M$的坐标为$(r_1, d-r_1)$．同理，点$N$的坐标为$(d-r_2, r_2)$．

按两点式方程七式可得MN的方程为

$$\frac{y-(d-r_1)}{x-r_1}=\frac{r_2-(d-r_1)}{(d-r_2)-r_1}=-1.\quad y-d+r_1=r_1-x.$$

$$y+x-d=0.$$

这表明直线MN在x轴和y轴上的截距都是d，即$AK=AL=d$．所以

$$2S_{\triangle AKL}=d^2=\frac{b^2c^2}{b^2+c^2}\leqslant\frac{b^2c^2}{2bc}=\frac{1}{2}bc=S_{\triangle ABC}.$$

9 在矩形ABCD的外接圆⊙O的$\overset{\frown}{AB}$上取异于A和B的点M，过M分别作边AB，BC，CD，DA的垂线，垂足依次为P，Q，R，S，求证直线PQ⊥RS且PQ，RS与矩形ABCD的某条对角线三线共点.

（1983年南斯拉夫数学奥林匹克）

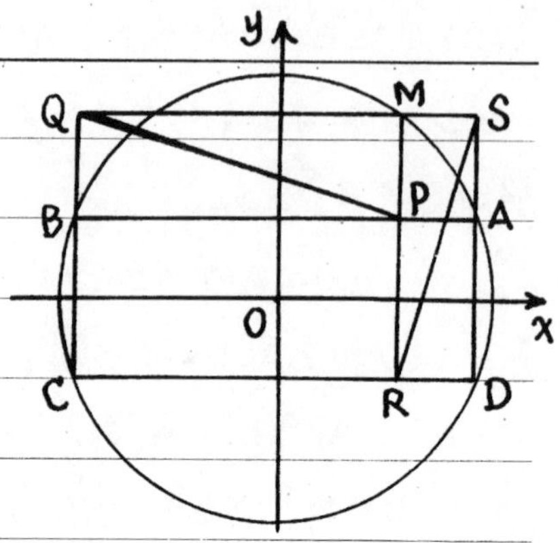

证 取以O为原点，平行于BA的直径所在的直线为x轴，⊙O半径为1的直角坐标系，并设$A(\cos\theta,\sin\theta)$和$M(\cos\alpha,\sin\alpha)$. 于是$B(-\cos\theta,\sin\theta)$，$C(-\cos\theta,-\sin\theta)$，$D(\cos\theta,-\sin\theta)$，$Q(-\cos\theta,\sin\alpha)$，$P(\cos\alpha,\sin\theta)$，$R(\cos\alpha,-\sin\theta)$，$S(\cos\theta,\sin\alpha)$.

直线PQ和RS的方程分别为

$$PQ:\ \frac{y-\sin\theta}{x-\cos\alpha}=\frac{\sin\alpha-\sin\theta}{-\cos\theta-\cos\alpha}=\frac{2\sin\frac{\alpha-\theta}{2}\cos\frac{\alpha+\theta}{2}}{-2\cos\frac{\alpha+\theta}{2}\cos\frac{\alpha-\theta}{2}}=-\operatorname{tg}\frac{\alpha-\theta}{2},\quad ①$$

$$RS:\ \frac{y+\sin\theta}{x-\cos\alpha}=\frac{\sin\alpha+\sin\theta}{\cos\theta-\cos\alpha}=\frac{2\sin\frac{\alpha+\theta}{2}\cos\frac{\alpha-\theta}{2}}{-2\sin\frac{\alpha+\theta}{2}\sin\frac{\theta-\alpha}{2}}=\operatorname{ctg}\frac{\alpha-\theta}{2}.\quad ②$$

显然有

$$k_{PQ}\cdot k_{RS}=-\operatorname{tg}\frac{\alpha-\theta}{2}\operatorname{ctg}\frac{\alpha-\theta}{2}=-1.\quad \therefore PQ\perp RS.$$

将①与②联立，并记$PQ\cap RS=E$，有

$$-\operatorname{ctg}\frac{\alpha-\theta}{2}(y-\sin\theta)=\operatorname{tg}\frac{\alpha-\theta}{2}(y+\sin\theta),$$

$$y-\sin\theta=-\operatorname{tg}^2\frac{\alpha-\theta}{2}(y+\sin\theta).$$

解得

$$y_E=\sin\theta\cos(\alpha-\theta). \qquad ③$$

将 y_E 之值代入②，得到

$$\begin{aligned}x_E&=\operatorname{tg}\frac{\alpha-\theta}{2}(y_E+\sin\theta)+\cos\alpha\\&=\operatorname{tg}\frac{\alpha-\theta}{2}(\sin\theta\cos(\alpha-\theta)+\sin\theta)+\cos\alpha\\&=\operatorname{tg}\frac{\alpha-\theta}{2}\sin\theta(1+\cos(\alpha-\theta))+\cos\alpha\\&=\sin\theta\operatorname{tg}\frac{\alpha-\theta}{2}\cdot 2\cos^2\frac{\alpha-\theta}{2}+\cos\alpha\\&=\sin\theta\sin(\alpha-\theta)+\cos\alpha\\&=-\frac{1}{2}(\cos\alpha-\cos(2\theta-\alpha))+\cos\alpha\\&=\frac{1}{2}(\cos\alpha+\cos(2\theta-\alpha))=\cos\theta\cos(\alpha-\theta).\end{aligned} \qquad ④$$

由③和④有

$$y_E=\operatorname{tg}\theta\cdot x_E,$$

即点E在直线AC上．所以PQ，RS，AC三线共点．

10　在凸五边形ABCDE中，5个三角形△ABC，△BCD，△CDE，△DEA和△EAD的面积都等于1，求证所有具有这样性质的凸五边形的面积都相同，并且有无穷多个这样的互不全等的凸五边形．

（1972年美国数学奥林匹克）

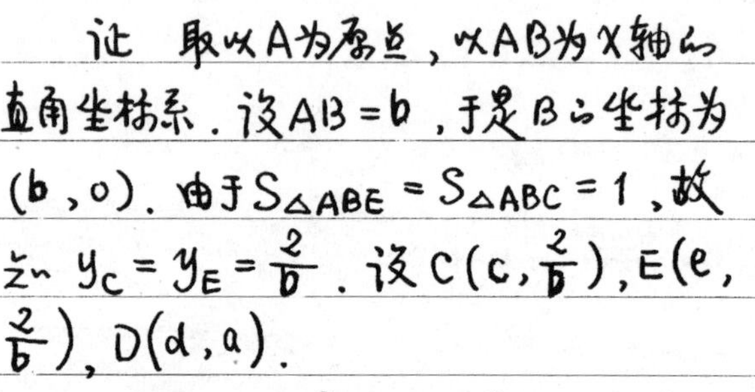

证　取以A为原点，以AB为x轴的直角坐标系．设AB=b，于是B的坐标为(b，0)．由于$S_{\triangle ABE}=S_{\triangle ABC}=1$，故知$y_C=y_E=\frac{2}{b}$．设$C\left(c,\frac{2}{b}\right)$，$E\left(e,\frac{2}{b}\right)$，$D(d,a)$．

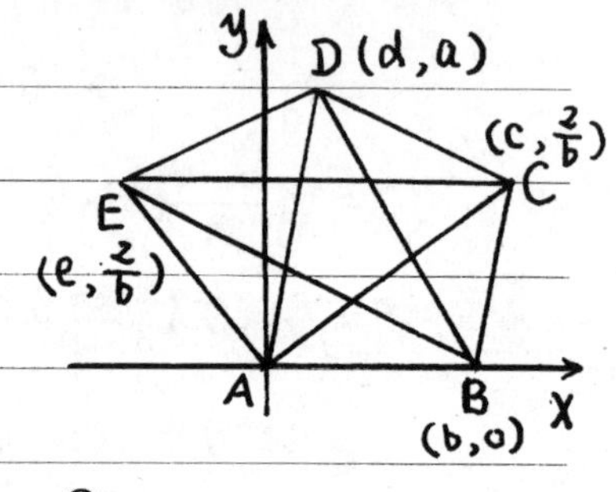

$\because S_{\triangle ABC}=S_{\triangle BCD}=S_{\triangle CDE}=S_{\triangle DEA}=S_{\triangle EAB}$，

$\therefore BC\parallel AD$，$AC\parallel DE$，$AE\parallel BD$，$BE\parallel CD$．

$\therefore k_{AC}=k_{DE}$，$k_{BC}=k_{AD}$，$k_{AE}=k_{BD}$．

$$\therefore \frac{\frac{2}{b}}{c}=\frac{a-\frac{2}{b}}{d-e}，\quad \frac{\frac{2}{b}}{c-b}=\frac{a}{d}，\quad \frac{\frac{2}{b}}{e}=\frac{a}{d-b}．$$

$$\begin{cases} abc-2c-2d+2e=0, & ① \\ abc-ab^2-2d=0, & ② \\ abe+2b-2d=0. & ③ \end{cases}$$

$$S_{ABCDE}=S_{\triangle DEA}+S_{\triangle BCD}+S_{\triangle ABD}=1+1+ab=2+\frac{1}{2}ab．$$

可见，只须从方程组①－③中解出ab之值．

①－②，得到

$$ab^2-2c+2e=0．\qquad ④$$

③－②，得到

$$abe-abc+2b+ab^2=0,$$

$$ae-ac+ab+2=0. \qquad ⑤$$

④×a－⑤×2，得到

$$(ab)^2-2ab-4=0.$$

解得 $ab=1\pm\sqrt{5}$，负根舍去，得到 $ab=1+\sqrt{5}$．从而得到

$$S_{ABCDE}=2+\frac{1}{2}ab=\frac{1}{2}(5+\sqrt{5}).$$

这表明满足题中要求的所有凸五边形都具有相同的面积．

下面证明存在着无穷多个具有题中要求的性质的互不全等的凸五边形．事实上，由前較论证有 $ab=1+\sqrt{5}$．因此 $a=\frac{1+\sqrt{5}}{b}$，亦即 $y_D=\frac{1+\sqrt{5}}{b}$．设 $A(0,0)$，$B(b,0)$，$C(c,\frac{2}{b})$．为使 $AD\parallel BC$，应取 $D(\frac{1+\sqrt{5}}{2}(c-b),\frac{1+\sqrt{5}}{b})$．为使 $AE\parallel BD$，再取 $E(c-\frac{1+\sqrt{5}}{2}b,\frac{2}{b})$．这时有

$$k_{DE}=\frac{\frac{1+\sqrt{5}}{b}-\frac{2}{b}}{\frac{1+\sqrt{5}}{2}(c-b)-c+\frac{1+\sqrt{5}}{2}b}=\frac{1+\sqrt{5}-2}{\left(\frac{1+\sqrt{5}}{2}-1\right)cb}=\frac{2}{bc}=k_{AC},$$

即上述的 A，B，C，D，E 为顶点的凸五边形满足题中的要求，其中的 b 和 c 可以任取，当然有无穷多种取法．所以满足要求且互不全等的凸五边形有无穷多个．

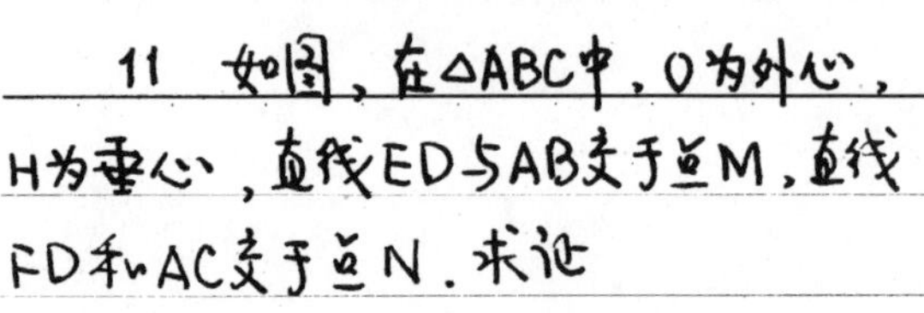

11　如图，在$\triangle ABC$中，O为外心，H为垂心，直线ED与AB交于点M，直线FD和AC交于点N．求证

(1) $OB\perp DF$，$OC\perp DE$；

(2) $OH\perp MN$．

（2001年全国联赛二试1题）

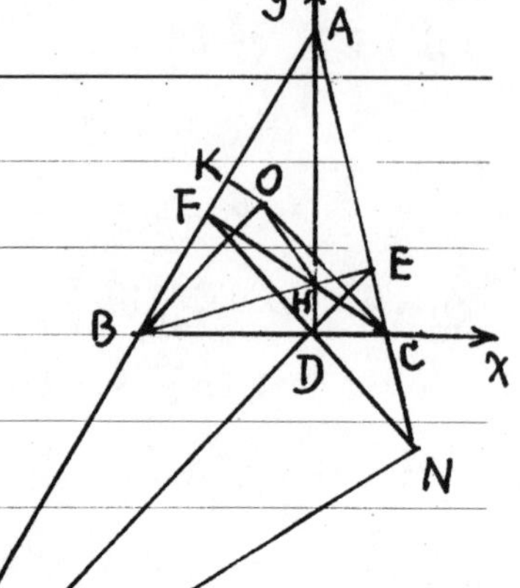

证　取以D为原点，BC和AD分别为x轴和y轴的直角坐标系．设$A(0,a)$，$B(-b,0)$，$C(c,0)$，于是$x_0=\frac{c-b}{2}$．

记AB中点为K，于是$OK\perp AB$．$K\left(-\frac{b}{2},\frac{a}{2}\right)$．直线$AB$的斜率$k_{AB}=\frac{a}{b}$．所以$k_{KO}=-\frac{b}{a}$．直线$KO$的方程为

$$y=-\frac{b}{a}\left(x+\frac{b}{2}\right)+\frac{a}{2}.$$

$$y_0=-\frac{b}{a}\left(\frac{c-b}{2}+\frac{b}{2}\right)+\frac{a}{2}=-\frac{bc}{2a}+\frac{a}{2}=\frac{a^2-bc}{2a}.$$

于是有$O\left(\frac{c-b}{2},\frac{a^2-bc}{2a}\right)$．

直线AB和CF的方程分别为

$$AB:\ y=\frac{a}{b}(x+b),\quad CF:\ y=-\frac{b}{a}(x-c). \qquad ①$$

为求点F的坐标，将二式联立，可得

$$-\frac{b}{a}(x-c)=\frac{a}{b}(x+b),\quad -b^2x+b^2c=a^2x+a^2b.$$

解得

$$x_F=\frac{b(bc-a^2)}{a^2+b^2},\quad y_F=\frac{a}{b}\left(\frac{b(bc-a^2)}{a^2+b^2}+b\right)=\frac{ab(b+c)}{a^2+b^2}.$$

于是有$F\left(\frac{b(bc-a^2)}{a^2+b^2},\frac{ab(b+c)}{a^2+b^2}\right)$．

$$\therefore k_{OB}=\frac{\frac{a^2-bc}{2a}}{\frac{c-b}{2}+b}=\frac{a^2-bc}{a(b+c)},\quad k_{DF}=\frac{a(b+c)}{bc-a^2}.$$

$\therefore k_{OB}\cdot k_{DF}=-1$. $\therefore OB\perp DF$. 同理 $OC\perp DE$.

由直线CF的方程 $y=-\frac{b}{a}(x-c)$ 可得 $y_H=\frac{bc}{a}$. 从而得到

$$k_{OH}=\frac{\frac{bc}{a}-\frac{a^2-bc}{2a}}{\frac{b-c}{2}}=\frac{3bc-a^2}{a(b-c)},\quad b\neq c. \qquad ②$$

当 $b=c$ 时，$\triangle ABC$为等腰三角形，当然有 $OH\perp MN$，故以下只考察 $b\neq c$ 的情形.

直线FDN和EDM的方程分别为

$$FN:\ y=\frac{a(b+c)}{bc-a^2}x;\quad EM:\ y=\frac{a(b+c)}{a^2-bc}x. \qquad ③$$

将①中第1式和③中第2式联立，可得

$$\frac{a}{b}(x+b)=\frac{a(b+c)}{a^2-bc}x,\quad (a^2-bc)(x+b)=b(b+c)x.$$

解得

$$x_M=\frac{b(a^2-bc)}{2bc+b^2-a^2},\quad y_M=\frac{ab(b+c)}{2bc+b^2-a^2}. \qquad ④$$

直线AC的方程为

$$y=-\frac{a}{c}(x-c).$$

将它与③中FN方程联立，可得

$$-\frac{a}{c}(x-c)=\frac{a(b+c)}{bc-a^2}x,\quad (a^2-bc)(x-c)=c(b+c)x.$$

解得

$$x_N=\frac{c(bc-a^2)}{2bc+c^2-a^2},\quad y_N=\frac{ac(b+c)}{2bc+c^2-a^2}. \qquad ⑤$$

利用④和⑤，得到

$$k_{MN}=\frac{\dfrac{ac(b+c)}{2bc+c^2-a^2}-\dfrac{ab(b+c)}{2bc+b^2-a^2}}{\dfrac{c(bc-a^2)}{2bc+c^2-a^2}-\dfrac{b(a^2-bc)}{2bc+b^2-a^2}}$$

$$=\frac{a(b+c)}{bc-a^2}\cdot\frac{2bc^2+b^2c-a^2c-2b^2c-bc^2+a^2b}{2bc^2+b^2c-a^2c+2b^2c+bc^2-a^2b}$$

$$=\frac{a(b+c)}{bc-a^2}\cdot\frac{bc^2-b^2c-a^2c+a^2b}{3bc^2+3b^2c-a^2c-a^2b}$$

$$=\frac{a(b+c)(bc-a^2)(c-b)}{(bc-a^2)(3bc-a^2)(b+c)}=\frac{a(c-b)}{3bc-a^2}.$$

$\therefore k_{OH}\cdot k_{MN}=-1.\quad \therefore OH\perp MN.$

注　还可用直线束方程的技巧来求 k_{MN}，这样简单一些.

$$\begin{cases}AB:\ y-\dfrac{a}{b}x-a=0,\\ EM:\ y-\dfrac{a(b+c)}{a^2-bc}x=0;\end{cases}\qquad \begin{cases}AC:\ y+\dfrac{a}{c}x-a=0,\\ FN:\ y+\dfrac{a(b+c)}{a^2-bc}x=0.\end{cases}$$

于是下列两个方程都表示直线MN的方程且常数项相同：

$$y-\frac{a}{b}x-a+\lambda\left(y-\frac{a(b+c)}{a^2-bc}x\right)=0, \qquad (*)$$

$$y+\frac{a}{c}x-a+\mu\left(y+\frac{a(b+c)}{a^2-bc}x\right)=0.$$

比较系数可得

$$1+\lambda=1+\mu,\ \lambda=\mu,$$

$$-\frac{a}{b}-\lambda\frac{a(b+c)}{a^2-bc}=\frac{a}{c}+\mu\frac{a(b+c)}{a^2-bc}=\frac{a}{c}+\lambda\frac{a(b+c)}{a^2-bc}$$

解得 $\lambda=-\dfrac{a^2-bc}{2bc}$. 由此及(*)式可得

$$k_{MN}=\frac{\frac{a}{b}+\lambda\frac{a(b+c)}{a^2-bc}}{1+\lambda}=\frac{\frac{a}{b}-\frac{a^2-bc}{2bc}\cdot\frac{a(b+c)}{a^2-bc}}{1-\frac{a^2-bc}{2bc}}$$

$$=\frac{2ac-ab-ac}{2bc-a^2+bc}=\frac{a(c-b)}{3bc-a^2}.$$

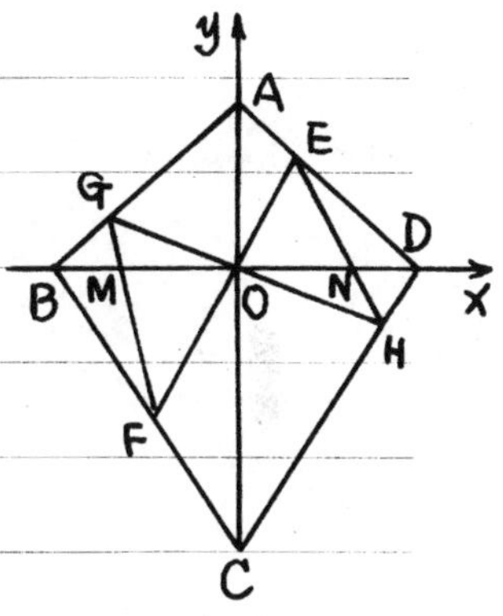

12　在四边形ABCD中，$AB=AD$，$CB=CD$．过对角线AC，BD交点O任作两条直线，分别交AD，BC，AB，CD于点E，F，G，H．GF，EH分别交BD于点M，N，求证 $MO=ON$．(《研究教程》409)

证1　取以O为原点，直线BD和AC分别为x轴和y轴的直角坐标系．并设A，B，C，D的坐标分别为$(0,a)$，$(-b,0)$，$(0,-c)$和$(b,0)$．于是由截距式方程公式知AB，BC，CD和DA的方程分别为

$$AB:\ \frac{y}{a}-\frac{x}{b}=1;\quad ①\qquad BC:\ -\frac{x}{b}-\frac{y}{c}=1;\quad ②$$

$$CD:\ \frac{x}{b}-\frac{y}{c}=1;\quad ③\qquad DA:\ \frac{x}{b}+\frac{y}{a}=1.\quad ④$$

因直线EF，GH都过点O，故可设

$$EF:\ y=kx;\quad ⑤\qquad GH:\ y=hx.\quad ⑥$$

依次将①，③与⑥联立，将②，④与⑤联立，解得

$$\begin{cases}\frac{y}{a}-\frac{x}{b}=1,\\ y=hx.\end{cases}\qquad G\left(\frac{ab}{bh-a},\frac{hab}{bh-a}\right);$$

$$\begin{cases}\frac{x}{b}-\frac{y}{c}=1,\\ y=hx.\end{cases}\qquad H\left(\frac{bc}{c-bh},\frac{hbc}{c-bh}\right);$$

$$\begin{cases}-\dfrac{x}{b}-\dfrac{y}{c}=1,\\ y=kx.\end{cases}\quad F\left(\frac{-bc}{bk+c},\frac{-kbc}{bk+c}\right).$$

$$\begin{cases}\dfrac{x}{b}+\dfrac{y}{a}=1,\\ y=kx.\end{cases}\quad E\left(\frac{ab}{bk+a},\frac{kab}{bk+a}\right).$$

由此可得GF与EH的方程分别为

$$GF:\ \frac{x+\frac{bc}{bk+c}}{y+\frac{kbc}{bk+c}}=\frac{\frac{ab}{bh-a}+\frac{bc}{bk+c}}{\frac{hab}{bh-a}+\frac{kbc}{bk+c}}$$

$$=\frac{ab(bk+c)+bc(bh-a)}{hab(bk+c)+kbc(bh-a)}$$

$$=\frac{b^2(ak+ch)}{b^2kh(a+c)+abc(h-k)};$$

$$EH:\ \frac{x-\frac{bc}{c-bh}}{y-\frac{hbc}{c-bh}}=\frac{\frac{ab}{bk+a}-\frac{bc}{c-bh}}{\frac{kab}{bk+a}-\frac{hbc}{c-bh}}$$

$$=\frac{ab(c-bh)-bc(bk+a)}{kab(c-bh)-hbc(bk+a)}$$

$$=\frac{-b^2(ah+ck)}{abc(k-h)-b^2kh(a+c)}.$$

在上列两式中令$y=0$，得到

$$x_M=\frac{b(ak+ch)}{bkh(a+c)+ac(h-k)}\cdot\frac{kbc}{bk+c}-\frac{bc}{bk+c}$$

$$=\frac{bc}{bk+c}\cdot\frac{abk^2+bckh-abkh-bckh-ach+ack}{bkh(a+c)+a\cdot c(h-k)}$$

$$=\frac{abc(c+bk)(k-h)}{(bk+c)[bkh(a+c)+a\cdot c(h-k)]}=\frac{abc(k-h)}{bkh(a+c)+a\cdot c(h-k)};$$

$$x_N=\frac{b(ah+ck)}{bkh(a+c)+ac(h-k)}\cdot\frac{hbc}{bh-c}+\frac{bc}{c-bh}$$

$$=\frac{bc}{bh-c}\cdot\frac{abh^2+bckh-abkh-bckh+ack-ach}{bkh(a+c)+ac(h-k)}$$

$$=\frac{abc(bh-c)(h-k)}{(bh-c)[bkh(a+c)+ac(h-k)]}=\frac{abc(h-k)}{bkh(a+c)+ac(h-k)}.$$

$\therefore x_N=-x_M$. $\therefore MO=ON$.

证2 直线AB和GH的方程分别为

$$\frac{y}{a}-\frac{x}{b}-1=0,\quad y-hx=0.$$

由直线束的方程公式知可设GF的方程为

$$\frac{y}{a}-\frac{x}{b}-1+\lambda(y-hx)=0. \qquad ①$$

直线BC和EF的方程分别为

$$\frac{x}{b}+\frac{y}{c}+1=0,\quad y-kx=0.$$

于是可设GF的方程为

$$-\left(\frac{x}{b}+\frac{y}{c}+1\right)+\mu(y-kx)=0. \qquad ②$$

比较方程①与②的系数,并注意二者之中常数项相同,得到

$$-\frac{1}{b}-\lambda h=-\frac{1}{b}-\mu k,\quad \frac{1}{a}+\lambda=-\frac{1}{c}+\mu.$$

从前式中可得 $\mu=\frac{h}{k}\lambda$,代入后式中得到

$$\frac{h}{k}\lambda-\lambda=\frac{1}{a}+\frac{1}{c}.\qquad \lambda=\frac{k\left(\frac{1}{a}+\frac{1}{c}\right)}{h-k}=\frac{k(a+c)}{ac(h-k)}.$$

将λ的值代入①式并令 $y=0$,得到

$$x_M=\frac{abc(k-h)}{bkh(a+c)+ac(h-k)}.$$

此与证1中的结果相同.同理可得 x_N 之值为 $-x_M$.

证3 ~~如果直线EH与GF之一与对角线AC平行，则另一条也与~~

设EH与GF的截距式方程分别为

$$EH:\ \frac{x}{e}+\frac{y}{h}=1,\quad ① \qquad GF:\ \frac{x}{g}+\frac{y}{f}=1. \quad ②$$

易见，欲证MO＝ON，只须证明 $g=-e$.

直线AD的方程为

$$\frac{x}{b}+\frac{y}{a}=1. \quad ③$$

将①与③相减，得到

$$\left(\frac{1}{e}-\frac{1}{b}\right)x+\left(\frac{1}{h}-\frac{1}{a}\right)y=0. \quad ④$$

这是过AD与EH交点E的一个直线方程．又因它的常数项为0，所以过原点．从而④式就是直线OE的方程．同理有

$$OH:\ \left(\frac{1}{e}-\frac{1}{b}\right)x+\left(\frac{1}{h}+\frac{1}{c}\right)y=0. \quad ⑤$$

$$OF:\ \left(\frac{1}{g}+\frac{1}{b}\right)x+\left(\frac{1}{f}+\frac{1}{c}\right)y=0. \quad ⑥$$

$$OG:\ \left(\frac{1}{g}+\frac{1}{b}\right)x+\left(\frac{1}{f}-\frac{1}{a}\right)y=0. \quad ⑦$$

因为④与⑥，⑤与⑦都表示同一条直线，故应有系数成比例，即有

$$\frac{\frac{1}{h}-\frac{1}{a}}{\frac{1}{f}+\frac{1}{c}}=\frac{\frac{1}{e}-\frac{1}{b}}{\frac{1}{g}+\frac{1}{b}}=\frac{\frac{1}{h}+\frac{1}{c}}{\frac{1}{f}-\frac{1}{a}}.$$

由等比定理有

$$\frac{\frac{1}{e}-\frac{1}{b}}{\frac{1}{g}+\frac{1}{b}}=\frac{\left(\frac{1}{h}-\frac{1}{a}\right)-\left(\frac{1}{h}+\frac{1}{c}\right)}{\left(\frac{1}{f}+\frac{1}{c}\right)-\left(\frac{1}{f}-\frac{1}{a}\right)}=\frac{-\frac{1}{a}-\frac{1}{c}}{\frac{1}{c}+\frac{1}{a}}=-1.$$

$\therefore e=-g$，即有MO＝ON.

从证明过程可见，若EH∥AC或GF∥AC，则可认为 $\frac{1}{h}=0$ 或 $\frac{1}{f}=0$，其它部分证明照常进行，故结论仍然成立．

13　在$\triangle ABC$中，$AB=AC$，过点B作$BD\perp AB$交中线AM的延长线于点D，过BC上一点E作直线，分别交直线AB，AC于点F，G，求证$FE=EG$的充分必要条件是$DE\perp FG$．（1994年IMO2题）

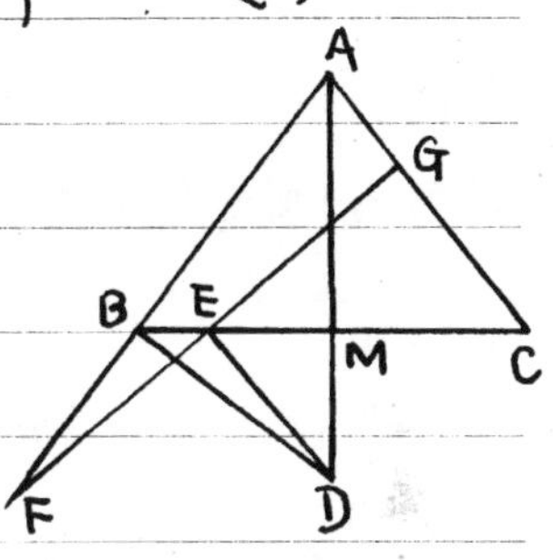

证　取以M为原点，BC和DA分别为x轴和y轴，$MC=1$的直角坐标系．设$AM=a$．因$\angle ABD=90°$，故由射影定理知$MD=\frac{1}{a}$．于是有$A(0,a)$，$B(-1,0)$，$C(1,0)$，$D\left(0,-\frac{1}{a}\right)$．

设点E坐标为$(e,0)$，直线FEG的斜率为k，于是直线DE的斜率为$k_{DE}=\frac{1}{ae}$．直线AB，AC，FG的方程分别为

AB：$y=a(x+1)$；AC：$y=-a(x-1)$；FG：$y=k(x-e)$．

从联立方程组

$$\begin{cases}y=a(x+1),\\ y=k(x-e).\end{cases}\qquad \begin{cases}y=-a(x-1),\\ y=k(x-e).\end{cases}$$

解得

$$x_F=-\frac{ke+a}{a-k},\qquad x_G=\frac{ke+a}{k+a}.$$

当$FE=EG$时，$x_E-x_F=x_G-x_E$，亦即有

$$e+\frac{ke+a}{a-k}=\frac{ke+a}{a+k}-e.$$

$$0=2e+\left(\frac{1}{a-k}-\frac{1}{a+k}\right)(ke+a)=2e+\frac{2k(ke+a)}{a^2-k^2}$$

$$=\frac{2a^2e-2k^2e+2k^2e+2ka}{a^2-k^2}=\frac{2a(ae+k)}{a^2-k^2}.$$

可见，$FE=EG$的充分必要条件是$k=-ae$，亦即

$$k_{FG}=-ae=-\frac{1}{k_{DE}},$$

即$DE\perp FG$．

14 设H是△ABC的垂心，P为形内一点，HL⊥PA于点L，HM⊥PB于点M，HN⊥PC于点N．HL∩BC＝X，HM∩AC＝Y，HN∩AB＝Z．求证X，Y，Z三点共线．（《初等数学研究》161页，《三点共线》16题）

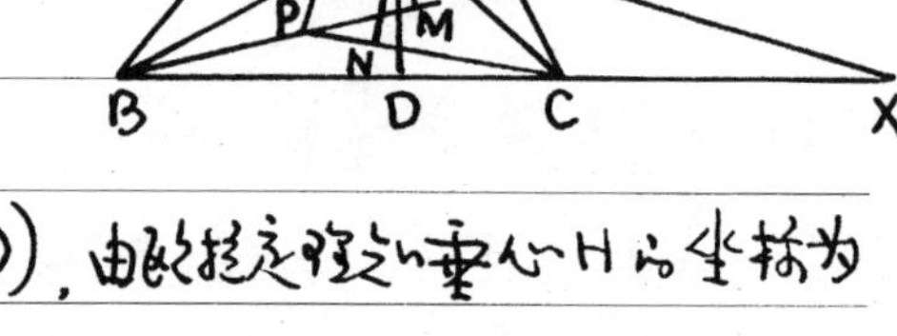

证1 取△ABC的外心O为原点，⊙O半径为1的直角坐标系．设A，B，C，P的坐标分别为(x_A,y_A)，(x_B,y_B)，(x_C,y_C)，(x_P,y_P)．于是有$x_A^2+y_A^2=1$，$x_B^2+y_B^2=1$，$x_C^2+y_C^2=1$．重心G的坐标为$\left(\frac{1}{3}(x_A+x_B+x_C),\frac{1}{3}(y_A+y_B+y_C)\right)$，由欧拉定理知垂心H的坐标为$(x_A+x_B+x_C,y_A+y_B+y_C)$．

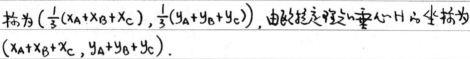

∵ AH⊥BC，HL⊥PA，

$$\therefore k_{BC}=-\frac{1}{k_{AH}}=-\frac{x_B+x_C}{y_B+y_C},\quad k_{HL}=-\frac{1}{k_{PA}}=-\frac{x_P-x_A}{y_P-y_A}.$$

直线BC和HL的方程分别为

$$y-y_C=-\frac{x_B+x_C}{y_B+y_C}(x-x_C),$$

$$(x_B+x_C)x+(y_B+y_C)y=x_Bx_C+y_By_C+1;\qquad ①$$

$$y-y_H=-\frac{x_A-x_P}{y_A-y_P}(x-x_H),$$

$$(x_A-x_P)x+(y_A-y_P)y=x_H(x_A-x_P)+y_H(y_A-y_P).\qquad ②$$

注意垂心H的坐标为$(x_A+x_B+x_C,y_A+y_B+y_C)$，①+②，得到

$$(x_H-x_P)x+(y_H-y_P)y=2+x_Bx_C+x_Cx_A+x_Ax_B+y_By_C+y_Cy_A+y_Ay_B-x_Hx_P-y_Hy_P.\qquad ③$$

显然，这是过BC与HL交点X的一条直线方程．由于它与L无关而且关于A，B，C对称，所以它也过Y，Z两点．所以X，Y，Z三点共线．

证2　取以AD的垂足D为原点，以BC为x轴的直角坐标系．设$A(0,a)$，$B(b,0)$，$C(c,0)$，$H(0,h)$．

$\because BH\perp AC$，$k_{AC}=-\frac{a}{c}$，$k_{BH}=-\frac{h}{b}$，$\therefore h=-\frac{bc}{a}$．

设$P(p,q)$，于是

$$k_{PA}=\frac{q-a}{p},\quad \therefore k_{HL}=-\frac{p}{q-a}=\frac{p}{a-q}.$$

所以HL的方程为

$$y=\frac{p}{a-q}x+h=\frac{p}{a-q}x-\frac{bc}{a}. \qquad ①$$

同理，HM与HN的方程分别为

$$HM:\ y=\frac{b-p}{q}x-\frac{bc}{a}; \qquad ②$$

$$HN:\ y=\frac{c-p}{q}x-\frac{bc}{a}. \qquad ③$$

在方程①中令$y=0$，得到

$$X\left(\frac{bc(a-q)}{ap},\ 0\right). \qquad ④$$

将②与AC的方程$y=-\frac{a}{c}x+a$联立，解得Y的坐标为

$$Y\left(\frac{cq(bc+a^2)}{a(aq-cp+bc)},\ -\frac{q(bc+a^2)}{aq-cp+bc}+a\right). \qquad ⑤$$

将③与AB的方程$y=-\frac{a}{b}x+a$联立，解得Z的坐标为

$$Z\left(\frac{bq(bc+a^2)}{a(aq-bp+bc)},\ -\frac{q(bc+a^2)}{aq-bp+bc}+a\right). \qquad ⑥$$

注意，在⑤中将b与c互换即得⑥，而④中b和c对称．

$$k_{XY}=\frac{-\frac{q(bc+a^2)}{aq-cp+bc}+a}{\frac{cq(bc+a^2)}{a(aq-cp+bc)}-\frac{bc(a-q)}{ap}}$$

$$=\frac{-apq(bc+a^2)+a^2p(aq-cp+bc)}{cpq(bc+a^2)-bc(a-q)(aq-cp+bc)}$$

$$=\frac{-abcpq-a^3pq+a^3pq-a^2cp^2+a^2bcp}{bc^2pq+a^2cpq-a^2bcq+abcq^2+abc^2p-bc^2pq-ab^2c^2+b^2c^2q}$$

$$=\frac{acp(-bq-ap+ab)}{-c(aq+bc)(ab-bq-ap)}=-\frac{ap}{aq+bc}.$$

由 b 和 c 的对称性知

$$k_{XZ}=-\frac{ap}{aq+bc}=k_{XY}.$$

∴ X，Y，Z 三点共线.

证 3　取以 H 为原点的直角坐标系，并设 $A(x_A,y_A)$，$B(x_B,y_B)$，$C(x_C,y_C)$，$P(x_P,y_P)$. 这样，凡过点 H 的直线方程中的常数项皆为 0.

∵ $HL\perp PA$，$k_{PA}=\frac{y_P-y_A}{x_P-x_A}$，

∴ HL 的方程为 $(x_P-x_A)x+(y_P-y_A)y=0$.　①

又因 HA 的斜率 $k_{HA}=\frac{y_A}{x_A}$，所以 BC 的方程的主要部分（即去掉常数项后所余的部分）为 x_Ax+y_Ay. 由于直线 BC 过点 B，故有 BC 方程为

$$x_Ax+y_Ay=x_Ax_B+y_Ay_B.\quad ②$$

直线 BC 当然过点 C，由②又有

$$x_Ax_C+y_Ay_C=x_Ax_B+y_Ay_B.$$

由轮换对称性有

$$x_Bx_C+y_By_C=x_Cx_A+y_Cy_A=x_Ax_B+y_Ay_B.\quad ③$$

因为 X 是 HL 与 BC 的交点，故将①与②相加时，所得的直线方程

$$x_Px+y_Py=x_Ax_B+y_Ay_B\quad ④$$

均过点X. 由③式又知，④式所表示的直线方程还可写成

$$x_P x + y_P y = x_B x_C + y_B y_C,$$

$$x_P x + y_P y = x_C x_A + y_C y_A.$$

所以直线④也过点Y和Z，所以X，Y，Z三点共线.

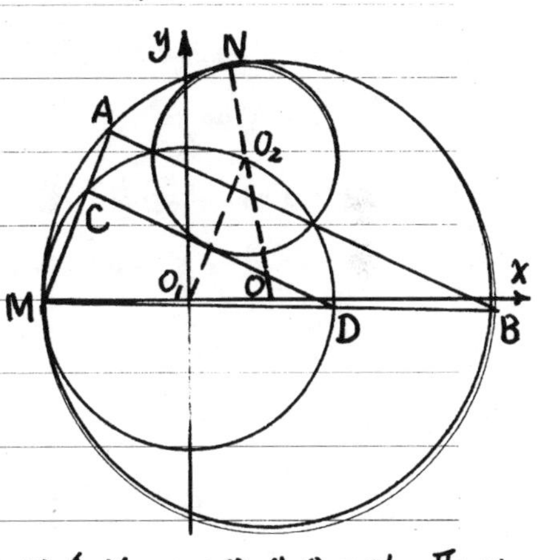

15 $\odot O_1$与$\odot O_2$都含在$\odot O$之内，且分别与$\odot O$内切于点M和N. $\odot O_1$经过$\odot O_2$的圆心O_2，经过$\odot O_1$与$\odot O_2$的两个交点的直线与$\odot O$交于两点A和B. 直线MA和MB分别交$\odot O_1$于点C和D，求证CD与$\odot O_2$相切. （1999年IMO 5题）

证 设$\odot O$，$\odot O_1$和$\odot O_2$的半径分别为r，r_1和r_2，$\angle O_2O_1O=\alpha$. 取以O_1为原点，O_1O为x轴的直角坐标系. 于是$\odot O_1$和$\odot O_2$的方程分别为

$$x^2+y^2=r_1^2,\quad (x-r_1\cos\alpha)^2+(y-r_1\sin\alpha)^2=r_2^2.$$

所以$\odot O_1$与$\odot O_2$的根轴AB的方程为

$$x^2+y^2-r_1^2=(x-r_1\cos\alpha)^2+(y-r_1\sin\alpha)^2-r_2^2,$$

$$2r_1(\cos\alpha\cdot x+\sin\alpha\cdot y)+r_2^2-2r_1^2=0.$$

注意，点M为$\odot O$与$\odot O_1$的位似中心，位似比为$\frac{r}{r_1}$，点M的坐标为$(-r_1,0)$，所以直线CD的方程可由AB的方程中的$x+r_1$，y分别换成$\frac{r(x+r_1)}{r_1}$，$\frac{ry}{r_1}$而得到

$$2r[\cos\alpha\cdot(x+r_1)+\sin\alpha\cdot y]+r_2^2-2r_1^2-2r_1^2\cos\alpha=0.$$

$$2r[\cos\alpha\cdot x+\sin\alpha\cdot y]+r_2^2-2r_1^2+2rr_1\cos\alpha-2r_1^2\cos\alpha=0 \quad ①$$

在$\triangle OO_1O_2$中应用余弦定理，有

$$2r_1(r-r_1)\cos\alpha = r_1^2+(r-r_1)^2-(r-r_2)^2$$
$$=2r_1^2-r_2^2+2rr_2-2rr_1.$$

$$r_2^2-2r_1^2+2rr_1\cos\alpha-2r_1^2\cos\alpha=2r(r_2-r_1). \quad ②$$

将②代入①，约去$2r$，得到直线CD的方程

$$x\cos\alpha+y\sin\alpha+r_2-r_1=0. \quad ③$$

这恰好是CD的法线式方程. 所以点O_2到直线CD的距离为

$$d=r_1\cos\alpha\cdot\cos\alpha+r_1\sin\alpha\cdot\sin\alpha+r_2-r_1=r_2.$$

这表明CD与$\odot O_2$相切.

16 设I为$\triangle ABC$的内心，$\triangle ABC$的内切圆与三边BC，CA，AB的切点分别为K，L，M，过点B平行于MK的直线分别交直线LM，LK于点R和S，求证$\angle RIS$是锐角. (1998年IMO 5题)

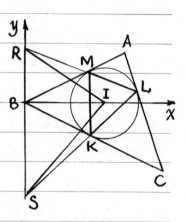

证 取以B为原点，BI为x轴，内切圆半径为1的直角坐标系，于是I的坐标为$\left(\dfrac{1}{\sin\frac{B}{2}},0\right)$.

$\because \angle SBK=90^\circ-\dfrac{B}{2}$，$\angle BKS=\angle LKC=90^\circ-\dfrac{C}{2}$，

$\therefore \angle BSK=90^\circ-\dfrac{A}{2}$. $\therefore BK=\operatorname{ctg}\dfrac{B}{2}$.

在$\triangle BSK$中应用正弦定理

$$\frac{BS}{\sin\left(90^\circ-\frac{C}{2}\right)}=\frac{BK}{\sin\left(90^\circ-\frac{A}{2}\right)}=\frac{\cos\frac{B}{2}}{\sin\frac{B}{2}\cos\frac{A}{2}}.$$

$\therefore BS=\dfrac{\cos\frac{B}{2}\cos\frac{C}{2}}{\sin\frac{B}{2}\cos\frac{A}{2}}$. $\therefore S\left(0,-\dfrac{\cos\frac{B}{2}\cos\frac{C}{2}}{\sin\frac{B}{2}\cos\frac{A}{2}}\right)$.

同理可得 $R\left(0,\dfrac{\cos\frac{B}{2}\cos\frac{A}{2}}{\sin\frac{B}{2}\cos\frac{C}{2}}\right)$.

$\therefore$ 直线IR的斜率 $k_{IR}=-\dfrac{\cos\frac{B}{2}\cos\frac{A}{2}}{\cos\frac{C}{2}}$,

直线IS的斜率 $k_{IS}=\dfrac{\cos\frac{B}{2}\cos\frac{C}{2}}{\cos\frac{A}{2}}$.

将直线从直线IR出发,沿逆时针方向转到直线IS所扫过的角记为θ,于是有

$$\operatorname{tg}\theta=\frac{k_{IS}-k_{IR}}{1+k_{IR}k_{IS}}=\frac{\dfrac{\cos\frac{B}{2}\cos\frac{C}{2}}{\cos\frac{A}{2}}+\dfrac{\cos\frac{B}{2}\cos\frac{A}{2}}{\cos\frac{C}{2}}}{1-\cos^2\frac{B}{2}}$$

$$=\frac{\cos\frac{B}{2}\left(\cos^2\frac{C}{2}+\cos^2\frac{A}{2}\right)}{\cos\frac{A}{2}\cos\frac{C}{2}\sin^2\frac{B}{2}}>0.$$

$\therefore \angle RIS=\theta<90^\circ$. (摘自《中等数学》2001-5-14)

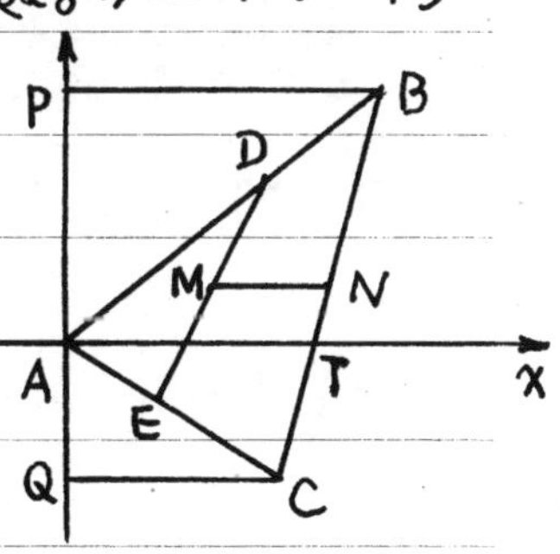

17 设AT是△ABC中∠A的平分线,在AB,AC上分别取点D和E,使得BD=CE. B和C在∠A的外角平分线上的射影分别为P和Q, DE和BC的中点分别为M,N,求证MN∥AT且BQ,CP和AT三线共点.

(《中等数学》2000-2-8)

证　取以A为原点，以AT为x轴的直角坐标系，于是∠A的外角平分线QP为y轴．设AB＝c，AC＝b，BD＝CE＝t，∠A＝2α．于是有
$B(c\cos\alpha, c\sin\alpha)$，$C(b\cos\alpha, -b\sin\alpha)$，$D((c-t)\cos\alpha, (c-t)\sin\alpha)$
$E((b-t)\cos\alpha, -(b-t)\sin\alpha)$，$P(0, c\sin\alpha)$，$Q(0, -b\sin\alpha)$．

∵ M，N分别是DE，BC中点，

$$\therefore\ y_M=\frac{1}{2}[(c-t)\sin\alpha-(b-t)\sin\alpha]=\frac{1}{2}(c-b)\sin\alpha,$$

$$y_N=\frac{1}{2}(c\sin\alpha-b\sin\alpha)=\frac{1}{2}(c-b)\sin\alpha=y_M.$$

∴ MN∥AT．

另一方面，直线BQ和CP的方程分别为

$$BQ:\ \frac{y+b\sin\alpha}{x}=\frac{c\sin\alpha+b\sin\alpha}{c\cdot\cos\alpha}=\frac{c+b}{c}\operatorname{tg}\alpha,$$

$$x=\frac{c}{b+c}\operatorname{ctg}\alpha(y+b\sin\alpha).\qquad ①$$

$$CP:\ \frac{y-c\sin\alpha}{x}=\frac{-b\sin\alpha-c\sin\alpha}{b\cos\alpha}=-\frac{b+c}{b}\operatorname{tg}\alpha,$$

$$x=-\frac{b}{b+c}\operatorname{ctg}\alpha(y-c\sin\alpha).\qquad ②$$

记BQ∩AT＝F，CP∩AT＝F′．在①和②中分别令y＝0，得到

$$x_F=\frac{bc}{b+c}\cos\alpha=x_{F'}.$$

所以点F′与F重合，所以BQ，CP和AT三线共点．

18 ⊙O与直线l相离，$OE\perp l$于点E，M为l上异于E的一点，过M作⊙O的两条切线，切点分别为A和B，$EC\perp MA$于点C，$ED\perp MB$于点D，直线CD交OE于点F，求证点F的位置与点M的位置无关.

(《圆》26题)(1994年IMO预选题)

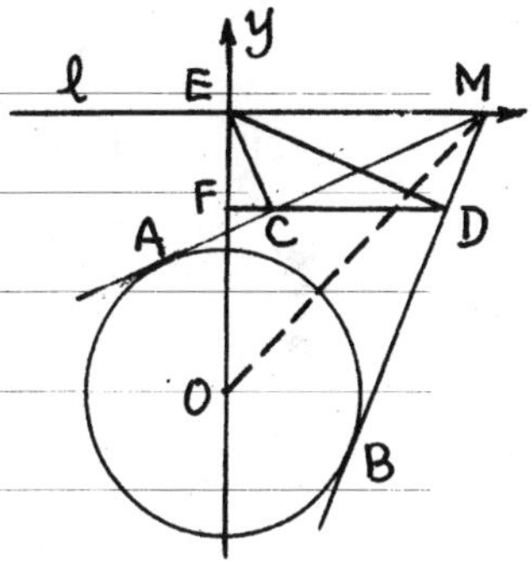

证 取以E为原点，l为x轴，OE为y轴的直角坐标系. 设$O(0,a)$，$M(b,0)$，⊙O的半径为R，于是$R<|a|$.

连结OM，于是$k_{OM}=-\frac{a}{b}$. 因而直线OM与x轴正向的夹角为$\operatorname{arctg}\left(-\frac{a}{b}\right)$.

记$\angle AMO=\angle OMB=\theta$，$0<\theta<\frac{\pi}{2}$，

$\sin\theta=\frac{R}{\sqrt{a^2+b^2}}$，于是$\operatorname{tg}\theta=\frac{R}{\sqrt{a^2+b^2-R^2}}$，$\theta=\operatorname{arctg}\frac{R}{\sqrt{a^2+b^2-R^2}}$. 因此切线MA和MB的方程分别为

$$y=\operatorname{tg}\left(\operatorname{arctg}\left(-\frac{a}{b}\right)-\theta\right)(x-b),\qquad ①$$

$$y=\operatorname{tg}\left(\operatorname{arctg}\left(-\frac{a}{b}\right)+\theta\right)(x-b).\qquad ②$$

按三角公式计算有

$$\operatorname{tg}\left(\operatorname{arctg}\left(-\frac{a}{b}\right)-\theta\right)=\frac{bR+a\sqrt{a^2+b^2-R^2}}{aR-b\sqrt{a^2+b^2-R^2}},\qquad ③$$

$$\operatorname{tg}\left(\operatorname{arctg}\left(-\frac{a}{b}\right)+\theta\right)=\frac{bR-a\sqrt{a^2+b^2-R^2}}{aR+b\sqrt{a^2+b^2-R^2}}.\qquad ④$$

将③和④分别代入①和②，得到MA和MB的方程分别为

$$y=\frac{bR+a\sqrt{a^2+b^2-R^2}}{aR-b\sqrt{a^2+b^2-R^2}}(x-b),\qquad ⑤$$

$$y=\frac{bR-a\sqrt{a^2+b^2-R^2}}{aR+b\sqrt{a^2+b^2-R^2}}(x-b).\quad ⑥$$

因为ED⊥MB，所以直线ED的方程为

$$y=\frac{aR+b\sqrt{a^2+b^2-R^2}}{a\sqrt{a^2+b^2-R^2}-bR}x.\quad ⑦$$

将⑥与⑦联立，解得点D的坐标为

$$\left(\frac{b\left(bR-a\sqrt{a^2+b^2-R^2}\right)^2}{(a^2+b^2)^2},\frac{b\left(aR+b\sqrt{a^2+b^2-R^2}\right)\left(a\sqrt{a^2+b^2-R^2}-bR\right)}{(a^2+b^2)^2}\right).$$

同理可得点C的坐标为

$$\left(\frac{b\left(bR+a\sqrt{a^2+b^2-R^2}\right)^2}{(a^2+b^2)^2},\frac{b\left(bR+a\sqrt{a^2+b^2-R^2}\right)\left(b\sqrt{a^2+b^2-R^2}-aR\right)}{(a^2+b^2)^2}\right).$$

$$\therefore k_{CD}=\frac{2b(a^2-b^2)R\sqrt{a^2+b^2-R^2}}{-4ab^2R\sqrt{a^2+b^2-R^2}}=\frac{b^2-a^2}{2ab}.$$

设$F(0,y_F)$，于是有

$$\frac{(a^2+b^2)^2y_F-b\left(bR+a\sqrt{a^2+b^2-R^2}\right)\left(b\sqrt{a^2+b^2-R^2}-aR\right)}{-b\left(bR+a\sqrt{a^2+b^2-R^2}\right)^2}=\frac{y_F-y_C}{-x_C}=\frac{b^2-a^2}{2ab}.$$

解得

$$y_F=\frac{(a^2-b^2)\left(bR+a\sqrt{a^2+b^2-R^2}\right)^2+2ab\left(bR+a\sqrt{a^2+b^2-R^2}\right)\left(b\sqrt{a^2+b^2-R^2}-aR\right)}{2a(a^2+b^2)^2}$$

$$=\frac{a^2-R^2}{2a}.$$

这表明y_F与b无关，即点F的位置与点M的位置无关．

19 过▱ABCD的顶点C作CF⊥AD于点F，作CE⊥AB于点E，直线EF与DB交于点P．求证∠ACP = 90°．

（《解析几何的技巧》40页）

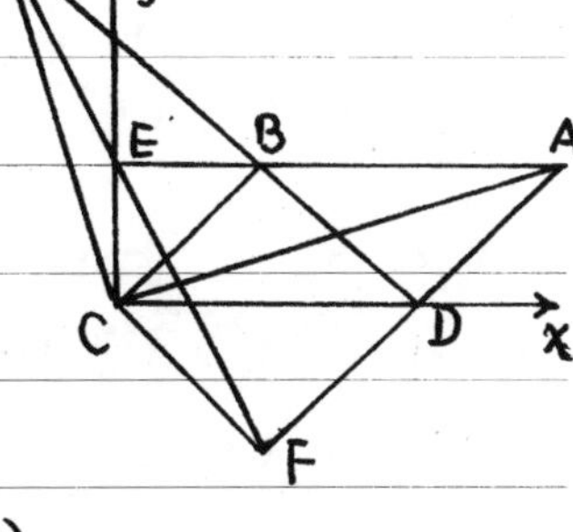

证 取以C为原点，直线CD和CE分别为x轴和y轴的直角坐标系，并取CD = 1．设$E(0,e)$，$B(b,e)$，于是$A(b+1,e)$，$D(1,0)$．

$$k_{CA}=\frac{e}{b+1},\quad k_{CB}=\frac{e}{b}.$$

∵ CF⊥AD，BC∥AD，∴ CF⊥BC，$k_{CF}=-\frac{b}{e}$．

直线CF和AD的方程分别为

$$y=-\frac{b}{e}x,\qquad y=\frac{e}{b}(x-1). \qquad ①$$

①中两式联立有

$$-\frac{b}{e}x=\frac{e}{b}(x-1),\quad x_F=\frac{e^2}{e^2+b^2},\quad y_F=-\frac{eb}{e^2+b^2}.$$

直线EF的方程为

$$\frac{y-e}{x}=\frac{-\frac{be}{e^2+b^2}-e}{\frac{e^2}{b^2+e^2}}=-\frac{b^2+e^2+b}{e}.$$

$$y+\frac{b^2+b+e^2}{e}x-e=0. \qquad ②$$

直线BD的方程为

$$\frac{y}{x-1}=\frac{e}{b-1},\qquad (b-1)y-ex+e=0. \qquad ③$$

注意，直线PBD，PEF和PC为一直线束且PC过原点，常数项为0，故可由②和③消去常数项而得到PC的方程为

$$by+\left(\frac{b^2+b+e^2}{e}-e\right)x=0,\quad by+\frac{b(b+1)}{e}x=0.$$

$$\therefore k_{CP}=-\frac{b+1}{e}=-\frac{1}{k_{CA}}.\quad \therefore \angle PCA=90^\circ.$$

注　若不用直线束的方程形式，则可解②与③的联立方程组如下：

$$-\frac{b^2+b+e^2}{e}x+e=\frac{e}{b-1}x-\frac{e}{b-1}$$

$$e+\frac{e}{b-1}=\left(\frac{e}{b-1}+\frac{b^2+b+e^2}{e}\right)x,\quad x_P=\frac{e^2}{b^2+e^2-1}.$$

将 x_P 之值代入③，得到

$$y_P=\frac{e}{b-1}\left(\frac{e^2}{b^2+e^2-1}-1\right)=\frac{-e(b+1)}{b^2+e^2-1}.$$

$$\therefore k_{CP}=\frac{y_P}{x_P}=\frac{-(b+1)}{e}=-\frac{1}{k_{CA}}.$$

可见，使用直线束的公式来得简单些．

$$=2R\left(\cos\left(60^\circ+\frac{A}{2}\right)+\cos\left(30^\circ-\frac{A}{2}\right)\right)$$

$$=2\sqrt{2}R\cos\left(15^\circ+\frac{A}{2}\right)=2\sqrt{2}R\sin\left(75^\circ-\frac{A}{2}\right).$$

$\because \angle A+\angle C=120^\circ,\ \angle A<\angle C.\ \therefore 0<\frac{A}{2}<30^\circ.$

$\therefore\ 2\sqrt{2}R\sin45^\circ<IO+IA+IC<2\sqrt{2}R\sin75^\circ.$

$\therefore\ 2R<IO+IA+IC<(1+\sqrt{3})R.$

20 如图，在$\triangle ABC$中，$\angle B=60^\circ$，$\angle A<\angle C$，内心为I，$\angle A$的外角平分线交$\triangle ABC$的外接圆$\odot O$于点E．$\odot O$半径为R，求证

(i) $IO=AE$；

(ii) $2R<IO+IA+IC<(1+\sqrt{3})R$．

（1994年全国联赛二试3题）

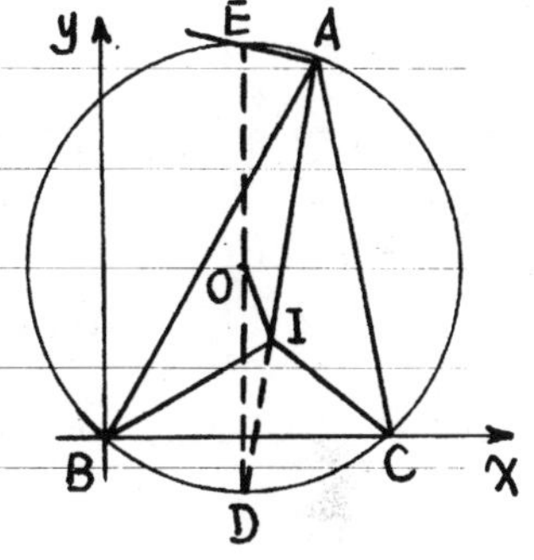

证 延长AI交$\odot O$于点D，于是E，O，D三点共线，且ED为直径．$\triangle ABC$的内切圆半径记为r．

取以B为原点，BC为x轴的直角坐标系．

$\because \angle BOC=2\angle A$，$\therefore \angle BOD=\angle A$．$\therefore O(R\sin A, R\cos A)$．

$\because \angle E \stackrel{m}{=} \frac{1}{2}\overset{\frown}{ACD}=60^\circ+\frac{1}{2}\angle A$，$\therefore AE=2R\cos\left(60^\circ+\frac{A}{2}\right)$．

又$\because r=4R\sin\frac{A}{2}\sin\frac{B}{2}\sin\frac{C}{2}$，$\therefore IA=\dfrac{r}{\sin\frac{A}{2}}=2R\sin\frac{C}{2}$，

$$IB=4R\sin\frac{A}{2}\sin\frac{C}{2},\quad IC=2R\sin\frac{A}{2}.$$

$\therefore I\left(2\sqrt{3}R\sin\frac{A}{2}\sin\frac{C}{2},\ 2R\sin\frac{A}{2}\sin\frac{C}{2}\right)$．

$\because \dfrac{\angle C}{2}=60^\circ-\dfrac{\angle A}{2}$．

$$\begin{aligned}\therefore IO&=R\sqrt{\left(\sin A-2\sqrt{3}\sin\frac{A}{2}\sin\frac{C}{2}\right)^2+\left(\cos A-2\sin\frac{A}{2}\sin\frac{C}{2}\right)^2}\\&=R\sqrt{\left(\sin A-2\sqrt{3}\sin\frac{A}{2}\sin\left(60^\circ-\frac{A}{2}\right)\right)^2+\left(\cos A-2\sin\frac{A}{2}\sin\left(60^\circ-\frac{A}{2}\right)\right)^2}\\&=R\sqrt{\left(\sin A-\sqrt{3}\cos(60^\circ-A)+\frac{\sqrt{3}}{2}\right)^2+\left(\cos A-\cos(60^\circ-A)+\frac{1}{2}\right)^2}\\&=R\sqrt{\left(-\frac{1}{2}\sin A-\frac{\sqrt{3}}{2}\cos A+\frac{\sqrt{3}}{2}\right)^2+\left(\frac{1}{2}\cos A-\frac{\sqrt{3}}{2}\sin A+\frac{1}{2}\right)^2}\\&=R\sqrt{\left(\frac{\sqrt{3}}{2}-\sin(60^\circ+A)\right)^2+\left(\frac{1}{2}+\cos(60^\circ+A)\right)^2}\\&=R\sqrt{2+2\cos(120^\circ+A)}=2R\cos\left(60^\circ+\frac{A}{2}\right)=AE.\end{aligned}$$

$\therefore IO+IA+IC=2R\left(\cos\left(60^\circ+\frac{A}{2}\right)+\sin\left(60^\circ-\frac{A}{2}\right)+\sin\frac{A}{2}\right)$ （接左页）

例21 设AD是△ABC的高，已知 $BC+AD-AB-AC=0$，求 $\angle BAC$ 的取值范围．（1989年中国集训队选拔考试6题）

解 取以BC中点O为原点，以BC为x轴，$OC=1$ 的直角坐标系．设 $AB+AC=2a$ 为定值．于是

$$2<BC+AD\leqslant 2+\sqrt{a^2-1}. \quad ①$$

由已知 $BC+AD=AB+AC=2a$，代入①式得到

$$2<2a\leqslant 2+\sqrt{a^2-1}.$$

解得 $1<a\leqslant\frac{5}{3}$．

另一方面，$AD=AB+AC-BC=2a-2=2(a-1)$．因为点A在椭圆 $\frac{x^2}{a^2}+\frac{y^2}{a^2-1}=1$ 上，故有

$$x^2=a^2\left(1-\frac{y^2}{a^2-1}\right)=a^2\left(1-\frac{4(a-1)^2}{a^2-1}\right)=a^2\left(1-\frac{4(a-1)}{a+1}\right).$$

$$\therefore x=a\sqrt{1-\frac{4(a-1)}{a+1}}.$$

$$\therefore \operatorname{tg}\angle BAC=\operatorname{tg}(\angle BAD+\angle DAC)=\frac{\operatorname{tg}\angle BAD+\operatorname{tg}\angle DAC}{1-\operatorname{tg}\angle BAD\operatorname{tg}\angle DAC}$$

$$=\frac{\frac{1+x}{AD}+\frac{1-x}{AD}}{1-\frac{1+x}{AD}\cdot\frac{1-x}{AD}}=\frac{2AD}{AD^2-(1-x^2)}$$

$$=\frac{4(a-1)}{4(a-1)^2-1+a^2\left(1-\frac{4(a-1)}{a+1}\right)}=\frac{4(a+1)}{(a+3)(a-1)}$$

$$=\frac{4(a-1)}{4(a-1)^2+(a^2-1)-\frac{4a^2(a-1)}{a+1}}$$

$$=\frac{4}{4(a-1)+(a+1)-\frac{4a^2}{a+1}}$$

$$=\frac{4(a+1)}{4(a^2-1)+(a+1)^2-4a^2}$$

$$=\frac{4(a+1)}{a^2+2a-3}=\frac{4}{a+3}\left(1+\frac{2}{a-1}\right).$$

显然，上式右端是a的严格递减函数，故当 $1<a\leqslant\frac{5}{3}$ 时，

$$\frac{24}{7}\leqslant\operatorname{tg}\angle BAC<+\infty,\quad \operatorname{arctg}\frac{24}{7}\leqslant\angle BAC<\frac{\pi}{2}.$$

不难看出，这一区间中的每个值都满足要求，故这一区间即为所求．

22　设A和B是定圆⊙O上的两个定点且二者不是对径点，XY是一条动直径，试求直线AX与BY之交点的轨迹．

（1976年美国数学奥林匹克2题）

解　不妨设⊙O半径为1，取以O为原点，过点O且平行于AB的直线为x轴的直角坐标系．于是可设定点A和B的坐标分别为$(-\cos\theta,\sin\theta)$和$(\cos\theta,\sin\theta)$．其中$0<\theta<\frac{\pi}{2}$为定值．

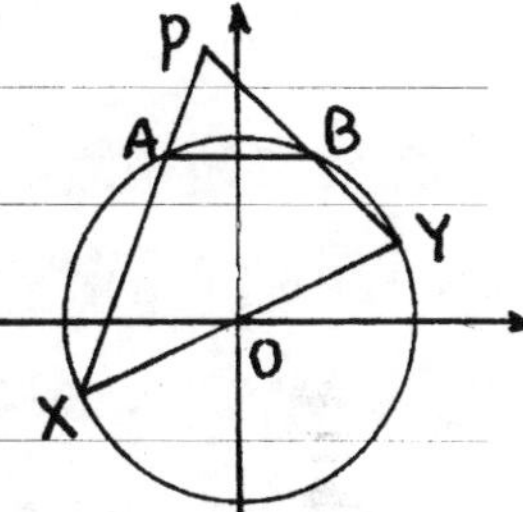

设动点X和Y的坐标分别为$(\cos t,\sin t)$和$(-\cos t,-\sin t)$，$0\leq t<2\pi$．于是直线AX和BY的方程分别为

$$AX:\ y=\frac{\sin t-\sin\theta}{\cos t+\cos\theta}(x+\cos\theta)+\sin\theta,$$

$$BY:\ y=\frac{\sin t+\sin\theta}{\cos t+\cos\theta}(x-\cos\theta)+\sin\theta.$$

将两个方程联立解出点P的坐标：

$$(\sin t-\sin\theta)(x+\cos\theta)=(\sin t+\sin\theta)(x-\cos\theta)$$

$$-\sin\theta\cdot x+\sin t\cos\theta=\sin\theta\cdot x-\sin t\cos\theta$$

$$x_p=\cot\theta\sin t,$$

将x_p之值代入AX之方程，得到　$y_p=-\cot\theta\cdot\cos t+\frac{1}{\sin\theta}$．可见，点P的坐标满足方程

$$x^2+\left(y-\frac{1}{\sin\theta}\right)^2=\cot^2\theta.\qquad(*)$$

显然，这是以点$\left(0,\frac{1}{\sin\theta}\right)$为心，$\cot\theta$为半径的圆的方程．容易看出，映射$(\cos t,\sin t)\to(x_p,y_p)$是个双射．从而知$(*)$式所确定的圆就是所求的交点P的轨迹．

23　设△ABC为锐角三角形，以边AB为直径作⊙O分别交AC，BC于点P和Q，分别过点A和Q作⊙O的两条切线交于点R，分别过点B和P作⊙O的两条切线交于点S，求证R，C，S三点共线。

（2002年澳大利亚国家数学竞赛）

※证　取以圆心O为原点，AB为x轴，⊙O半径为1的直角坐标系，于是A和B的坐标分别为(−1，0)和(1，0)。设P和Q的坐标分别为$(\cos\alpha, \sin\alpha)$，$(\cos\beta, \sin\beta)$。

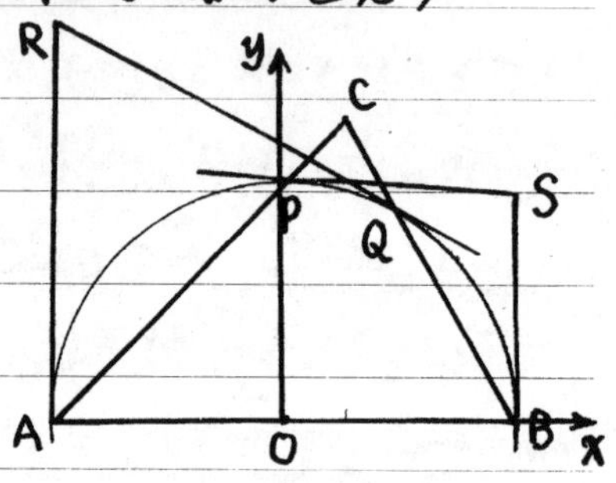

因此有切线方程：

$$PS:\ x\cos\alpha + y\sin\alpha = 1, \quad ①$$

$$RQ:\ x\cos\beta + y\sin\beta = 1. \quad ②$$

在①中取$x=1$，在②中取$x=-1$，便得

$$S\left(1, \tan\frac{\alpha}{2}\right),\ R\left(-1, \cot\frac{\beta}{2}\right).$$

由此可得

$$k_{RS} = \frac{\tan\frac{\alpha}{2} - \cot\frac{\beta}{2}}{2} = \frac{1}{2}\left(\frac{\sin\frac{\alpha}{2}}{\cos\frac{\alpha}{2}} - \frac{\cos\frac{\beta}{2}}{\sin\frac{\beta}{2}}\right)$$

$$= \frac{\sin\frac{\alpha}{2}\sin\frac{\beta}{2} - \cos\frac{\alpha}{2}\cos\frac{\beta}{2}}{2\cos\frac{\alpha}{2}\sin\frac{\beta}{2}} = -\frac{\cos\frac{\alpha+\beta}{2}}{2\cos\frac{\alpha}{2}\sin\frac{\beta}{2}}. \quad ③$$

由两点式方程公式有

$$AP:\ \frac{\sin\alpha}{\cos\alpha+1} = \frac{y}{x+1},\quad y = \frac{\sin\alpha}{\cos\alpha+1}(x+1) = \tan\frac{\alpha}{2}(x+1), \quad ④$$

$$BQ:\ \frac{\sin\beta}{\cos\beta-1} = \frac{y}{x-1},\quad y = \frac{\sin\beta}{\cos\beta-1}(x-1) = -\cot\frac{\beta}{2}(x-1). \quad ⑤$$

将④和⑤联立，有

$$\tan\frac{\alpha}{2}(x+1)=-\cot\frac{\beta}{2}(x-1),\quad \tan\frac{\alpha}{2}\tan\frac{\beta}{2}(x+1)=1-x,$$

$$\left(1+\tan\frac{\alpha}{2}\tan\frac{\beta}{2}\right)x=1-\tan\frac{\alpha}{2}\tan\frac{\beta}{2}.$$

$$x_C=\frac{1-\tan\frac{\alpha}{2}\tan\frac{\beta}{2}}{1+\tan\frac{\alpha}{2}\tan\frac{\beta}{2}}=\frac{\cos\frac{\alpha}{2}\cos\frac{\beta}{2}-\sin\frac{\alpha}{2}\sin\frac{\beta}{2}}{\cos\frac{\alpha}{2}\cos\frac{\beta}{2}+\sin\frac{\alpha}{2}\sin\frac{\beta}{2}}=\frac{\cos\frac{\alpha+\beta}{2}}{\cos\frac{\alpha-\beta}{2}}.$$

再由④即得

$$y_C=\tan\frac{\alpha}{2}\left(\frac{\cos\frac{\alpha+\beta}{2}}{\cos\frac{\alpha-\beta}{2}}+1\right)=\frac{\sin\frac{\alpha}{2}\left(\cos\frac{\alpha+\beta}{2}+\cos\frac{\alpha-\beta}{2}\right)}{\cos\frac{\alpha}{2}\cos\frac{\alpha-\beta}{2}}$$

$$=\frac{\sin\frac{\alpha}{2}\,2\cos\frac{\alpha}{2}\cos\frac{\beta}{2}}{\cos\frac{\alpha}{2}\cos\frac{\alpha-\beta}{2}}=\frac{2\sin\frac{\alpha}{2}\cos\frac{\beta}{2}}{\cos\frac{\alpha-\beta}{2}}$$

$$\therefore k_{RC}=\frac{2\sin\frac{\alpha}{2}\cos\frac{\beta}{2}-\cot\frac{\beta}{2}\cos\frac{\alpha-\beta}{2}}{\cos\frac{\alpha+\beta}{2}+\cos\frac{\alpha-\beta}{2}}=\frac{\sin\frac{\alpha}{2}\sin\beta-\cos\frac{\beta}{2}\cos\frac{\alpha-\beta}{2}}{2\cos\frac{\alpha}{2}\cos\frac{\beta}{2}\sin\frac{\beta}{2}}$$

$$=\frac{\frac{1}{2}\left(\cos\left(\frac{\alpha}{2}-\beta\right)-\cos\left(\frac{\alpha}{2}+\beta\right)-\cos\left(\frac{\alpha}{2}-\beta\right)-\cos\frac{\alpha}{2}\right)}{2\cos\frac{\alpha}{2}\cos\frac{\beta}{2}\sin\frac{\beta}{2}}$$

$$=-\frac{\cos\frac{\alpha+\beta}{2}\cos\frac{\beta}{2}}{2\cos\frac{\alpha}{2}\cos\frac{\beta}{2}\sin\frac{\beta}{2}}=-\frac{\cos\frac{\alpha+\beta}{2}}{2\cos\frac{\alpha}{2}\sin\frac{\beta}{2}}=k_{RS}.$$

$\therefore$ R, C, S 三点共线.

注1 若记 $PS\cap RQ=T$，则由①和②联立可得

$$x_T=\frac{\sin\beta-\sin\alpha}{\sin(\beta-\alpha)}=\frac{\cos\frac{\alpha+\beta}{2}}{\cos\frac{\alpha-\beta}{2}}=x_C.$$

$\therefore CT\perp AB$.

注2 延长PQ交直线AB于点T，则由帕斯卡定理的退化定可知C、S、T和R、C、T均三点共线，从而R、C、S、T四点共线，当然R、C、S三点共线.

三角法中主要用到的定理和知识：

1 正弦定理；

2 余弦定理；

3 含三角函数的面积公式；

4 角元塞瓦定理；

5 三角函数的定义；

6 各种三角公式；

7 三角恒等式；

适宜于使用三角法的题目

1. 含有特殊角，特别是含有除30°.45°.60°.90°之外的特殊角的题目；

2. 相等角比较多的题目，(i) 相等的角比较多；(ii) 相等角对比较多；

3. 诸角的关系既简单又比较明确的题目.

4. 相等的边比较多的题目.

九　三角法

1　在△ABC中，AB=AC，$\angle A=20^\circ$，在AB，AC上各取一点D和E，使得$\angle EBC=60^\circ$，$\angle DCB=50^\circ$．求$\angle BED$之度数．（1952年莫斯科数学奥林匹克）

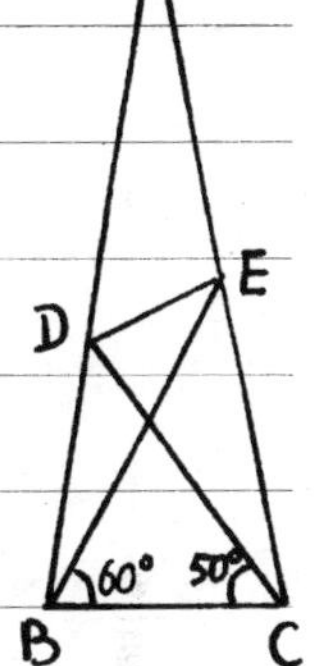

解1　设BC=1．

$\because \angle ABC=80^\circ$，$\angle BCD=50^\circ$，$\therefore \angle BDC=50^\circ$．

$\therefore BD=BC=1$．

在△BCE中应用正弦定理

$$BE=\frac{BC\sin 80^\circ}{\sin 40^\circ}=2\cos 40^\circ.$$

在△BED中应用余弦定理并利用三角公式

$$\begin{aligned}DE^2&=BD^2+BE^2-2BD\cdot BE\cos 20^\circ=1+4\cos^2 40^\circ-4\cos 40^\circ\cos 20^\circ\\&=1+4\cos 40^\circ(\cos 40^\circ-\cos 20^\circ)=1-8\cos 40^\circ\sin 30^\circ\sin 10^\circ\\&=1-4\cos 40^\circ\sin 10^\circ=1-2(\sin 50^\circ-\sin 30^\circ)\\&=2(1-\cos 40^\circ)=4\sin^2 20^\circ.\end{aligned}$$

$\therefore DE=2\sin 20^\circ$．

再于△BED中应用正弦定理

$$\sin\angle BED=\frac{BD}{DE}\sin 20^\circ=\frac{1}{2}.\qquad \therefore \angle BED=30^\circ.$$

解2　设BC=BD=1，$\angle BED=x$，于是由正弦定理有

$$BE=\frac{BC\sin 80^\circ}{\sin 40^\circ}=2\cos 40^\circ.$$

$$BD\sin(160^\circ-x)=BE\sin x=2\cos 40^\circ\sin x.$$

$$\begin{aligned}2\cos 40^\circ\sin x&=\sin(160^\circ-x)=\sin(20^\circ+x)\\&=\sin 20^\circ\cos x+\cos 20^\circ\sin x.\end{aligned}$$

$\therefore (2\cos 40^\circ - \cos 20^\circ)\sin x = \sin 20^\circ \cos x$.

$$\operatorname{ctg} x = \frac{2\cos 40^\circ - \cos 20^\circ}{\sin 20^\circ}. \quad ①$$

$\because$ $2\cos 40^\circ - \cos 20^\circ = 2\sin 50^\circ - \cos 20^\circ$

$$= 2\sin 30^\circ \cos 20^\circ + 2\cos 30^\circ \sin 20^\circ - \cos 20^\circ$$

$$= \sqrt{3}\sin 20^\circ. \quad ②$$

将②代入①，得到

$\operatorname{ctg} x = \sqrt{3}$. $\therefore x = 30^\circ$，即$\angle BED = 30^\circ$.

解3 设$BD = BC = 1$，$\angle BED = x$，于是$\angle AED = 140^\circ - x$. 由正弦定理有

$$AD = AB - BD = \frac{\sin 80^\circ}{\sin 20^\circ} - 1 = \frac{1}{2\sin 10^\circ} - 1 = \frac{\sin 30^\circ - \sin 10^\circ}{\sin 10^\circ}$$

$$= \frac{2\cos 20^\circ \sin 10^\circ}{\sin 10^\circ} = 2\cos 20^\circ.$$

在$\triangle BED$和$\triangle ADE$中应用正弦定理

$$\frac{BD}{\sin x} = \frac{DE}{\sin 20^\circ} = \frac{AD}{\sin(140^\circ - x)}.$$

$\therefore 2\cos 20^\circ \sin x = \sin(140^\circ - x) = \sin(40^\circ + x) = \sin 40^\circ \cos x + \cos 40^\circ \sin x$.

$\therefore \sin 40^\circ \cos x = (2\cos 20^\circ - \cos 40^\circ)\sin x = (2\sin 70^\circ - \cos 40^\circ)\sin x$

$$= (2\sin 30^\circ \cos 40^\circ + 2\cos 30^\circ \sin 40^\circ - \cos 40^\circ)\sin x$$

$$= \sqrt{3}\sin 40^\circ \sin x.$$

$\therefore \operatorname{ctg} x = \sqrt{3}$. $\therefore x = 30^\circ$，即$\angle BED = 30^\circ$.

解4　设 BD=BC=1．由正弦定理有

$$AB=AC=\frac{BC\cdot\sin 80^\circ}{\sin 20^\circ}=4\cos 40^\circ\cos 20^\circ.$$

$$BE=\frac{BC\cdot\sin 80^\circ}{\sin 40^\circ}=2\cos 40^\circ.$$

$$\therefore\ AD=AB-BD=\frac{\sin 80^\circ}{\sin 20^\circ}-1=\frac{\sin 80^\circ-\sin 20^\circ}{\sin 20^\circ}=\frac{2\cos 50^\circ\sin 30^\circ}{\sin 20^\circ}$$

$$=\frac{\sin 40^\circ}{\sin 20^\circ}=2\cos 20^\circ.$$

$$\therefore\ AD\cdot BE=4\cos 40^\circ\cos 20^\circ=AC=AC\cdot BD.$$

$\therefore\ \dfrac{BE}{AC}=\dfrac{BD}{AD}$．又$\because \angle A=20^\circ=\angle DBE$，$\therefore \triangle BED\backsim\triangle ACD$．

$\therefore\ \angle BED=\angle ACD=80^\circ-50^\circ=30^\circ$．

解5　以 BE 为一边，在 $\triangle BCE$ 之外作 $\angle BED'=30^\circ$，另一边交 AB 于点 D'．由正弦定理有

$$BD'=\frac{BE\sin 30^\circ}{\sin 130^\circ}=\frac{BE}{2\sin 50^\circ}=\frac{BC}{2\sin 50^\circ}\cdot\frac{\sin 80^\circ}{\sin 40^\circ}=BC=BD.$$

$\therefore$ 点 D' 与 D 重合．$\therefore\ \angle BED=\angle BED'=30^\circ$．

解6　由正弦定理有

$$\frac{BE}{BD}=\frac{BE}{BC}=\frac{\sin 80^\circ}{\sin 40^\circ}=2\cos 40^\circ=\frac{\sin 50^\circ}{\sin 30^\circ}=\frac{\sin 130^\circ}{\sin 30^\circ}$$

$$\therefore\ \frac{\sin\angle BDE}{\sin\angle BED}=\frac{BE}{BD}=\frac{\sin 130^\circ}{\sin 30^\circ}.$$

$\because\ \angle BDE+\angle BED=180^\circ-\angle DBE=160^\circ$，

$\therefore\ \angle BED=30^\circ$．

2　在$\triangle ABC$中，$\angle ABC=\angle ACB=50^\circ$，在BC和AC上各取一点D和E，使得$\angle BAD=50^\circ$，$\angle ABE=30^\circ$，求$\angle BED$的度数．

（1970年英国数学奥林匹克）

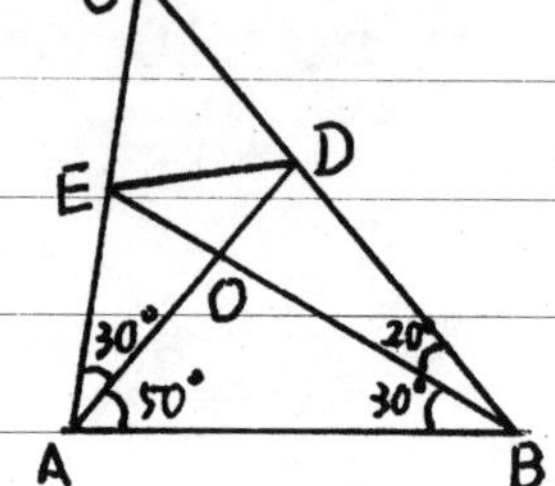

解1　记$AD\cap BE=O$．于是$\angle OBD=20^\circ$，$\angle ODB=80^\circ$，$\angle OAB=50^\circ$，$\angle OBA=30^\circ$，$\angle OEA=70^\circ$，$\angle OAE=30^\circ$．由正弦定理有

$$\frac{OD}{OB}=\frac{\sin 20^\circ}{\sin 80^\circ},\quad \frac{OB}{OA}=\frac{\sin 50^\circ}{\sin 30^\circ},$$

$$\frac{OA}{OE}=\frac{\sin 70^\circ}{\sin 30^\circ}.$$

$$\therefore \frac{OD}{OE}=\frac{OD}{OB}\frac{OB}{OA}\frac{OA}{OE}=\frac{\sin 20^\circ}{\sin 80^\circ}\frac{\sin 50^\circ}{\sin 30^\circ}\frac{\sin 70^\circ}{\sin 30^\circ}$$

$$=\frac{4\sin 20^\circ\cos 20^\circ\cos 40^\circ}{\sin 80^\circ}=1.\qquad \therefore OD=OE.$$

$$\therefore \angle BED=\frac{1}{2}(180^\circ-\angle EOD)=\frac{1}{2}(180^\circ-\angle AOB)=40^\circ.$$

解2　设$AB=AC=1$，$\angle ADE=x$，于是$\angle AED=150^\circ-x$．由正弦定理有

$$AD=\frac{BA\sin\angle ABD}{\sin\angle ADB}=\frac{\sin 50^\circ}{\sin 80^\circ},\quad AE=\frac{AB\sin\angle ABE}{\sin\angle AEB}=\frac{\sin 30^\circ}{\sin 70^\circ}.$$

$$\frac{\sin(150^\circ-x)}{\sin x}=\frac{AD}{AE}=\frac{\sin 50^\circ\cdot\sin 70^\circ}{\sin 80^\circ\cdot\sin 30^\circ}=\frac{2\cos 40^\circ\cos 20^\circ}{\sin 80^\circ}=\frac{1}{2\sin 20^\circ}.$$

$$\sin x=2\sin 20^\circ\sin(150^\circ-x)=2\sin 20^\circ\sin(30^\circ+x)$$

$$= 2\sin 20^\circ(\sin 30^\circ\cos x + \cos 30^\circ\sin x)$$

$$= \sin 20^\circ\cos x + 2\sin 20^\circ\cos 30^\circ\sin x.$$

$$\sin 20^\circ\cos x = (1 - 2\sin 20^\circ\cos 30^\circ)\sin x$$

$$\operatorname{ctg} x = \frac{1-2\sin 20^\circ\cos 30^\circ}{\sin 20^\circ} = \frac{2\cos 20^\circ - 2\sin 40^\circ\cos 30^\circ}{\sin 40^\circ}$$

$$= \frac{2\cos 20^\circ - (\sin 70^\circ + \sin 10^\circ)}{\sin 40^\circ} = \frac{\cos 20^\circ - \cos 80^\circ}{\sin 40^\circ}$$

$$= \frac{2\sin 50^\circ\sin 30^\circ}{\sin 40^\circ} = \operatorname{ctg} 40^\circ.$$

$\therefore x = 40^\circ$. $\because \angle EOD = \angle AOB = 100^\circ$，$\therefore \angle BED = 40^\circ$.

解3　以EB为一边，在$\triangle EAB$之外作$\angle BED' = 40^\circ$，另一边交BC于点D'.

依次在$\triangle BED'$，$\triangle BEA$，$\triangle ABD$中应用正弦定理有

$$BD' = \frac{\sin 40^\circ}{\sin 60^\circ}BE = \frac{\sin 40^\circ}{\sin 60^\circ}\frac{\sin 80^\circ}{\sin 70^\circ}AB = \frac{\sin 40^\circ}{\sin 60^\circ}\frac{\sin 80^\circ}{\sin 70^\circ}\frac{\sin 80^\circ}{\sin 50^\circ}BD$$

$$= \frac{2\sin 40^\circ\sin 80^\circ\cos 50^\circ}{\sin 60^\circ\sin 70^\circ}BD.$$

$$\because 2\sin 40^\circ\sin 80^\circ\cos 50^\circ = \sin 40^\circ(\sin 130^\circ + \sin 30^\circ)$$

$$= \sin 40^\circ\cos 40^\circ + \frac{1}{2}\sin 40^\circ = \frac{1}{2}(\sin 80^\circ + \sin 40^\circ)$$

$$= \sin 60^\circ\cos 20^\circ = \sin 60^\circ\sin 70^\circ.$$

$\therefore BD' = BD$. $\therefore$ 点D'与D重合. $\therefore \angle BED = \angle BED' = 40^\circ$.

解4 $$\frac{\sin\angle AED}{\sin\angle ADE} = \frac{AD}{AE} = \frac{AD}{AB}\frac{AB}{AE} = \frac{\sin 50^\circ}{\sin 80^\circ}\frac{\sin 70^\circ}{\sin 30^\circ} = \frac{2\cos 40^\circ\cos 20^\circ}{\sin 80^\circ}$$

$$= \frac{1}{2\sin 20^\circ} = \frac{\cos 20^\circ}{2\sin 20^\circ\cos 20^\circ} = \frac{\sin 70^\circ}{\sin 40^\circ}.$$

$\therefore \angle ADE = 40^\circ$.
$\therefore \angle BED = 40^\circ$.

3. 如图，设$\triangle ABC$的外接圆$\odot O$的半径为R，内心为I，$\angle B=60^\circ$，$\angle A<\angle C$，$\angle A$的外角平分线交$\odot O$于点E，求证 (1) $IO=AE$；(2) $2R<IO+IA+IC<(1+\sqrt{3})R$.　（1994年全国联赛二试3题）

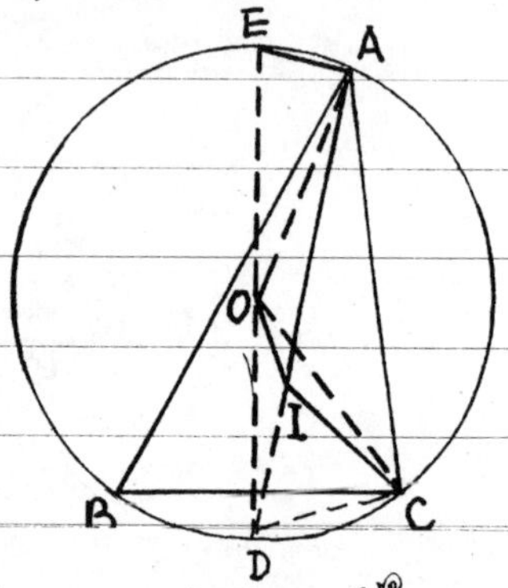

证　延长AI交$\overset{\frown}{BC}$于点D，于是D为$\overset{\frown}{BC}$中点. 连结OA, OC, OD, OE. 因为AI和AE分别为$\angle A$及其外角的平分线，所以$\angle EAD=90^\circ$. 所以EOD为一条直径.

$\because \angle AOC=2\angle ABC=120^\circ$,

$$\angle AIC=180^\circ-\frac{1}{2}(\angle BAC+\angle BCA)$$
$$=180^\circ-\frac{1}{2}(180^\circ-\angle B)=120^\circ.$$

$\therefore A.I.O.C$四点共圆，记为$\odot O'$.

$\because \odot O$的半径OC在$\odot O'$中所对的圆周角为30°.

$\therefore OC$等于$\odot O'$的半径，即$\odot O$与$\odot O'$为等圆.

$\because \angle OCI=\angle OAI=\angle D$，记为$\alpha$，　$\therefore AE=OI$

连结CD，于是$\angle IDC=\angle ADC=\angle B=60^\circ$，$\angle DIC=180^\circ-\angle AIC=60^\circ$，$\therefore \triangle IDC$为等边三角形.
$\therefore IC=ID$.
$\therefore IO+IA+IC=IO+IA+ID=AE+AD>ED=2R$

为证(2)，注意

$IO=2R\sin\alpha$，$IA=2R\sin(30^\circ+\alpha)$，$IC=2R\sin(30^\circ-\alpha)$，

$$\therefore IO+IA+IC=2R(\sin\alpha+\sin(30^\circ+\alpha)+\sin(30^\circ-\alpha))$$
$$=2R\cdot(\sin\alpha+2\sin30^\circ\cos\alpha)$$
$$=2R(\sin\alpha+\cos\alpha).$$

$AE+AD=ED(\sin\alpha+\cos\alpha)=2R(\sin\alpha+\cos\alpha)$

$\because 0<\alpha=30^\circ-\frac{A}{2}<30^\circ$,

$$\therefore 2R=4R\sin45^\circ\cos45^\circ<IO+IA+IC=2R(\sin\alpha+\cos\alpha)$$
$$=4R\sin45^\circ\cos(45^\circ-\alpha)<4R\sin45^\circ\cos15^\circ$$
$$=2R(\sin60^\circ+\sin30^\circ)=R(1+\sqrt{3}),$$

即有　$2R<IO+IA+IC<(1+\sqrt{3})R$.

4. 如图，点O和I分别为△ABC的外心和内心，AD是边BC上的高，I在线段OD上，求证△ABC的外接圆半径等于边BC外的旁切圆半径。

（1998年全国联赛二试1题）

证 延长AI交△ABC的外接圆于点E，连结OE，BI，BE，于是OE⊥BC.

∴ OE∥AD. ∴ △AID∽△EIO.

$$\therefore \frac{AI}{IE}=\frac{AD}{OE}=\frac{c\sin B}{R}=2\sin B\sin C. \quad ①$$

另一方面，又有

$$\frac{AI}{IE}=\frac{S_{\triangle ABI}}{S_{\triangle BIE}}=\frac{AB\cdot BI\sin\frac{B}{2}}{BE\cdot BI\sin\frac{A+B}{2}}$$

$$=\frac{AB}{BE}\frac{\sin\frac{B}{2}}{\cos\frac{C}{2}}=\frac{\sin C}{\sin\frac{A}{2}}\frac{\sin\frac{B}{2}}{\cos\frac{C}{2}}=\frac{2\sin\frac{C}{2}\sin\frac{B}{2}}{\sin\frac{A}{2}}. \quad ②$$

将①与②结合起来，得到

$$\sin B\sin C=\frac{\sin\frac{C}{2}\sin\frac{B}{2}}{\sin\frac{A}{2}}.$$

$\therefore 4\sin\frac{A}{2}\cos\frac{B}{2}\cos\frac{C}{2}=1$. （这是关于O，I，D共线的三角表示.） ③

设△ABC的边BC之外的旁切圆半径为R′，于是有

$\frac{1}{2}bc\sin A=S_{\triangle ABC}=\frac{1}{2}R'(b+c-a)$. 从面积入手

由此及③式即得

$$R'=\frac{bc\sin A}{b+c-a}=2R\frac{\sin A\sin B\sin C}{\sin B+\sin C-\sin A}$$ 从

$$=2R\frac{\sin A\sin B\sin C}{2\sin\frac{B+C}{2}\cos\frac{B-C}{2}-2\sin\frac{B+C}{2}\cos\frac{B+C}{2}}$$

$$=R\frac{\sin A\sin B\sin C}{\sin\frac{B+C}{2}\left(\cos\frac{B-C}{2}-\cos\frac{B+C}{2}\right)}$$

$$=\frac{R\sin A\sin B\sin C}{2\cos\frac{A}{2}\sin\frac{B}{2}\sin\frac{C}{2}}=4R\sin\frac{A}{2}\cos\frac{B}{2}\cos\frac{C}{2}=R,$$

即$\triangle ABC$的边BC外的旁切圆半径等于$\triangle ABC$的外接圆半径.

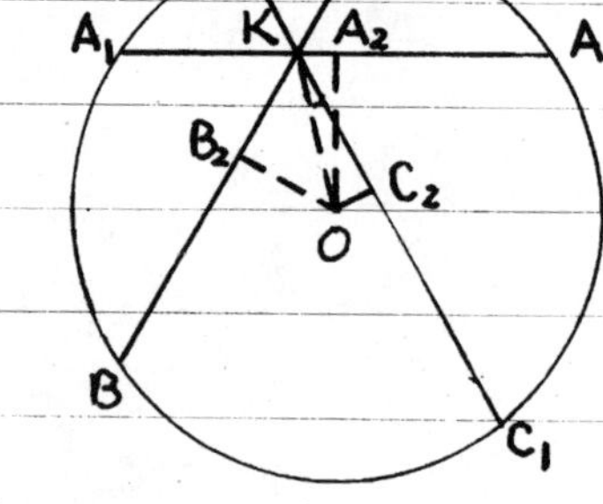

5. $\odot O$的3条弦AA_1，BB_1，CC_1交于同一点K，且交角都是$60°$（如图），求证

$KA+KB+KC=KA_1+KB_1+KC_1$.

（1989年全俄数学奥林匹克）

证 过圆心O作$OA_2\perp AA_1$于点A_2，作$OB_2\perp BB_1$于点B_2，作$OC_2\perp CC_1$于点C_2. 连结OK，记$\angle OKC_2=\alpha$. 于是$\angle OKB_2=60°-\alpha$，$\angle OKA_2=60°+\alpha$.

$KA_2=OK\cos(60°+\alpha)$，$KB_2=OK\cos(60°-\alpha)$，$KC_2=OK\cos\alpha$.

$\because \cos(60°+\alpha)+\cos(60°-\alpha)=2\cos60°\cos\alpha=\cos\alpha$，

$\therefore KA_2+KB_2=KC_2$.

$\because KA_2=\frac{1}{2}(KA-KA_1)$，$KB_2=\frac{1}{2}(KB-KB_1)$，$KC_2=\frac{1}{2}(KC_1-KC)$，

$\therefore KA-KA_1+KB-KB_1=KC_1-KC$.

$\therefore KA+KB+KC=KA_1+KB_1+KC_1$.

（另两种证法在本册开头第3页）

6. 菱形ABCD的内切圆⊙O与各边的切点依次为E，F，G，H，在$\overset{\frown}{EF}$和$\overset{\frown}{GH}$上分别作⊙O的切线交AB于点M，交BC于点N，交CD于点P，交DA于点Q，求证MQ∥NP.　　（1995年全国联赛二试3题）

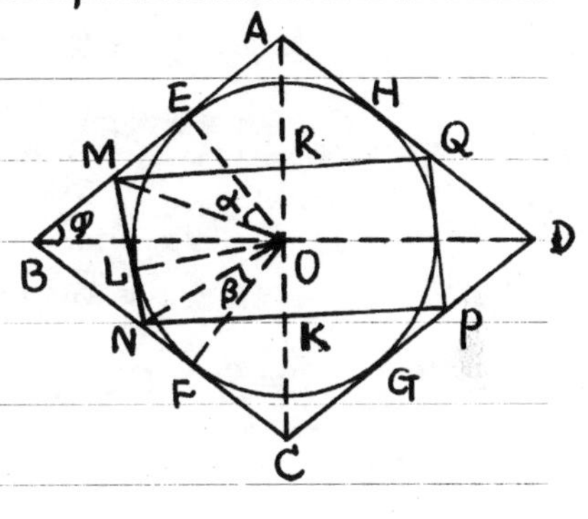

证　连结对角线AC，BD交于圆心O，记MN与⊙O的切点为L，连结OE，OF，OL，OM，ON，于是$\angle OEM=\angle OFN=\angle OLM=90°$. 记$\angle MOE=\alpha$，$\angle NOF=\beta$，$\angle ABO=\varphi$，于是$\angle MOL=\alpha$，$\angle NOL=\beta$，$\angle CBO=\varphi$.

$\therefore\ 2\alpha+2\beta+2\varphi=180°$，$\alpha+\beta+\varphi=90°$.

$\because\ AM=AE+EM=r\operatorname{tg}\varphi+r\operatorname{tg}\alpha=r(\operatorname{tg}\varphi+\operatorname{tg}\alpha)$，

$CN=CF+FN=r(\operatorname{tg}\varphi+\operatorname{tg}\beta)$，

$$\therefore\ AM\cdot CN=r^2(\operatorname{tg}\varphi+\operatorname{tg}\alpha)(\operatorname{tg}\varphi+\operatorname{tg}\beta)$$

$$=r^2\frac{(\sin\varphi\cos\alpha+\sin\alpha\cos\varphi)(\sin\varphi\cos\beta+\sin\beta\cos\varphi)}{\cos^2\varphi\cos\alpha\cos\beta}$$

$$=r^2\frac{\sin(\varphi+\alpha)\sin(\varphi+\beta)}{\cos^2\varphi\cos\alpha\cos\beta}=\frac{r^2}{\cos^2\varphi}.$$

同理有　$AQ\cdot CP=\dfrac{r^2}{\cos^2\varphi}=AM\cdot CN$.　$\therefore\ \dfrac{AM}{CP}=\dfrac{AQ}{CN}$.

$\therefore\ \triangle AMQ\backsim\triangle CPN$.　$\therefore\ \angle AQM=\angle CNP$.

又$\because\ \angle CAQ=\angle ACN$，　$\therefore\ \angle ARQ=\angle CKN$.

$\therefore\ MQ\parallel NP$.

注　本题的最好证明是用普里瓦洛夫定理的相似证明.

7. 设$\triangle ABC$的3个内角成等差数列，3条高也成等差数列，求证$\triangle ABC$是等边三角形。（1988年拉丁美洲数学奥林匹克）

证　不妨设$A\leqslant B\leqslant C$，因为A，B，C成等差，所以$\angle B=60^\circ$。设$\angle A=60^\circ-\theta$，$\angle C=60^\circ+\theta$，其中$\theta\geqslant 0$。再设BC，CA，AB上的高分别为h_a，h_b，h_c，于是有$h_a\geqslant h_b\geqslant h_c$。由于$h_a$，$h_b$，$h_c$成等差，故又有

$$2h_b=h_a+h_c. \qquad ①$$

记$S_{\triangle ABC}=S$，于是$h_a=\dfrac{2S}{a}$，$h_b=\dfrac{2S}{b}$，$h_c=\dfrac{2S}{c}$，代入①，得到

$$\frac{2S}{b}=\frac{S}{a}+\frac{S}{c},\qquad 2ac=ab+bc. \qquad ②$$

由正弦定理知②可化为

$$2\sin A\sin C=\sin A\sin B+\sin B\sin C.$$

$$\therefore\ 2\sin(60^\circ-\theta)\sin(60^\circ+\theta)=\sin 60^\circ[\sin(60^\circ-\theta)+\sin(60^\circ+\theta)].$$

$$\cos 2\theta-\cos 120^\circ=\sqrt{3}\sin 60^\circ\cos\theta,$$

$$2\cos^2\theta-1+\frac{1}{2}=\frac{3}{2}\cos\theta$$

$$4\cos^2\theta-3\cos\theta-1=0,$$

$$(\cos\theta-1)(4\cos\theta+1)=0.$$

$\because 0\leqslant\theta<60^\circ$，$\therefore \cos\theta>0$．$\therefore 4\cos\theta+1>0$．故得

$$\cos\theta=1.\quad \therefore \theta=0.\quad \therefore A=B=C=60^\circ.$$

$\therefore \triangle ABC$为等边三角形。

8. 在锐角△ABC中，∠A=60°，过△ABC的内心I作AC的平行线交AB于点F，在BC上取点P，使得3BP=BC，求证∠BFP=$\frac{1}{2}$∠B.

（1991年IMO预选题）

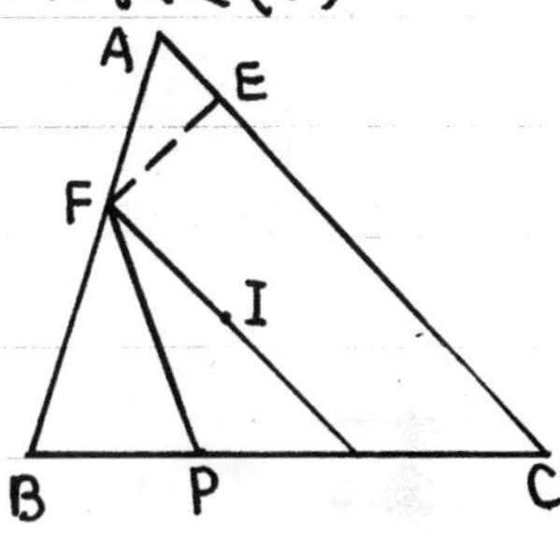

证 过F作FE⊥AC于点E，于是FE等于△ABC的内切圆半径r．设BC=3，于是BP=1.

由正弦定理有

$$AB=BC\frac{\sin C}{\sin A}=\frac{3\sin C}{\sin 60^\circ}=2\sqrt{3}\sin C$$
$$=2\sqrt{3}\sin(B+60^\circ)=\sqrt{3}\sin B+3\cos B.$$

设△ABC的外接圆半径为R，由正弦定理有

$$R=\frac{BC}{2\sin A}=\frac{3}{2\sin 60^\circ}=\sqrt{3}.$$

$$\therefore\ r=4R\sin\frac{A}{2}\sin\frac{B}{2}\sin\frac{C}{2}=2\sqrt{3}\sin\frac{B}{2}\sin\frac{C}{2}=2\sqrt{3}\sin\frac{B}{2}\cos\left(\frac{B}{2}+30^\circ\right)$$
$$=2\sqrt{3}\sin\frac{B}{2}\left(\cos\frac{B}{2}\cos 30^\circ-\sin\frac{B}{2}\sin 30^\circ\right)$$
$$=\frac{3}{2}\sin B+\frac{\sqrt{3}}{2}\cos B-\frac{\sqrt{3}}{2}.$$

$$\therefore\ AF=\frac{r}{\sin 60^\circ}=\sqrt{3}\sin B+\cos B-1.\quad \therefore\ BF=AB-AF=2\cos B+1.$$

在△BFP中应用正弦定理，得到

$$\frac{\sin(B+\angle BFP)}{\sin\angle BFP}=\frac{BF}{BP}=BF=2\cos B+1.$$

$$\frac{\sin B\cos\angle BFP+\cos B\sin\angle BFP}{\sin\angle BFP}=2\cos B+1,\quad \frac{\sin B\cos\angle BFP}{\sin\angle BFP}=\cos B+1.$$

$$\therefore\ \sin(B-\angle BFP)=\sin B\cos\angle BFP-\cos B\sin\angle BFP$$
$$=(\cos B+1)\sin\angle BFP-\cos B\sin\angle BFP=\sin\angle BFP.$$

$$\therefore\ \angle B-\angle BFP=\angle BFP.\quad \therefore\ \angle B=2\angle BFP.$$

9　如图，在四边形ABCD中，$\angle CAB=30^\circ$，$\angle ABD=26^\circ$，$\angle ACD=13^\circ$，$\angle DBC=51^\circ$，求$\angle ADB$的度数.

（1989年中国集训队测验4-3题）

解1　由正弦定理及三倍角公式有

$$\frac{DO}{AO}=\frac{DO}{OC}\cdot\frac{OC}{OB}\cdot\frac{OB}{OA}=\frac{\sin 13^\circ}{\sin 43^\circ}\cdot\frac{\sin 51^\circ}{\sin 73^\circ}\cdot\frac{\sin 30^\circ}{\sin 26^\circ}$$

$$=\frac{\sin 51^\circ}{4\sin 43^\circ\sin 73^\circ\cos 13^\circ}$$

$$=\frac{\sin 17^\circ(4\cos^2 17^\circ-1)}{4\sin 43^\circ\cos 13^\circ\sin 73^\circ}. \quad ①$$

由积化和差公式有

$$4\sin 43^\circ\cos 13^\circ\sin 73^\circ=2(\sin 56^\circ+\sin 30^\circ)\sin 73^\circ$$

$$=2\left(\cos 34^\circ+\frac{1}{2}\right)\sin 73^\circ=(4\cos^2 17^\circ-1)\sin 107^\circ. \quad ②$$

设$\angle ADB=x$，于是$\angle DAO=124^\circ-x$. 将②代入①，得到

$$\frac{\sin(124^\circ-x)}{\sin x}=\frac{\sin\angle DAC}{\sin\angle ADB}=\frac{DO}{AO}=\frac{\sin 17^\circ}{\sin 107^\circ}=\frac{\sin(124^\circ-107^\circ)}{\sin 107^\circ}.$$

因为上式左端作为x的函数

$$\frac{\sin(124^\circ-x)}{\sin x}=\sin 124^\circ\cot x-\cos 124^\circ$$

是$(0,\pi)$上的严格递减函数，所以$\angle ADB=x=107^\circ$.

解2　由正弦定理有

$$\frac{DB}{AB}=\frac{DB}{BC}\cdot\frac{BC}{AB}=\frac{\sin 86^\circ}{\sin 43^\circ}\cdot\frac{\sin 30^\circ}{\sin 73^\circ}=\frac{\cos 43^\circ}{\sin 73^\circ}=\frac{\sin 47^\circ}{\sin 73^\circ}.$$

$$\therefore\ \frac{\sin\angle DAB}{\sin\angle ADB}=\frac{DB}{AB}=\frac{\sin 47^\circ}{\sin 73^\circ}=\frac{\sin 47^\circ}{\sin 107^\circ}$$

$\because$ $\angle DAB+\angle ADB=180^\circ-26^\circ=154^\circ=47^\circ+107^\circ$，$\therefore$ $\angle ADB=107^\circ$.

10. 在△ABC中，AB=AC，∠A=20°，在边AC，AB上各取一点D，E，使得∠ABD=10°，∠BDE=20°，求∠ACE的度数。

（《中等数学》1997－5－底）

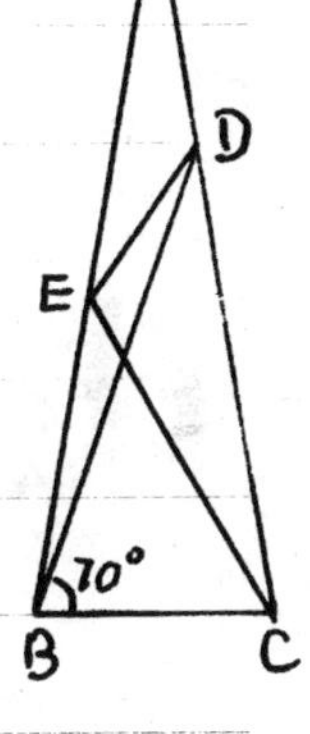

解1 ∵∠BDE=20°=∠A，∴△BDE∽△BAD。

∴$BD^2=AB\cdot BE$。

记AB=AC=a，由正弦定理有

$$BD=\frac{a\sin 20^\circ}{\sin 30^\circ}=2a\sin 20^\circ.$$

$$\therefore BE=\frac{BD^2}{AB}=4a\sin^2 20^\circ.$$

$$AE=AB-EB=a(1-4\sin^2 20^\circ)=a(2\cos 40^\circ-1).$$

由余弦定理

$$CE^2=AE^2+AC^2-2AE\cdot AC\cdot\cos 20^\circ$$
$$=AE^2+a^2-2a^2(2\cos 40^\circ-1)\cos 20^\circ.$$

$$\because 2(2\cos 40^\circ-1)\cos 20^\circ=4\cos 40^\circ\cos 20^\circ-2\cos 20^\circ$$
$$=2(\cos 60^\circ+\cos 20^\circ)-2\cos 20^\circ=1,$$

$\therefore CE^2=AE^2$。 ∴CE=AE。∴∠ACE=∠A=20°。

解2 由正弦定理有

$$\frac{\sin\angle ECD}{\sin\angle DEC}=\frac{ED}{DC}=\frac{ED}{BD}\,\frac{BD}{DC}=\frac{\sin 10^\circ}{\sin 30^\circ}\,\frac{\sin 80^\circ}{\sin 70^\circ}=\frac{2\sin 10^\circ\cos 10^\circ}{\sin 70^\circ}$$
$$=\frac{\sin 20^\circ}{\sin 110^\circ}.$$

∵$\begin{cases}\angle ECD+\angle DEC=180^\circ-\angle EDC=130^\circ,\\ \angle EDC=\angle EDB+\angle BDC=20^\circ+(180^\circ-70^\circ-80^\circ)=50^\circ,\end{cases}$ ∴∠ACE=20°。

11 设$\triangle EAB$在正方形$ABCD$外侧，$EA=EB$，在EA上取点F，使得$EF=AB$，$BF=BD$，求$\angle AEB$之值．（1988年加拿大IMO训练题）

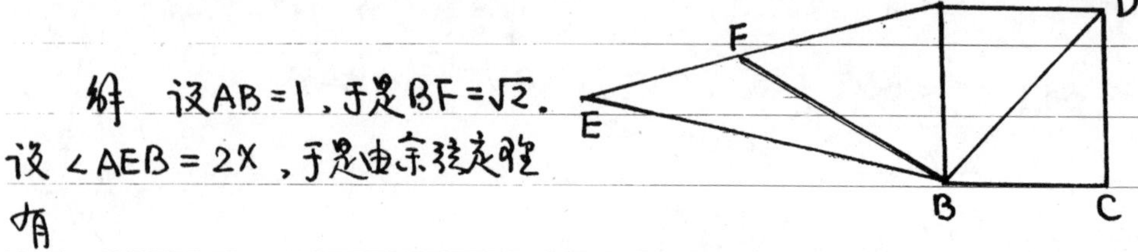

解 设$AB=1$，于是$BF=\sqrt{2}$．设$\angle AEB=2x$，于是由余弦定理有

$$2=BF^2=1+BE^2-2BE\cos 2x.$$

$$\because \frac{BE}{AB}=\frac{\sin(90^\circ-x)}{\sin 2x}=\frac{\cos x}{\sin 2x}=\frac{1}{2\sin x},$$

$$\therefore 2=1+\frac{1}{4\sin^2 x}-\frac{\cos 2x}{\sin x},\quad 4\sin^2 x=1-4\sin x\cos 2x.$$

两端同时乘以$\cos x$，得到

$$2\sin x\sin 2x=4\sin^2 x\cos x=\cos x-4\sin x\cos x\cos 2x=\cos x-\sin 4x.$$

$$\cos x-\cos 3x=\cos x-\sin 4x,\quad \cos 3x=\sin 4x.$$

$$\sin\left(\frac{\pi}{2}-3x\right)=\sin 4x.$$

$$\because AE>AB,\ \therefore 2x<\frac{\pi}{3},\quad 3x<\frac{\pi}{2},\quad 0<\frac{\pi}{2}-3x.$$

$$\therefore \frac{\pi}{2}-3x=4x \text{ 或 } 4x=\pi-\left(\frac{\pi}{2}-3x\right)=\frac{\pi}{2}+3x.$$

解得

$$2x=\frac{\pi}{7} \text{ 或 } 2x=\pi\text{（舍去）}.\quad \therefore \angle AEB=\frac{\pi}{7}.$$

12　圆内接四边形ABCD的对角线AC和BD交于点M，过点M分别作4边AB，BC，CD，DA的垂线，垂足依次为E，F，G，H，求证 $EF+GH=FG+HE$．

（1990年加拿大数学奥林匹克3题）

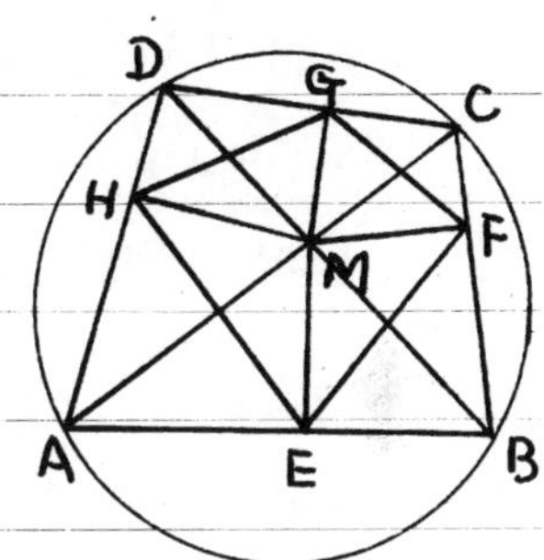

证　∵ $\angle AHM=90^\circ=\angle AEM$，

∴ H，A，E，M四点共圆且AM为此圆的直径．

∴ $HE=AM\sin\angle HAE=AM\sin\angle DAB$．

同理 $GF=MC\sin\angle DCB$．

∵ $\angle DAB+\angle DCB=180^\circ$，

∴ $\sin\angle DAB=\sin\angle DCB$．

记四边形ABCD的外接圆半径为R，由正弦定理有

$$AC=2R\sin\angle ABC，BD=2R\sin\angle DAB．$$

∴ $FG+HE=(MC+AM)\sin\angle DAB=AC\sin\angle DAB$

$=2R\sin\angle ABC\sin\angle DAB$．

同理 $EF+GH=BD\sin\angle ABC=2R\sin\angle DAB\sin\angle ABC$．

∴ $EF+GH=FG+HE$．

13　如图，在△ABC中，O为外心，三条高AD，BE，CF交于点H，直线ED和AB交于点M，直线FD和AC交于点N，求证

(i) $OB\perp DF$，$OC\perp DE$；

(ii) $OH\perp MN$.

（2001年全国联赛二试1题）

证　∵ O是外心，∴ $\angle BOC=2\angle BAC$.

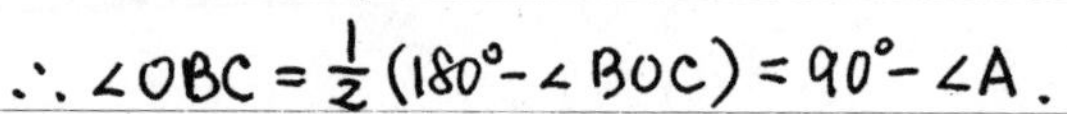

$\therefore \angle OBC=\frac{1}{2}(180^\circ-\angle BOC)=90^\circ-\angle A$.

$\because \angle AFC=90^\circ=\angle ADC$，∴ F，D，C，A四点共圆.

$\therefore \angle OBC+\angle BDF=\angle OBC+\angle A=90^\circ$. $\therefore \angle BPD=90^\circ$.

$\therefore OB\perp DF$. 同理 $OC\perp DE$.

记$OB\cap DF=P$，$OC\cap DE=Q$，于是P，B，N，E和F，M，C，Q都四点共圆. 记$\angle OBE=\alpha$，$\angle OCF=\beta$，于是$\angle FMQ=\beta$，$\angle ENP=\alpha$.

记$OC\cap HE=R$，易见，$\angle ORH=\angle ERC=\angle DEC$. 所以，为证$OH\perp MN$，只须证明$\triangle OHR\backsim\triangle MNE$. 而这又只须证明$\angle ROH=\angle EMN$. 记$\angle ROH=\theta$，$\angle EMN=\varphi$.

在△OBH与△OHC中运用正弦定理，有

$$\frac{BH}{OH}=\frac{\sin(2A-\theta)}{\sin\angle OBH}=\frac{\sin(2A-\theta)}{\sin\alpha},\quad \frac{CH}{OH}=\frac{\sin\theta}{\sin\angle OCH}=\frac{\sin\theta}{\sin\beta}.$$

$$\therefore \frac{BH}{CH}=\frac{\sin(2A-\theta)\cdot\sin\beta}{\sin\theta\cdot\sin\alpha}. \qquad ①$$

在△BMD和△CND中应用正弦定理，又有

$$\frac{MD}{BD}=\frac{\sin B}{\sin\beta},\quad \frac{DN}{CD}=\frac{\sin C}{\sin\alpha}.$$

$$\therefore \frac{MD}{DN}=\frac{BD}{CD}\cdot\frac{\sin B\cdot\sin\alpha}{\sin\beta\cdot\sin C}. \qquad ②$$

又∵ $BD=BH\sin C$，$CD=CH\sin B$，

由此及①.②，得到

$$\frac{\sin(2A-\varphi)}{\sin\varphi}=\frac{MD}{DN}=\frac{BD}{CD}\frac{\sin B}{\sin C}\frac{\sin\alpha}{\sin\beta}=\frac{BH}{CH}\frac{\sin\alpha}{\sin\beta}=\frac{\sin(2A-\theta)}{\sin\theta}.$$

$\therefore \sin(2A-\varphi)\sin\theta=\sin(2A-\theta)\sin\varphi$.

$$\sin 2A\cos\varphi\sin\theta-\cos 2A\sin\varphi\sin\theta=\sin 2A\cos\theta\sin\varphi-\cos 2A\sin\theta\sin\varphi$$

$$\operatorname{tg}\theta=\operatorname{tg}\varphi,\quad 0<\theta,\varphi<\pi.$$

$\therefore \theta=\varphi$. $\therefore \triangle OHR\backsim\triangle MNE$.

$\because OR\perp ME$，$HR\perp EN$，$\therefore OH\perp MN$.

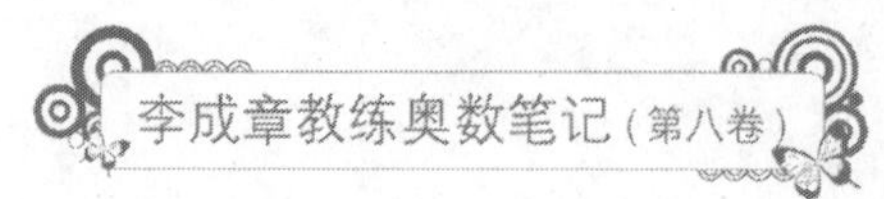

14. 如图，⊙O是△ABC的边BC之外的旁切圆，D，E，F分别是⊙O与直线BC，CA，AB的切点，OD∩EF＝K，求证AK平分BC.

（《竞赛数学教程》250页）

证 记AK∩BC＝M，连结OE，OF，于是

$OD\perp BC$，$OE\perp AC$，$OF\perp AB$.

∴ B，F，O，D和D，O，E，C都四点共圆.

∴ $\angle ABC=\angle FOD$，$\angle ACB=\angle DOE$.

∵ $AF=AE$，$OF=OE$，

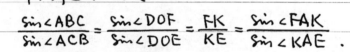

∴ 在△OFK和△OEK中与△AFK和△AKE中分别应用正弦定理有

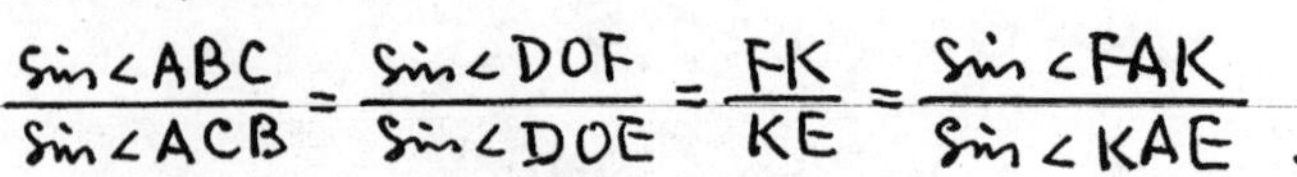

$$\frac{\sin\angle ABC}{\sin\angle ACB}=\frac{\sin\angle DOF}{\sin\angle DOE}=\frac{FK}{KE}=\frac{\sin\angle FAK}{\sin\angle KAE}.$$

$$\therefore \frac{\sin\angle ABC}{\sin\angle ACB}\frac{\sin\angle EAK}{\sin\angle FAK}=1.$$

在△ABM和△ACM中应用正弦定理，有

$$\frac{BM}{AM}=\frac{\sin\angle BAM}{\sin\angle ABM},\quad \frac{AM}{CM}=\frac{\sin\angle ACM}{\sin\angle CAM}.$$

$$\begin{aligned}\therefore \frac{BM}{MC}&=\frac{BM}{AM}\frac{AM}{MC}=\frac{\sin\angle BAM}{\sin\angle ABM}\frac{\sin\angle ACM}{\sin\angle CAM}\\&=\frac{\sin\angle FAK\cdot\sin\angle ACB}{\sin\angle ABC\cdot\sin\angle EAK}=1.\end{aligned}$$

∴ $BM=MC$，即AK平分BC.

15. 如图，在$\triangle ABC$中，$\angle B=\angle C$，在AC和AB上分别取点P和Q，使得$AP=PQ=QB=BC$，求$\angle A$的值。（2002年上海市数学竞赛）

解1 设$AP=PQ=QB=BC=a$，$\angle A=\theta$，于是

$\angle B=\angle C=\frac{\pi-\theta}{2}$，$\angle AQP=\theta$，$\angle APQ=\pi-2\theta$。

在$\triangle APQ$中应用正弦定理有

$$\frac{AP}{AQ}=\frac{\sin\theta}{\sin(\pi-2\theta)}=\frac{\sin\theta}{\sin 2\theta}=\frac{1}{2\cos\theta}.$$

$\therefore\ AQ=2a\cos\theta$.

在$\triangle ABC$中应用正弦定理有

$$\frac{AB}{BC}=\frac{\sin\frac{\pi-\theta}{2}}{\sin\theta}=\frac{\cos\frac{\theta}{2}}{\sin\theta}=\frac{1}{2\sin\frac{\theta}{2}}.\quad \therefore AB=\frac{a}{2\sin\frac{\theta}{2}}.$$

$$\therefore\ \frac{a}{2\sin\frac{\theta}{2}}=AB=AQ+QB=2a\cos\theta+a$$

$$1=4\sin\frac{\theta}{2}\cos\theta+2\sin\frac{\theta}{2}=4\sin\frac{\theta}{2}\left(1-2\sin^2\frac{\theta}{2}\right)+2\sin\frac{\theta}{2}$$

$$=6\sin\frac{\theta}{2}-8\sin^3\frac{\theta}{2}=2\left(3\sin\frac{\theta}{2}-4\sin^3\frac{\theta}{2}\right)$$

3倍角公式！

$$=2\sin\frac{3\theta}{2}.$$

$\therefore\ \sin\frac{3\theta}{2}=\frac{1}{2}$，$\frac{3\theta}{2}=30^\circ$或$150^\circ$，$\theta=20^\circ$或$100^\circ$。

$\because\ \theta=100^\circ$不合题意，舍去，$\therefore\ \angle A=20^\circ$。

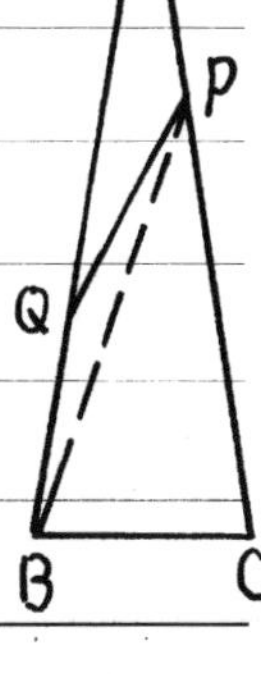

解2 设$\angle A=\theta$，于是$\angle AQP=\theta$，$\angle QPC=2\theta$，

$\because\ PQ=QB$，$\therefore\ \angle QPB=\frac{\theta}{2}$，$\therefore\ \angle BPC=\frac{3\theta}{2}$。

分别在$\triangle BPQ$和$\triangle BPC$中应用正弦定理有

$$\frac{PB}{QB}=\frac{\sin\angle PQB}{\sin\angle QPB}=\frac{\sin\theta}{\sin\frac{\theta}{2}},\quad \frac{PB}{BC}=\frac{\sin\angle PCB}{\sin\angle BPC}=\frac{\sin\left(90^\circ-\frac{\theta}{2}\right)}{\sin\frac{3\theta}{2}}.$$

$\because QB=BC$，$\therefore 2\cos\frac{\theta}{2}=\frac{\sin\theta}{\sin\frac{\theta}{2}}=\frac{\cos\frac{\theta}{2}}{\sin\frac{3\theta}{2}}$．$\therefore \sin\frac{3\theta}{2}=\frac{1}{2}$．

$\therefore A=20^\circ$．

解2与解1相比，多连了一条不难想到的辅助线，但却少用了不少三角变形，特别是不必用到三倍角公式，也是可取的。

在$\triangle PEF$中应用正弦定理有

$$PE=\frac{EF\sin F}{\sin\angle EPF}=(b+c)\frac{\sin\left(90^\circ-\frac{B}{2}\right)}{\sin\left(90^\circ-\frac{A}{2}\right)}=(b+c)\frac{\cos\frac{B}{2}}{\cos\frac{A}{2}}.$$

$$\therefore ED=PE\cos E=(b+c)\frac{\cos\frac{B}{2}\sin\frac{C}{2}}{\cos\frac{A}{2}}$$

设$\triangle ABC$的外接圆半径为R，于是由正弦定理有

$$\begin{aligned}BD&=ED-EB=ED-(EC-BC)\\&=2R(\sin B+\sin C)\frac{\cos\frac{B}{2}\sin\frac{C}{2}}{\cos\frac{A}{2}}-\frac{b+c-a}{2}\\&=2R\sin\frac{B+C}{2}\cos\frac{B-C}{2}\cdot\frac{\sin\frac{B+C}{2}+\sin\frac{C-B}{2}}{\sin\frac{B+C}{2}}-\frac{b+c-a}{2}\\&=R(\sin B+\sin C+\sin(C-B))-R(\sin B+\sin C-\sin A)\\&=R(\sin(C-B)+\sin(C+B))=2R\sin C\cdot\cos B\\&=c\cdot\cos B=BD'.\end{aligned}$$

$\therefore$点D'与D重合．$\therefore PA\perp BC$．（摘自《図王大全》327页）

16　如图，$\odot O_1$和$\odot O_2$与$\triangle ABC$的3边所在的直线都相切，E，F，G，H为切点，EG与FH的延长线交于点P．求证$AP\perp BC$．

（1996年全国联赛二试1题）

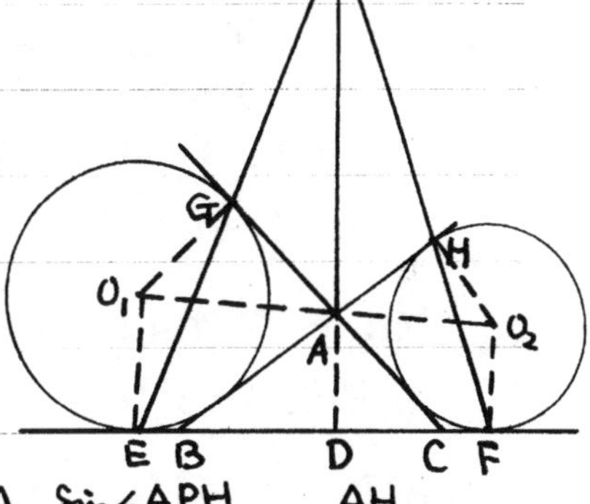

证1　延长PA交BC于点D，为证$PA\perp BC$，即证$AD\perp BC$，只须证明$\dfrac{ED}{DF}=\dfrac{O_1A}{AO_2}$．

在$\triangle PED$和$\triangle PDF$中应用正弦定理有

$$\frac{PE}{ED}=\frac{\sin\angle PDE}{\sin\angle EPD},\quad \frac{DF}{PF}=\frac{\sin\angle DPF}{\sin\angle PDF}.$$

$$\therefore\ \frac{DF}{DE}=\frac{PF}{PE}\cdot\frac{\sin\angle DPF}{\sin\angle EPD}$$

$$=\frac{\sin\angle PEF}{\sin\angle PFE}\cdot\frac{\sin\angle DPF}{\sin\angle EPD}=\frac{\sin\angle PGA}{\sin\angle PHA}\cdot\frac{\sin\angle APH}{\sin\angle GPA}=\frac{AH}{AG}.$$

连结O_1G，O_2H，于是$O_1G\perp AG$，$O_2H\perp AH$．

又$\because\ \angle O_1AG=\angle O_2AC=\angle O_2AH$，$\therefore\ \triangle GO_1A\backsim\triangle HO_2A$．

$\therefore\ \dfrac{O_1A}{AO_2}=\dfrac{GA}{AH}=\dfrac{DE}{DF}$．　$\therefore\ O_1E\parallel AD\parallel O_2F$．

$\because\ O_1E\perp BC$，$\therefore\ AD\perp BC$，即$PA\perp BC$．

证2　过点P作$PD\perp BC$于点D，过点A作$AD'\perp BC$于点D'，于是只须证明点D'与D重合．

$\because\ \odot O_1$是$\triangle ABC$的旁切圆，$\therefore\ CE=CG=\dfrac{1}{2}(a+b+c)$，$\angle E=90^\circ-\dfrac{C}{2}$．

同理　$BF=BH=\dfrac{1}{2}(a+b+c)$，$\angle F=90^\circ-\dfrac{B}{2}$．

$\therefore\ \angle EPF=180^\circ-\angle E-\angle F=\dfrac{C}{2}+\dfrac{B}{2}=90^\circ-\dfrac{A}{2}$，

$EF=EC+BF-BC=b+c$．

（接左页）

17　设AC，CE是正六边形ABCDEF的两条对角线，点M和N分别内分AC和CE且使 $AM:AC=CN:CE=r$，已知B，M，N三点共线，试求r的值。

（1982年IMO 5题）

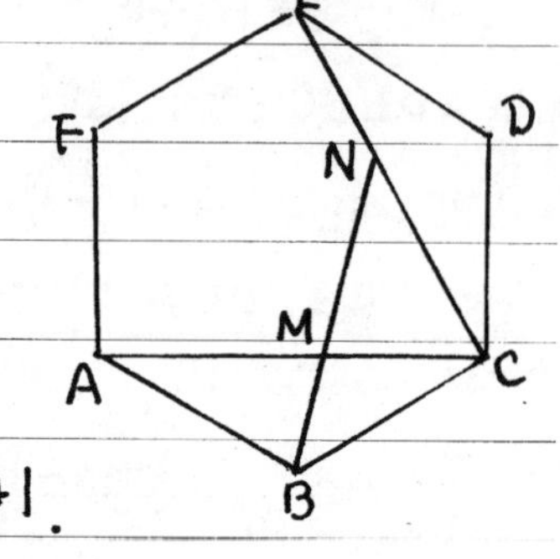

解1　设 $AC=CE=1$，于是 $CM=1-r$，$CN=r$，$BC=\frac{1}{\sqrt{3}}$。由余弦定理有

$$BM^2=BC^2+CM^2-2BC\cdot CM\cos 30^\circ$$
$$=\frac{1}{3}+(1-r)^2-(1-r)=r^2-r+\frac{1}{3},$$

$$MN^2=CM^2+CN^2-2CM\cdot CN\cos 60^\circ$$
$$=(1-r)^2+r^2-r(1-r)=3r^2-3r+1.$$

在△BCM和△MCN中应用正弦定理有

$$MN=\frac{NC\sin 60^\circ}{\sin\angle NMC},\quad BM=\frac{BC\cdot\sin 30^\circ}{\sin\angle BMC}.$$

$\because \sin\angle NMC=\sin\angle BMC$，

$$\therefore \frac{3r^2-3r+1}{r^2-r+\frac{1}{3}}=\frac{MN^2}{BM^2}=\left(\frac{NC\sin 60^\circ}{BC\sin 30^\circ}\right)^2=\left(\frac{r\cdot\frac{\sqrt{3}}{2}}{\frac{1}{\sqrt{3}}\cdot\frac{1}{2}}\right)^2=9r^2.$$

$\therefore 9r^2=3$，$r^2=\frac{1}{3}$，$r=\frac{\sqrt{3}}{3}$。

解2　由解1有 $BM^2=r^2-r+\frac{1}{3}$，$MN^2=3r^2-3r+1$。

$\therefore \frac{MN^2}{BM}=3$。$\therefore \frac{MN}{BM}=\sqrt{3}$。

在△BCM和△MCN中应用正弦定理有

$$NC=\frac{MN\cdot\sin\angle NMC}{\sin 60^\circ},\quad BC=\frac{BM\cdot\sin\angle BMC}{\sin 30^\circ}.$$

$$\therefore \frac{NC}{BC}=\frac{MN}{BM}\,\frac{\sin\angle NMC}{\sin\angle BMC}\,\frac{\sin 30^\circ}{\sin 60^\circ}=\sqrt{3}\cdot\frac{1}{2}\,\frac{2}{\sqrt{3}}=1.$$

$\therefore r=NC=BC=\frac{1}{\sqrt{3}}=\frac{\sqrt{3}}{3}$。

例 设$\triangle ABC$的外接圆半径为R，它的3条内角平分线分别交外接圆于点A', B', C'，求证 $16S^3_{\triangle A'B'C'}\geqslant 27R^4S_{\triangle ABC}$.

(1989年IMO候选题)

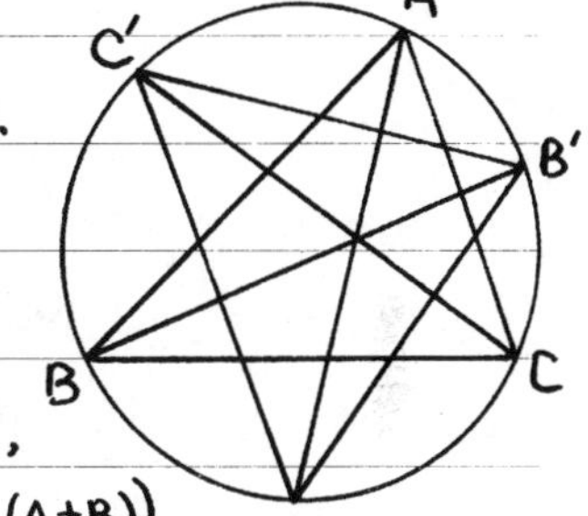

证 由三角公式有

$$\sin 2A+\sin 2B+\sin 2C=4\sin A\sin B\sin C.$$

$$\therefore S_{\triangle ABC}=\frac{1}{2}ab\sin C=2R^2\sin A\sin B\sin C$$

~~$=\frac{1}{2}R^2(\sin 2A+\sin 2B+\sin 2C)$~~

$\because$ $\triangle A'B'C'$的3个内角分别为$\frac{B+C}{2}$, $\frac{C+A}{2}$和$\frac{A+B}{2}$,

$$\therefore S_{\triangle A'B'C'}=\frac{1}{2}R^2(\sin(B+C)+\sin(C+A)+\sin(A+B)).$$

由均值不等式有

$$16S^3_{\triangle A'B'C'}=2R^6(\sin(B+C)+\sin(C+A)+\sin(A+B))^3$$

$$\geqslant 2R^6\cdot 27\sin(B+C)\sin(C+A)\sin(A+B)$$

~~$=27R^6(\cos(A-B)-\cos(A+B+2C))\sin(A+B)$~~

~~$=27R^6(\cos(A-B)\sin(A+B)+\cos C\sin C)$~~

~~$=27R^6\left(\frac{1}{2}\sin 2A+\frac{1}{2}\sin 2B+\frac{1}{2}\sin 2C\right)$~~

$$=27R^4S_{\triangle ABC}.$$

19. 如图，在锐角$\triangle ABC$的边BC上有两点E，F，使得$\angle BAE=\angle CAF$，作$FM\perp AB$于点M，$FN\perp AC$于点N，延长AE交$\triangle ABC$的外接圆于点D，求证$S_{AMDN}=S_{\triangle ABC}$.（《角王大全》348页）（2000年全国联赛二试1题）

证1 记$\angle BAE=\angle CAF=\alpha$，$\angle EAF=\beta$.

于是有

$$\begin{aligned}S_{AMDN}&=S_{\triangle AMD}+S_{\triangle AND}\\&=\frac{1}{2}AM\cdot AD\sin\alpha+\frac{1}{2}AD\cdot AN\sin(\alpha+\beta)\\&=\frac{1}{2}AD[AF\cos(\alpha+\beta)\sin\alpha+AF\cos\alpha\sin(\alpha+\beta)]\\&=\frac{1}{2}AD\cdot AF\sin(2\alpha+\beta)\\&=\frac{1}{2}AD\cdot AF\sin\angle BAC=\frac{1}{4R}AD\cdot AF\cdot BC.\qquad①\end{aligned}$$

$$\begin{aligned}S_{\triangle ABC}&=S_{\triangle ABF}+S_{\triangle AFC}=\frac{1}{2}AB\cdot AF\sin(\alpha+\beta)+\frac{1}{2}AF\cdot AC\sin\alpha\\&=\frac{1}{2}AF[AB\sin(\alpha+\beta)+AC\sin\alpha].\end{aligned}$$

连结BD，CD，又有

$$S_{\triangle ABC}=\frac{1}{4R}AF(AB\cdot CD+AC\cdot BD).\qquad②$$

由托勒密定理有

$$AD\cdot BC=AB\cdot CD+AC\cdot BD.\qquad③$$

①—③结合起来即得

$$S_{AMDN}=S_{\triangle ABC}.$$

证2 连结BD，$\because\angle BAD=\angle FAC$，$\angle ADB=\angle ACF$，$\therefore\triangle ABD\backsim\triangle AFC$.

$\therefore AF\cdot AD=AB\cdot AC$. 由证1中的①式便有

$$S_{AMDN}=\frac{1}{2}AD\cdot AF\sin\angle BAC=\frac{1}{2}AB\cdot AC\sin\angle BAC=S_{\triangle ABC}.$$

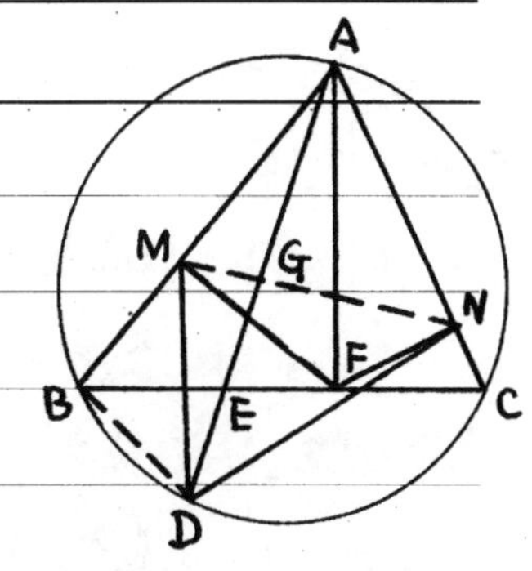

证3　连结 BD，MN，记 $MN\cap AD=G$.

$\because \angle AMF=90^\circ=\angle ANF$，

$\therefore A$，M，F，N 四点共圆且 AF 为此圆直径.

$\therefore \angle BAD=\angle FAN=\angle FMN$.

$\therefore \angle AGM=90^\circ$，$MN\perp AD$.

$\therefore S_{AMDN}=\frac{1}{2}AD\cdot MN$.

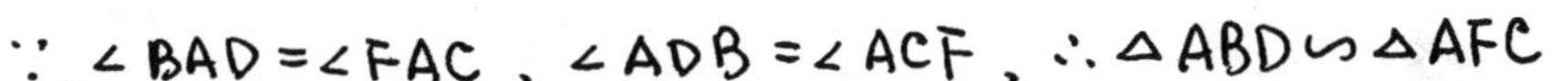

$\because \angle BAD=\angle FAC$，$\angle ADB=\angle ACF$，$\therefore \triangle ABD\backsim\triangle AFC$.

$\therefore AB\cdot AC=AF\cdot AD$.

$\because MN=AF\sin\angle MAN=AF\sin\angle BAC$，

$$\begin{aligned}\therefore S_{AMDN}&=\frac{1}{2}AD\cdot MN=\frac{1}{2}AD\cdot AF\sin\angle BAC\\&=\frac{1}{2}AB\cdot AC\sin\angle BAC=S_{\triangle ABC}.\end{aligned}$$

20　给定 a，$\sqrt{2}<a<2$，内接于单位圆⊙O的四边形 $ABCD$ 满足以下条件

(i) 圆心O在凸四边形内部；

(ii) 最大边长是 a，最小边长是 $\sqrt{4-a^2}$.

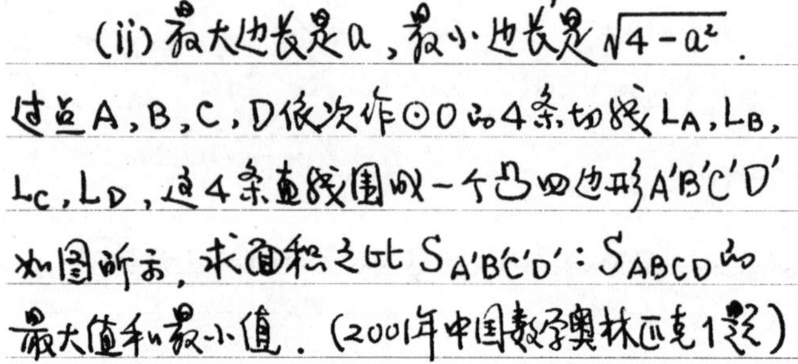

过点 A,B,C,D 依次作⊙O的4条切线 L_A,L_B,L_C,L_D，这4条直线围成一个凸四边形 $A'B'C'D'$ 如图所示，求面积之比 $S_{A'B'C'D'}:S_{ABCD}$ 的最大值和最小值.（2001年中国数学奥林匹克1题）

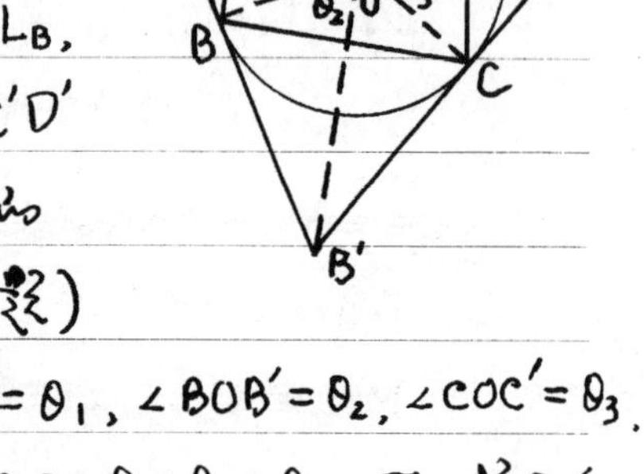

解1　作辅助线如图所示，记 $\angle AOA'=\theta_1$，$\angle BOB'=\theta_2$，$\angle COC'=\theta_3$，$\angle DOD'=\theta_4$，其中 $\theta_1,\theta_2,\theta_3,\theta_4$ 都是锐角且 $\theta_1+\theta_2+\theta_3+\theta_4=\pi$. 据面积公式有

$$S_{A'B'C'D'}=\operatorname{tg}\theta_1+\operatorname{tg}\theta_2+\operatorname{tg}\theta_3+\operatorname{tg}\theta_4\text{，}\quad ①$$

$$S_{ABCD}=\frac{1}{2}(\sin 2\theta_1+\sin 2\theta_2+\sin 2\theta_3+\sin 2\theta_4).\quad ②$$

$$\because\ \frac{1}{2}(\theta_1+\theta_3-\theta_2-\theta_4)=\frac{1}{2}(\theta_1+\theta_3)-\frac{1}{2}[\pi-(\theta_1+\theta_3)]=(\theta_1+\theta_3)-\frac{\pi}{2}\text{，}$$

$$\frac{1}{2}(\theta_1+\theta_4-\theta_2-\theta_3)=(\theta_1+\theta_4)-\frac{\pi}{2}\text{，}$$

$$\therefore\ \sin 2\theta_1+\sin 2\theta_2+\sin 2\theta_3+\sin 2\theta_4$$

$$=2\sin(\theta_1+\theta_2)\cos(\theta_1-\theta_2)+2\sin(\theta_3+\theta_4)\cos(\theta_3-\theta_4)$$

$$=2\sin(\theta_1+\theta_2)[\cos(\theta_1-\theta_2)+\cos(\theta_3-\theta_4)]$$

$$=4\sin(\theta_1+\theta_2)\cos\frac{1}{2}(\theta_1+\theta_3-\theta_2-\theta_4)\cos\frac{1}{2}(\theta_1+\theta_4-\theta_2-\theta_3)$$

$$=4\sin(\theta_1+\theta_2)\sin(\theta_1+\theta_3)\sin(\theta_1+\theta_4)\text{，}\quad ③$$

$$\operatorname{tg}\theta_1+\operatorname{tg}\theta_2+\operatorname{tg}\theta_3+\operatorname{tg}\theta_4=\frac{\sin(\theta_1+\theta_2)}{\cos\theta_1\cos\theta_2}+\frac{\sin(\theta_3+\theta_4)}{\cos\theta_3\cos\theta_4}$$

$$=\frac{\sin(\theta_1+\theta_2)}{\cos\theta_1\cos\theta_2\cos\theta_3\cos\theta_4}(\cos\theta_3\cos\theta_4+\cos\theta_1\cos\theta_2)$$

$$=\frac{\sin(\theta_1+\theta_2)}{2\cos\theta_1\cos\theta_2\cos\theta_3\cos\theta_4}\left[\cos(\theta_3+\theta_4)+\cos(\theta_3-\theta_4)+\cos(\theta_1+\theta_2)+\cos(\theta_1-\theta_2)\right]$$

$$=\frac{\sin(\theta_1+\theta_2)}{2\cos\theta_1\cos\theta_2\cos\theta_3\cos\theta_4}\left[\cos(\theta_3-\theta_4)+\cos(\theta_1-\theta_2)\right]$$

$$=\frac{\sin(\theta_1+\theta_2)\sin(\theta_1+\theta_3)\sin(\theta_1+\theta_4)}{\cos\theta_1\cos\theta_2\cos\theta_3\cos\theta_4}. \qquad ④$$

①—④结合起来，得到

$$\frac{S_{A'B'C'D'}}{S_{ABCD}}=\frac{1}{2\cos\theta_1\cos\theta_2\cos\theta_3\cos\theta_4}. \qquad ⑤$$

由于⑤式右端关于 $\theta_1,\theta_2,\theta_3,\theta_4$ 对称，故不妨设 $AD=a$，$CD=\sqrt{4-a^2}$. 于是 $\sin\theta_4=\frac{a}{2}$，$\sin\theta_3=\frac{1}{2}\sqrt{4-a^2}$.

$$\because \cos(\theta_3+\theta_4)=\cos\theta_3\cos\theta_4-\sin\theta_3\sin\theta_4$$

$$=\sqrt{1-\left(\frac{a}{2}\right)^2}\sqrt{1-\frac{1}{4}(4-a^2)}-\frac{1}{2}a\cdot\frac{1}{2}\sqrt{4-a^2}=0,$$

$\therefore \theta_3+\theta_4=\frac{\pi}{2}$. $\therefore \theta_1+\theta_2=\frac{\pi}{2}$.

$$\therefore 2\cos\theta_1\cos\theta_2\cos\theta_3\cos\theta_4=\frac{1}{4}a\sqrt{4-a^2}\sin 2\theta_1\leq\frac{1}{4}a\sqrt{4-a^2},$$

其中等号成立当且仅当 $\theta_1=\theta_2=\frac{\pi}{4}$. 故得

$$\min\frac{S_{A'B'C'D'}}{S_{ABCD}}=\frac{4}{a\sqrt{4-a^2}}.$$

另一方面，$\theta_3\leq\theta_1\leq\theta_4$，于是

$$\arcsin\frac{1}{2}\sqrt{4-a^2}\leq\theta_1\leq\arcsin\frac{1}{2}a,$$

$$2\arcsin\frac{1}{2}\sqrt{4-a^2}\leq 2\theta_1\leq 2\arcsin\frac{a}{2}.$$

$$\because \sin\left(2\arcsin\frac{1}{2}\sqrt{4-a^2}\right)=2\sin\left(\arcsin\frac{1}{2}\sqrt{4-a^2}\right)\cos\left(\arcsin\frac{1}{2}\sqrt{4-a^2}\right)$$

$$=2\cdot\frac{1}{2}\sqrt{4-a^2}\sqrt{1-\frac{1}{4}(4-a^2)}=\frac{1}{2}a\sqrt{4-a^2},$$

$$\sin\left(2\arcsin\frac{a}{2}\right)=\frac{1}{2}a\sqrt{4-a^2},$$

$\therefore 2\arcsin\frac{1}{2}\sqrt{4-a^2}$ 是锐角，$2\arcsin\frac{a}{2}$ 是钝角。

$\therefore \sin 2\theta_1 \geqslant \frac{1}{2}a\sqrt{4-a^2}$.

$\therefore 2\cos\theta_1\cos\theta_2\cos\theta_3\cos\theta_4=\frac{1}{4}a\sqrt{4-a^2}\sin 2\theta_1\geqslant\frac{1}{8}a^2(4-a^2)$,

其中等号成立当且仅当 $\theta_1=\theta_3$.

$$\therefore \max\frac{S_{A'B'C'D'}}{S_{ABCD}}=\frac{8}{a^2(4-a^2)}.$$

解2 由解1中①和②有

$$\frac{S_{A'B'C'D'}}{S_{ABCD}}=\frac{2(\operatorname{tg}\theta_1+\operatorname{tg}\theta_2+\operatorname{tg}\theta_3+\operatorname{tg}\theta_4)}{\sin 2\theta_1+\sin 2\theta_2+\sin 2\theta_3+\sin 2\theta_4}, \quad ⑥$$

其中 $\theta_1+\theta_2=\frac{\pi}{2}$，$\theta_3+\theta_4=\frac{\pi}{2}$. 由三角公式有

$$\alpha=\operatorname{tg}\theta_3+\operatorname{tg}\theta_4=\frac{\sin(\theta_3+\theta_4)}{\cos\theta_3\cos\theta_4}=\frac{1}{\sin\theta_4\sin\theta_3}=\frac{4}{a\sqrt{4-a^2}}, \quad ⑦$$

$$\operatorname{tg}\theta_1+\operatorname{tg}\theta_2=\frac{\sin(\theta_1+\theta_2)}{\cos\theta_1\cos\theta_2}=\frac{1}{\cos\theta_1\sin\theta_1}=\frac{2}{\sin 2\theta_1}. \quad ⑧$$

$$\beta=\sin 2\theta_3+\sin 2\theta_4=2\sin 2\theta_3=4\sin\theta_3\cos\theta_3=4\sin\theta_3\sin\theta_4$$
$$=a\sqrt{4-a^2}, \quad ⑨$$

$$\sin 2\theta_1+\sin 2\theta_2=2\sin 2\theta_1. \quad ⑩$$

令 $t=\sin 2\theta_1$，于是将⑦－⑩代入⑥得到

$$\frac{S_{A'B'C'D'}}{S_{ABCD}}=\frac{2\alpha+\frac{4}{t}}{\beta+2t}. \quad ⑪$$

注意，⑪式右端是 t 的严格递减函数，而 t 的最大值为 1，故得

$$\min\frac{S_{A'B'C'D'}}{S_{ABCD}}=\frac{\dfrac{8}{a\sqrt{4-a^2}}+4}{a\sqrt{4-a^2}+2}=\frac{4}{a\sqrt{4-a^2}}.$$

另一方面，由已知，$\theta_3\leq\theta_1$，$\theta_2\leq\theta_4$ 且 $\theta_1+\theta_2=\frac{\pi}{2}=\theta_3+\theta_4$. 故得 t 的最小值为 $t_0=2\sin\theta_3\sin\theta_4=\frac{1}{2}a\sqrt{4-a^2}$. 所以

$$\max\frac{S_{A'B'C'D'}}{S_{ABCD}}=\frac{\dfrac{8}{a\sqrt{4-a^2}}+\dfrac{8}{a\sqrt{4-a^2}}}{a\sqrt{4-a^2}+a\sqrt{4-a^2}}=\frac{8}{a^2(4-a^2)}.$$

※21. 设AD是△ABC的高，已知 $BC+AD-AB-AC=0$，求∠BAC的取值范围。（1989年中国集训队选拔考试6题）

一个解　设△ABC的外接圆半径为 R，由正弦定理有

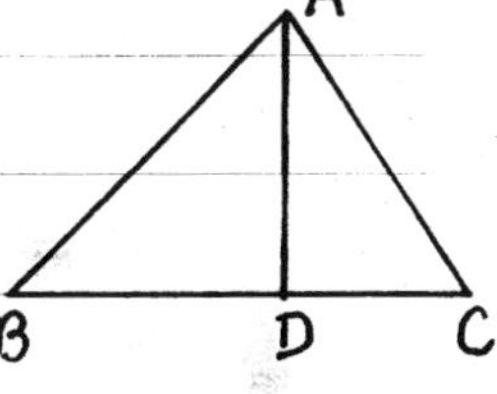

$BC=2R\sin A$，$AB=2R\sin C$，$AC=2R\sin B$，$AD=2R\sin B\sin C$.

$\because\ BC+AD-AB-AC=0$，

$$\therefore\ 0=\sin A+\sin B\sin C-\sin B-\sin C \quad ①$$
$$=\sin A+\frac{1}{2}(\cos(B-C)-\cos(B+C))-2\sin\frac{B+C}{2}\cos\frac{B-C}{2}$$
$$=\sin A+\frac{1}{2}\cos A+\frac{1}{2}\cos(B-C)-2\cos\frac{A}{2}\cos\frac{B-C}{2}.$$

$$\therefore\ \frac{1}{2}(\cos A-1+1+\cos(B-C))=2\cos\frac{A}{2}\left(\cos\frac{B-C}{2}-\sin\frac{A}{2}\right),$$
$$\cos^2\frac{B-C}{2}-\sin^2\frac{A}{2}=2\cos\frac{A}{2}\left(\cos\frac{B-C}{2}-\sin\frac{A}{2}\right),$$
$$\cos\frac{B-C}{2}+\sin\frac{A}{2}=2\cos\frac{A}{2}. \quad ②$$

若记 $\alpha=\arcsin\frac{2}{\sqrt5}$，则上式可以化成

$$\sin\left(\alpha-\frac{A}{2}\right)=\frac{1}{\sqrt5}\cos\frac{B-C}{2}. \quad ③$$

由于B和C是对称的，故不妨设 $B\leq C$. 由①知 $0\leq C-B<A$.

当 $B=C$ 时，即当 $C-B=0$ 时．③式化成

$$\sin\left(\alpha-\frac{A}{2}\right)=\frac{1}{\sqrt{5}}.\qquad \alpha-\frac{A}{2}=\arcsin\frac{1}{\sqrt{5}}$$

$$\frac{A}{2}=\alpha-\arcsin\frac{1}{\sqrt{5}}=\arcsin\frac{2}{\sqrt{5}}-\arcsin\frac{1}{\sqrt{5}}.$$

$$\sin\frac{A}{2}=\frac{2}{\sqrt{5}}\frac{2}{\sqrt{5}}-\frac{1}{\sqrt{5}}\frac{1}{\sqrt{5}}=\frac{3}{5},\ \angle A=2\arcsin\frac{3}{5}.$$

当 $C-B=A$ 时．③式化成

$$\sin\left(\alpha-\frac{A}{2}\right)=\frac{1}{\sqrt{5}}\cos\frac{A}{2},\quad \frac{2}{\sqrt{5}}\cos\frac{A}{2}-\frac{1}{\sqrt{5}}\sin\frac{A}{2}=\frac{1}{\sqrt{5}}\cos\frac{A}{2}.$$

$\therefore \sin\frac{A}{2}=\cos\frac{A}{2}$．$\therefore A=\frac{\pi}{2}$．

当 $0\leq C-B<A$ 时，记 $\cos\frac{C-B}{2}=\lambda$，于是 $\frac{\sqrt{2}}{2}<\lambda\leq 1$．③式化为

$$\sin\left(\alpha-\frac{A}{2}\right)=\frac{\lambda}{\sqrt{5}}.\quad \alpha-\frac{A}{2}=\arcsin\frac{\lambda}{\sqrt{5}}.$$

$$\frac{A}{2}=\alpha-\arcsin\frac{\lambda}{\sqrt{5}}=\arcsin\frac{2}{\sqrt{5}}-\arcsin\frac{\lambda}{\sqrt{5}}.$$

$$\sin\frac{A}{2}=\frac{2}{\sqrt{5}}\cos\left(\arcsin\frac{\lambda}{\sqrt{5}}\right)-\frac{1}{\sqrt{5}}\cdot\frac{\lambda}{\sqrt{5}}=\frac{2}{\sqrt{5}}\sqrt{1-\frac{\lambda^2}{5}}-\frac{\lambda}{5}.$$

$$\therefore \frac{3}{5}\leq\frac{2}{\sqrt{5}}\sqrt{1-\frac{\lambda^2}{5}}-\frac{\lambda}{5}<\frac{2}{\sqrt{5}}\sqrt{1-\frac{1}{10}}-\frac{\sqrt{2}}{10}=\frac{6}{5\sqrt{2}}-\frac{\sqrt{2}}{10}=\frac{\sqrt{2}}{2}.$$

$$\therefore \arcsin\frac{3}{5}\leq\frac{A}{2}<\frac{\pi}{4}.\qquad 2\arcsin\frac{3}{5}\leq A<\frac{\pi}{2}.$$

$\therefore \angle BAC$ 的取值范围是 $\left[2\arcsin\frac{3}{5},\frac{\pi}{2}\right)$．

22 在△ABC的两边AC，BC上各取一点M，N，点K是MN的中点，△CAN和△BCM的外接圆除点C之外的另一个交点为D，求证CD经过△ABC的外心O的充分必要条件是AB的中垂线经过点K.

（2002年希腊IMO选拔考试）

证 记 $CO\cap AB=P$，$CD\cap AB=Q$，于是CD过点O等价于点P与Q重合.

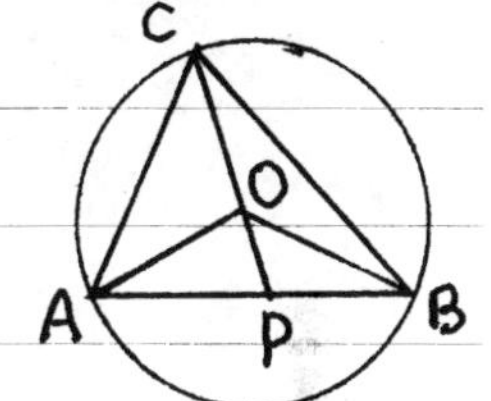

由正弦定理有

$$\frac{AP}{PB}=\frac{\sin\angle AOP}{\sin\angle BOP}=\frac{\sin\angle AOC}{\sin\angle BOC}=\frac{\sin 2B}{\sin 2A}.$$

当CD过点O时，当且仅当

$$\frac{AQ}{QB}=\frac{\sin 2B}{\sin 2A}. \quad ①$$

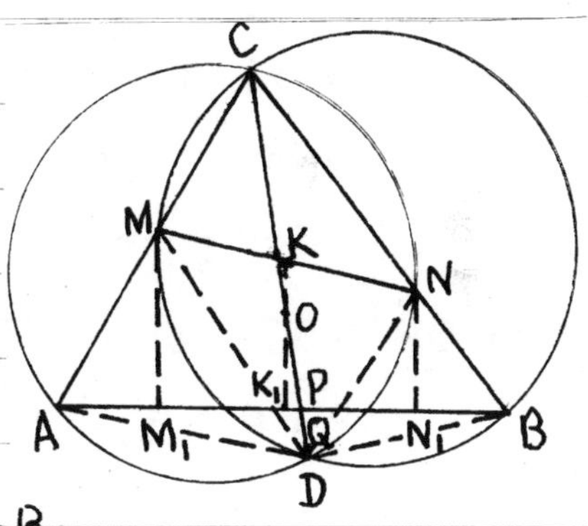

设M，K，N在AB上的射影分别为M_1，K_1，N_1，于是AB的中垂线过点K等价于$AM_1=N_1B$.

$\because AM_1=AM\cos A$，$N_1B=BN\cos B$，

$\therefore \frac{AM}{BN}=\frac{\cos B}{\cos A}$.

$\because \angle MAD=\angle BND$，$\angle AMD=\angle NBD$，$\therefore \triangle AMD\backsim\triangle NBD$.

$$\therefore \frac{AM}{BN}=\frac{MD}{BD}=\frac{\sin\angle ACD}{\sin\angle BCD}=\frac{\sin\angle ACQ}{\sin\angle BCQ}.$$

$$\therefore \frac{AQ}{BQ}=\frac{\sin\angle ACQ\,\frac{CQ}{\sin A}}{\sin\angle BCQ\,\frac{CQ}{\sin B}}=\frac{AM\sin B}{BN\sin A}=\frac{\cos B\sin B}{\cos A\sin A}=\frac{\sin 2B}{\sin 2A} \quad ②$$

由①和②即得评论结论.

23．定圆上的两定点A，B和动点C构成的△ABC是锐角三角形，AB中点M在AC，BC上的投影分别为点E，F，求证EF的中垂线经过一个定点．（2002年保加利亚数学奥林匹克）

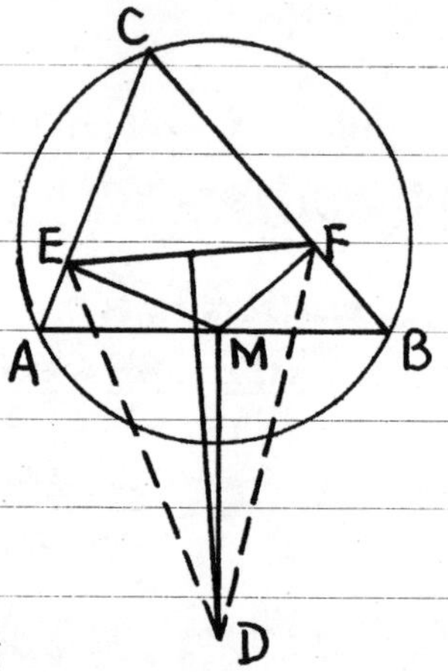

※证　由对称性知，所求证的定点D必在AB的中垂线上．为此，只须指出EF的中垂线与AB的中垂线的交点D与点M的距离MD为定长就可以了．

设DM＝x，并注意∠DME＝180°−∠A，∠DMF＝180°−∠B，EM＝AM$\sin A$，FM＝MB$\sin B$，由余弦定理有

$$DE^2=x^2+EM^2-2x\cdot EM\cdot\cos\angle DME$$
$$=x^2+\left(\frac{c}{2}\sin A\right)^2-2x\cdot\frac{c}{2}\sin A\cos(180^\circ-A)$$
$$=x^2+\frac{c^2}{4}\sin^2A+\frac{1}{2}cx\sin 2A.$$

同理 $DF^2=x^2+\frac{c^2}{4}\sin^2B+\frac{1}{2}cx\sin 2B$.

$$\therefore\quad \frac{c^2}{4}\sin^2A+\frac{1}{2}cx\sin 2A=\frac{c^2}{4}\sin^2B+\frac{1}{2}cx\sin 2B.$$

$$\therefore\quad c\sin^2A+2x\sin 2A=c\sin^2B+2x\sin 2B.$$

$$c(\sin^2A-\sin^2B)=2x(\sin 2B-\sin 2A)$$

$$\therefore\quad x=\frac{c(\sin^2A-\sin^2B)}{2(\sin 2B-\sin 2A)}=\frac{c\cdot 2\sin\frac{A+B}{2}\cos\frac{A-B}{2}\cdot 2\cos\frac{A+B}{2}\sin\frac{A-B}{2}}{2\cdot 2\cos(A+B)\sin(B-A)}$$

$$\therefore\quad =\frac{c\sin(A+B)\sin(A-B)}{4\cos(A+B)\sin(B-A)}=-\frac{c}{4}\tan(A+B)=\frac{c}{4}\tan C.$$

$\therefore$ MD＝$\frac{c}{4}\tan C$ 为定值，即D为定点．

十　面积法和面积题

1. 设AC，CE是正六边形ABCDEF的两条对角线，点M和N分别内分AC和CE且使 $AM:AC=CN:CE=r$，已知B，M，N三点共线，试求r的值．（1982年IMO 5题）

解1　设 $AC=CE=1$，于是 $CM=1-r$，$CN=r$，$BC=\frac{1}{\sqrt{3}}$．

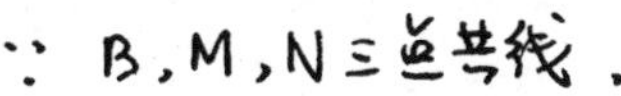

∵ B，M，N三点共线．

$\therefore S_{\triangle CNM}+S_{\triangle CMB}=S_{\triangle CNB}$．

∵ $\angle MCB=30^\circ$，$\angle MCN=60^\circ$，

$\therefore 2S_{\triangle CNM}=\frac{\sqrt{3}}{2}r(1-r)$，

$2S_{\triangle CMB}=\frac{1}{2}(1-r)\cdot\frac{1}{\sqrt{3}}$，$2S_{\triangle CNB}=\frac{r}{\sqrt{3}}$．

$\therefore \frac{\sqrt{3}}{2}r(1-r)+\frac{1}{2\sqrt{3}}(1-r)=\frac{r}{\sqrt{3}}$．　$3r(1-r)+(1-r)=2r$

解得 $r=\frac{\sqrt{3}}{3}$．

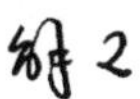

解2

2. (蝴蝶定理) 过⊙O的弦AB的中点M任意作两条弦CD和EF，连结CF和ED分别交AB于点P和Q，则 $PM=MQ$.

证1　记 $\angle AMC=\alpha$，$\angle BME=\beta$，于是 $\angle BMD=\alpha$，$\angle AMF=\beta$. 由面积公式有

$$\frac{MF\cdot MC}{MD\cdot ME}=\frac{S_{\triangle MFC}}{S_{\triangle MDE}}=\frac{(MC\sin\alpha+MF\sin\beta)PM}{(MD\sin\alpha+ME\sin\beta)MQ}.$$

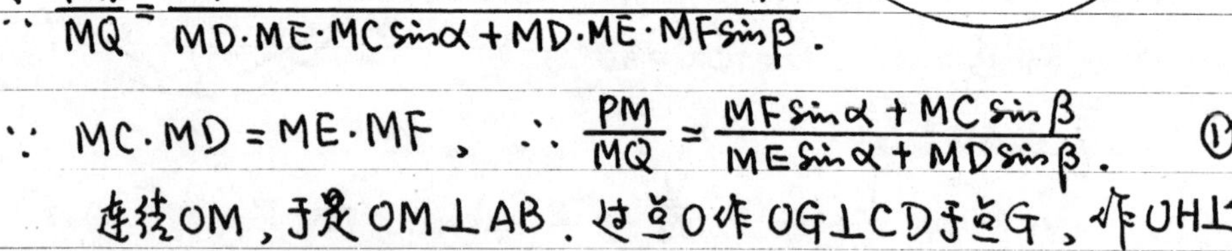

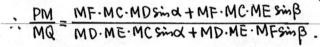

$$\therefore\ \frac{PM}{MQ}=\frac{MF\cdot MC\cdot MD\sin\alpha+MF\cdot MC\cdot ME\sin\beta}{MD\cdot ME\cdot MC\sin\alpha+MD\cdot ME\cdot MF\sin\beta}.$$

$$\because\ MC\cdot MD=ME\cdot MF,\quad \therefore\ \frac{PM}{MQ}=\frac{MF\sin\alpha+MC\sin\beta}{ME\sin\alpha+MD\sin\beta}.\qquad ①$$

连结OM，于是 $OM\perp AB$. 过点O作 $OG\perp CD$ 于点G，作 $OH\perp EF$ 于点H，于是 $\angle MOG=\alpha$，$\angle MOH=\beta$.

$$\therefore\ MD=CM+2MG=CM+2OM\sin\alpha,$$
$$MF=ME+2MH=ME+2OM\sin\beta.\qquad ②$$

将②代入①，得到

$$\frac{PM}{MQ}=\frac{ME\sin\alpha+2OM\sin\alpha\sin\beta+MC\sin\beta}{ME\sin\alpha+MC\sin\beta+2OM\sin\alpha\sin\beta}=1.$$

$\therefore\ PM=MQ$.

证2　$\because\ \angle C=\angle E$，$\angle F=\angle D$，

$$\therefore\ 1=\frac{S_{\triangle MCP}}{S_{\triangle MEQ}}\frac{S_{\triangle MEQ}}{S_{\triangle MFP}}\frac{S_{\triangle MFP}}{S_{\triangle MDQ}}\frac{S_{\triangle MDQ}}{S_{\triangle MCP}}$$

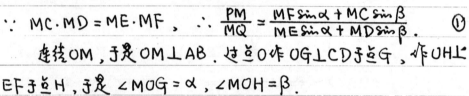

$$=\frac{\cancel{MC}\cdot CP}{\cancel{ME}\cdot EQ}\frac{\cancel{ME}\cdot MQ}{MP\cdot \cancel{ME}}\frac{\cancel{MF}\cdot FP}{\cancel{MQ}\cdot DQ}\frac{\cancel{MD}\cdot MQ}{MC\cdot MP}=\frac{MQ^2\cdot CP\cdot FP}{PM^2\cdot EQ\cdot DQ} \quad ①$$

由相交弦定理有

$$CP\cdot PF=AP\cdot PB,\quad EQ\cdot QD=BQ\cdot QA. \quad ②$$

记 $AM=MB=a$，$PM=x$，$MQ=y$. 将②代入①得到

$$MQ^2\cdot AP\cdot PB=PM^2\cdot BQ\cdot QA.$$

$$y^2(a-x)(a+x)=x^2(a-y)(a+y)$$

$$a^2y^2-x^2y^2=a^2x^2-x^2y^2.$$

$\therefore a^2y^2=a^2x^2$，$y^2=x^2$，$y=x$ 即 $PM=MQ$.

1 $S_{\triangle ABC}=\frac{1}{2}ah_a$； 2 $S_{\triangle ABC}=\frac{1}{2}ab\sin C$；

3 $S_{\triangle ABC}=\frac{1}{2}rp$； 4 $S_{\triangle ABC}=\sqrt{p(p-a)(p-b)(p-c)}$；

5 $S_{\triangle ABC}=\frac{1}{2}r_a(b+c-a)$； 6 $S_{\triangle ABC}=\frac{abc}{4R}$；

7 $S_{\triangle ABC}=2R^2\sin A\sin B\sin C$；

8 $S_{\triangle ABC}=\frac{1}{2}R^2(\sin 2A+\sin 2B+\sin 2C)$；

9 $S_{\triangle ABC}=\frac{a^2\sin B\sin C}{2\sin(B+C)}$； 10 $S_{ABCD}=\frac{1}{2}AC\cdot BD\cdot\sin\alpha$；

11 $S_{\triangle ABC}=\pm\frac{1}{2}\begin{vmatrix}x_2-x_1 & y_2-y_1\\ x_3-x_1 & y_3-y_1\end{vmatrix}$；

12 $S_{\triangle ABC}=\pm\frac{1}{2}\begin{vmatrix}x_1 & y_1 & 1\\ x_2 & y_2 & 1\\ x_3 & y_3 & 1\end{vmatrix}$.

3. 以△ABC的底边BC为直径作半圆，分别交AB，AC于点D和E，分别过点D和E作BC的垂线，垂足分别为F和G，线段DG和EF交于点M，求证AM⊥BC．（1996年中国集训队选拔考试1题）

※证 连结DE，BE，CD，于是BE⊥AC，CD⊥AB，记△ABC的垂心为点O，作高AH交DE于点K，于是

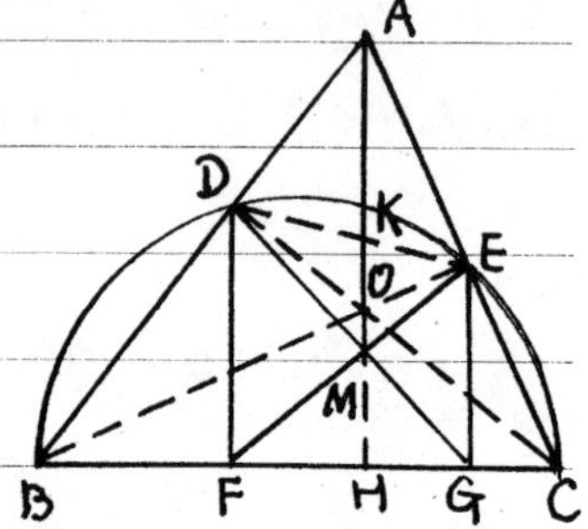

$$\frac{DK}{KE}=\frac{S_{\triangle ADO}}{S_{\triangle AEO}}.$$

∵ $\triangle AEO \backsim \triangle BEC$，$\triangle ADO \backsim \triangle CDB$，

$$\therefore \frac{S_{\triangle ADO}}{S_{\triangle CDB}}=\frac{AO^2}{BC^2}=\frac{S_{\triangle AEO}}{S_{\triangle BEC}}.$$

$$\therefore \frac{DK}{KE}=\frac{S_{\triangle ADO}}{S_{\triangle AEO}}=\frac{S_{\triangle CDB}}{S_{\triangle BEC}}=\frac{DF}{EG}=\frac{DM}{MG}.$$

∴ KM∥EG．∵ EG⊥BC，∴ KM⊥BC．

∵ AKH⊥BC，∴ 点M在AH上．∴ AM⊥BC．

4. $\triangle ABC$的顶角平分线AD交外接圆于点D，内心为I，边BC的中点为M，P是点I关于点M的对称点（点P在圆内）. 延长DP交外接圆于点N. 求证在AN，BN，CN三条线段中，必有一条线段的长度等于另两条线段的长度之和. （1993年中国集训队选拔考试6题）

证 (1) 设点N在劣弧$\overset{\frown}{AB}$上，往证$CN=AN+BN$.

连结MN，MD，BD，CD，IN.

$\because$ M为BC中点，

$\therefore S_{\triangle CND}-S_{\triangle BND}=2S_{\triangle MND}$.

$\because$ 点P在DN上且$IM=MP$，

$\therefore S_{\triangle IND}=2S_{\triangle MND}=S_{\triangle CND}-S_{\triangle BND}$.

记$\angle NAD=\alpha$，于是$\angle NCD=\alpha$，$\angle NBD=180^\circ-\alpha$，

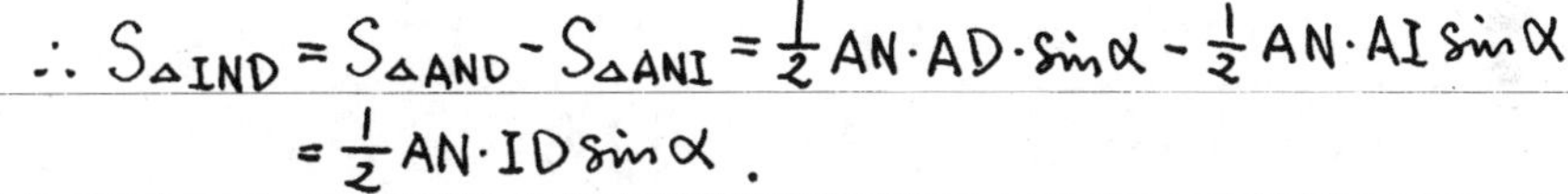

$$\therefore S_{\triangle IND}=S_{\triangle AND}-S_{\triangle ANI}=\frac{1}{2}AN\cdot AD\cdot\sin\alpha-\frac{1}{2}AN\cdot AI\sin\alpha$$
$$=\frac{1}{2}AN\cdot ID\sin\alpha.$$

又$\because S_{\triangle BND}=\frac{1}{2}BN\cdot BD\sin\alpha$，$S_{\triangle CND}=\frac{1}{2}CN\cdot CD\sin\alpha$，

$\because$ I为内心，$\therefore BD=CD=ID$，

$\therefore \frac{1}{2}AN\cdot ID\sin\alpha=\frac{1}{2}CN\cdot CD\sin\alpha-\frac{1}{2}BN\cdot BD\sin\alpha$.

$\therefore AN=CN-BN$. $\therefore CN=AN+BN$.

(2) 若点N在劣弧$\overset{\frown}{BD}$上，则同样的论证可以证明$AN=BN+CN$.

5　在四边形ABCD中，$S_{\triangle ABD}:S_{\triangle BCD}:S_{\triangle ABC}=3:4:1$，点M，N分别在AC和CD上且满足$AM:AC=CN:CD$．B，M，N三点共线．求证M和N分别是AC，CD的中点．（1983年全国联赛二试3题）

证　设$S_{\triangle ABC}=1$，于是$S_{\triangle ABD}=3$，$S_{\triangle BCD}=4$，$S_{\triangle ACD}=6$．设$AM:AC=CN:CD=r$，于是$CM:AC=1-r$．

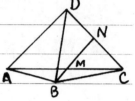

$\because$ B，M，N三点共线，

$\therefore S_{\triangle CMN}+S_{\triangle CMB}=S_{\triangle BCN}$．

$\because S_{\triangle CMN}=r(1-r)S_{\triangle ACD}=6r(1-r)$，

$S_{\triangle CMB}=(1-r)S_{\triangle ABC}=1-r$，

$S_{\triangle BCN}=rS_{\triangle BCD}=4r$，

$\therefore\ 6r(1-r)+(1-r)=4r$．

$6r-6r^2+1-r=4r$，　$6r^2-r-1=0$．

解得$r=\frac{1}{2}$和$r=-\frac{1}{3}$（舍去）．这就证明了M，N恰为AC，CD中点．

6　点O为△ABC内一点，直线AO，BO，CO分别交BC，CA，AB于点A'，B'，C'，使得 $\frac{AO}{OA'}+\frac{BO}{OB'}+\frac{CO}{OC'}=92$，求 $\frac{AO}{OA'}\frac{BO}{OB'}\frac{CO}{OC'}$ 之值.

（1992年美国邀请赛14题）

解　设 $S_{\triangle BOC}=x$，$S_{\triangle COA}=y$，$S_{\triangle AOB}=z$，于是有

$$\frac{AO}{OA'}=\frac{S_{\triangle AOB}}{S_{\triangle A'OB}}=\frac{S_{\triangle COA}}{S_{\triangle COA'}}$$

$$=\frac{S_{\triangle AOB}+S_{\triangle COA}}{S_{\triangle A'OB}+S_{\triangle COA'}}=\frac{S_{\triangle AOB}+S_{\triangle COA}}{S_{\triangle BOC}}=\frac{y+z}{x}.$$

同理 $\frac{BO}{OB'}=\frac{z+x}{y}$，　$\frac{CO}{OC'}=\frac{x+y}{z}$.

$$\therefore \frac{AO}{OA'}\frac{BO}{OB'}\frac{CO}{OC'}=\frac{(y+z)(z+x)(x+y)}{xyz}$$

$$=\frac{xyz+y^2z+x^2y+xy^2+xz^2+yz^2+x^2z+xyz}{xyz}$$

$$=\frac{(y^2z+yz^2)+(x^2y+xy^2)+(x^2z+xz^2)}{xyz}+2$$

$$=\left(\frac{y+z}{x}+\frac{x+y}{z}+\frac{z+x}{y}\right)+2=94.$$

7. 设点D，E，F分别在△ABC的3边BC，CA，AB上，且使△AEF，△BFD和△CDE的内切圆半径相等，都等于r，将△DEF和△ABC的内切圆半径分别记为r_0和R，求证$r+r_0=R$.（1989年中国数学奥林匹克）

证1 记△ABC的内心为O，$\odot O_1$，$\odot O_2$，$\odot O_3$与△ABC的3边的6个切点分别为A'，A''，B'，B''，C'，C''. 过O作$OG\perp BC$于点G，连结O_2B'，于是$O_2B'\perp BC$. 将△ABC和△DEF的周长分别记为l和l'.

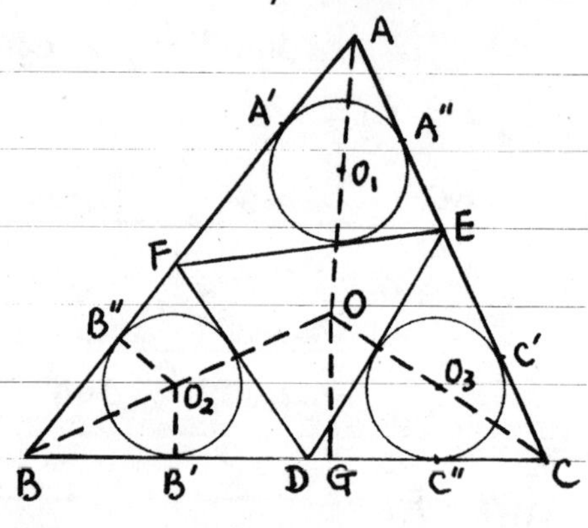

$\because S_{\triangle ABC}-S_{\triangle BDF}-S_{\triangle CED}-S_{\triangle AFE}=S_{\triangle DEF}$，

$\therefore Rl-r(l+l')=r_0l'$. $(R-r)l=(r+r_0)l'$. ①

$\because B,O_2,O$三点共线，$O_2B'\perp BC$，$OG\perp BC$，

$\therefore \triangle O_2BB'\backsim\triangle OBG$. $\therefore BB':BG=r:R$. ②

$\because DE=DC''+EC'$，$EF=EA''+FA'$，$FD=FB''+DB'$，

$\therefore l'=DE+EF+FD=B'C''+C'A''+A'B''$.

$\therefore l-l'=AA'+AA''+BB'+BB''+CC'+CC''$. ③

③和②结合起来，得到

$$\frac{l-l'}{l}=\frac{r}{R}.\qquad (l-l')R=lr.\ (R-r)l=Rl' \quad ④$$

由④和①即得

$$(r+r_0)l'=Rl',\qquad r+r_0=R.$$

证2 作辅助线如图所示.

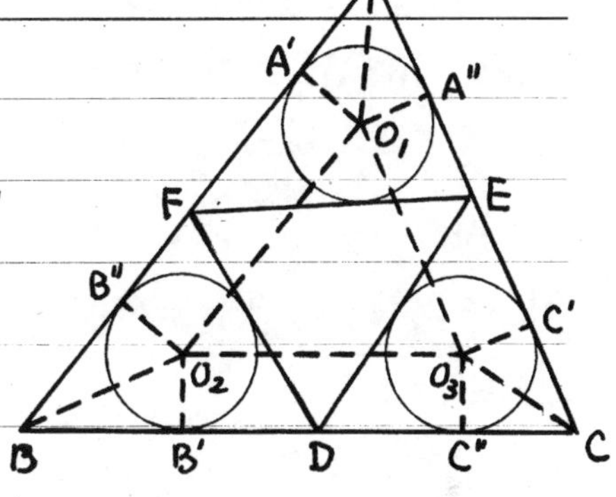

$\because O_1O_2+O_2O_3+O_3O_1$

$=A'B''+B'C''+C'A''$

$=A'F+FB''+B'D+DC''+C'E+EA''$

$=FD+DE+EF$，

$\therefore \triangle DEF$与$\triangle O_1O_2O_3$周长相等.

$\because S_{\triangle ABC}-S_{\triangle DEF}$

$=S_{\triangle AFE}+S_{\triangle BDF}+S_{\triangle CED}$

$=\frac{r}{2}(AB+BC+CA+DE+EF+FD)$

$=\frac{r}{2}(AB+BC+CA+O_1O_2+O_2O_3+O_3O_1)$

$=S_{ABO_2O_1}+S_{BCO_3O_2}+S_{CAO_1O_3}=S_{\triangle ABC}-S_{\triangle O_1O_2O_3}$.

$\therefore S_{\triangle DEF}=S_{\triangle O_1O_2O_3}$.

$\because \triangle DEF$与$\triangle O_1O_2O_3$的周长和面积分别相等，

$\therefore \triangle DEF$与$\triangle O_1O_2O_3$的内切圆半径相等，即$\triangle O_1O_2O_3$的内切圆半径也是r_0.

$\because \triangle O_1O_2O_3$和$\triangle ABC$位似且位似中心即为公共内心，

$\therefore R=r+r_0$.

8. 在凸四边形ABCD的边AB，AD上各取一点E，F，使线段CE，CF把对角线BD三等分且使$S_{\triangle BCE}=S_{\triangle FCD}=\frac{1}{4}S_{ABCD}$，求证四边形ABCD是平行四边形. （1990年全俄数学奥林匹克）

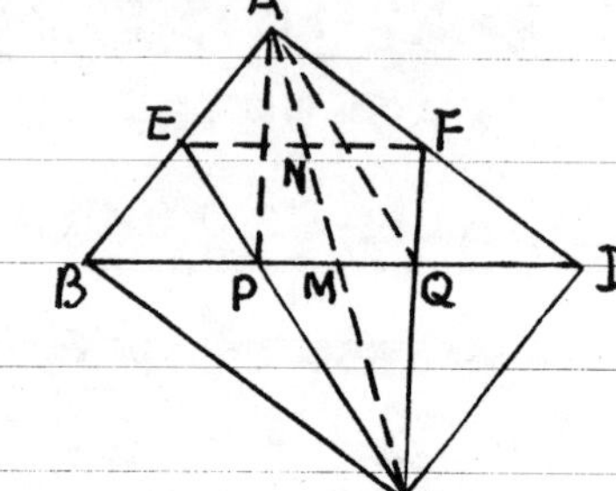

证 记$CE\cap BD=P$，$CF\cap BD=Q$，连结AP，AQ，AC，EF，记$AC\cap BD=M$，$AC\cap EF=N$.

$\because BP=QD$，$\therefore S_{\triangle BCP}=S_{\triangle QCD}$.

$\because S_{\triangle BCE}=S_{\triangle FCD}$，

$\therefore S_{\triangle EBP}=S_{\triangle FQD}$. $\therefore EF\parallel BD$.

$\therefore \dfrac{S_{\triangle ACF}}{S_{\triangle FCD}}=\dfrac{AF}{FD}=\dfrac{AE}{EB}=\dfrac{S_{\triangle AEC}}{S_{\triangle EBC}}$.

$\therefore \dfrac{EN}{NF}=\dfrac{S_{\triangle AEC}}{S_{\triangle ACF}}=\dfrac{S_{\triangle EBC}}{S_{\triangle FCD}}=1$. $\therefore$ N为EF中点，M为BD中点.

$\because S_{\triangle AEC}=S_{\triangle ACF}=\frac{1}{4}S_{ABCD}=S_{\triangle BCE}=S_{\triangle FCD}$，

$\therefore$ E，F分别为AB，AD中点. $\therefore FQ\parallel AP$，$EP\parallel AQ$.

$\therefore$ 四边形APCQ为平行四边形. $\therefore MP=MQ$，$MA=MC$.

$\therefore$ 四边形ABCD为平行四边形.

9　四边形ABCD内接于圆，另一圆的圆心O在边AB上且与四边形的其余3边都相切，求证 $AD+BC=AB$．　　(1985年IMO 1题)

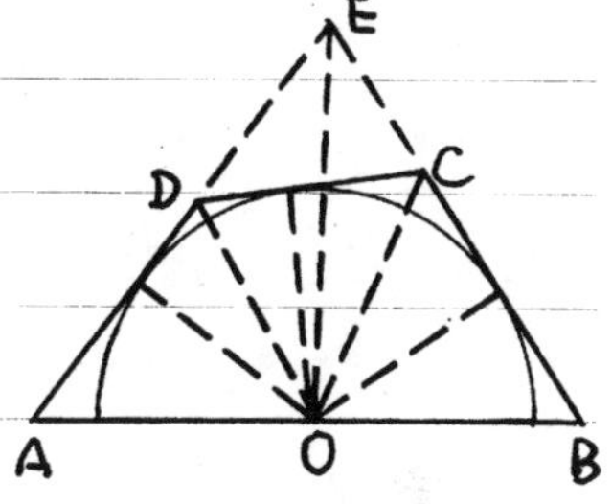

证　延长AD，BC交于点E，于是⊙O为△EDC的旁切圆．连结OC，OD，OE并记 $CE=a$，$DE=b$，$CD=c$，⊙R半径为R．

∵ ⊙O为△EDC的旁切圆，

∴ $S_{\triangle EDC}=S_{\triangle EDO}+S_{\triangle ECO}-S_{\triangle OCD}=\frac{1}{2}(a+b-c)R$，

$S_{\triangle EAB}=S_{\triangle EAO}+S_{\triangle EBO}=\frac{1}{2}(EA+EB)R$．

∵ $\angle EDC=\angle B$，　∴ $\triangle ECD\backsim\triangle EAB$．

设这两个三角形的相似比为 $\frac{1}{k}$，于是 $EA=ka$，$EB=kb$，$AB=kc$．

∵ $S_{\triangle EAB}:S_{\triangle EDC}=k^2$，

∴ $k(a+b):(a+b-c)=k^2$，　$(a+b):(a+b-c)=k$．

∴ $a+b=k(a+b-c)=ka+kb-kc=EA+EB-AB$．

∴ $AB=EA+EB-a-b=(EA-b)+(EB-a)=AD+BC$．

题 E为圆内接四边形ABCD的边AB的中点，EF⊥AD于点F，EH⊥BC于点H，EG⊥CD于点G，求证EG平分EF.（《周王大全》351页）

证 记 $EG\cap FH=M$，$\angle MEH=\alpha$，$\angle MEF=\beta$，$\angle EMF=\theta$.

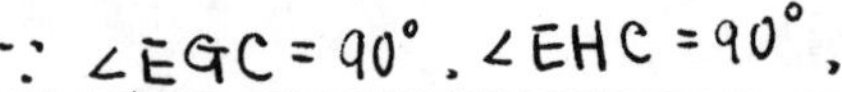
$\because \angle EGC=90^\circ$，$\angle EHC=90^\circ$，

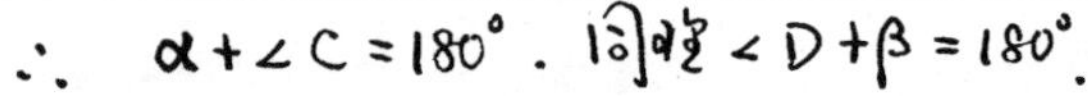
$\therefore \alpha+\angle C=180^\circ$. 同理 $\angle D+\beta=180^\circ$.

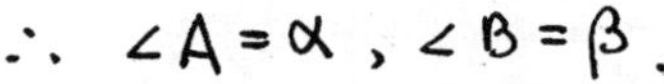
$\therefore \angle A=\alpha$，$\angle B=\beta$.

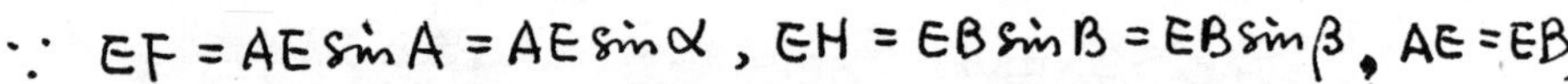
$\because EF=AE\sin A=AE\sin\alpha$，$EH=EB\sin B=EB\sin\beta$，$AE=EB$，

$$\therefore 1=\frac{S_{\triangle MEF}}{S_{\triangle MEF}}\cdot\frac{S_{\triangle MEH}}{S_{\triangle MEH}}=\frac{ME\cdot MF\sin\theta}{EM\cdot EF\sin\beta}\cdot\frac{EM\cdot EH\sin\alpha}{ME\cdot MH\sin\theta}$$

$$=\frac{MF\cdot EH\sin\alpha}{EF\cdot MH\sin\beta}=\frac{MF\cdot EB\sin\beta\sin\alpha}{AE\sin\alpha\, MH\sin\beta}=\frac{MF}{MH}.$$

$\therefore FM=MH$，即M为FH中点，即EG平分FH.

注 这个面积法用的有画蛇添足之嫌. 因为不用面积而直接使用正弦定理即可得证如下：

$$FM=\frac{EF\sin\beta}{\sin\angle EMF}=\frac{AE\sin\alpha\sin\beta}{\sin\angle EMF}=\frac{EB\sin\beta\sin\alpha}{\sin\angle EMH}$$

$$=\frac{EH\sin\alpha}{\sin\angle EMH}=MH.$$

实际上，原证中同一三角形的两个面积公式的比中消去公共边后就是正弦定理的表达式，所以这个面积法是假的.

10. 半径分别为 R 和 r 的两圆外切于点 P，从点 P 到两圆外公切线的距离为 d，求证 $\frac{1}{R}+\frac{1}{r}=\frac{2}{d}$.　　（《华校课本（高一）》126页）

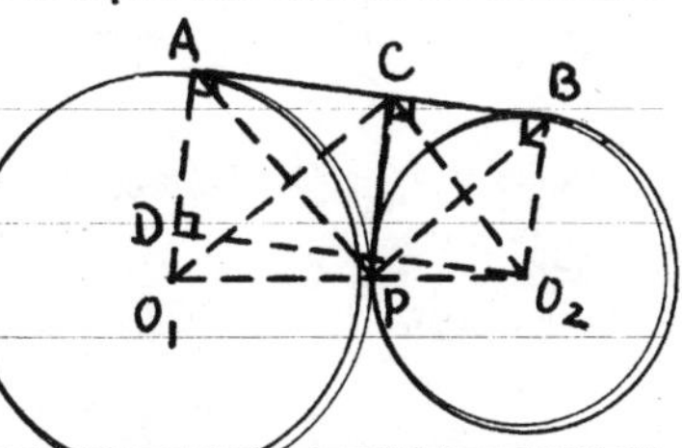

证　作辅助线如图所示，其中四边形 ADO_2B 为矩形。显然，只须证明

$$rd+Rd=2Rr.$$

显然有 $S_{AO_1O_2B}=S_{\triangle AO_1P}+S_{\triangle BO_2P}+S_{\triangle ACP}+S_{\triangle BCP}$.

记 $\angle AO_1O_2=\alpha$，于是 $\angle CPO_2=\alpha$，$\angle O_1PC=\angle PO_2B=180^\circ-\alpha$.

$\because S_{\triangle AO_1P}=\frac{1}{2}R^2\sin\alpha$，$S_{\triangle BO_2P}=\frac{1}{2}r^2\sin\alpha$，

$S_{\triangle ACP}=S_{\triangle O_1CP}=\frac{1}{2}Rd\sin\alpha$，$S_{\triangle BCP}=S_{\triangle O_2CP}=\frac{1}{2}rd\sin\alpha$，

$S_{AO_1O_2B}=\frac{1}{2}(AO_1+BO_2)O_2D=\frac{1}{2}(R+r)^2\sin\alpha$，

$\therefore (R+r)^2=R^2+r^2+Rd+rd$.

$\therefore\ 2Rr=Rd+rd$.

两端同除以 Rrd，即得

$$\frac{2}{d}=\frac{1}{r}+\frac{1}{R}.$$

11　r为$\triangle ABC$的内切圆半径，r_a，r_b，r_c分别为它的3个旁切圆的半径，求证 $\frac{1}{r_a}+\frac{1}{r_b}+\frac{1}{r_c}=\frac{1}{r}$.　　(《华校课本(高一)》127页)

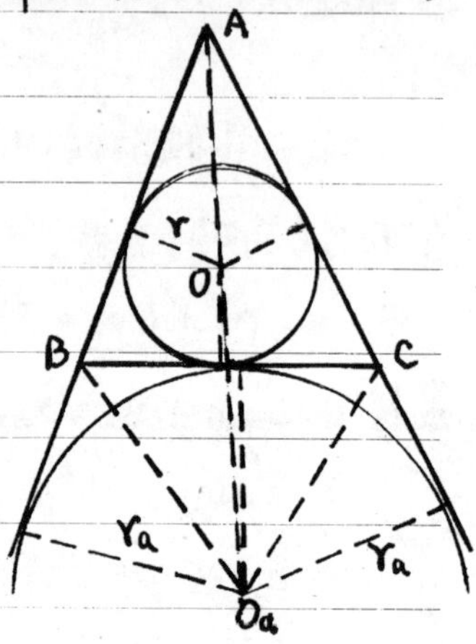

证　作辅助线如图所示，于是有

$$S_{\triangle ABC}=S_{\triangle ABO_a}+S_{\triangle ACO_a}-S_{\triangle BCO_a}.$$

$\because S_{\triangle ABC}=rp\quad \left(p=\frac{1}{2}(a+b+c)\right)$,

$S_{\triangle ABO_a}=\frac{1}{2}cr_a$，$S_{\triangle ACO_a}=\frac{1}{2}br_a$,

$S_{\triangle BCO_a}=\frac{1}{2}ar_a$,

$\therefore r(a+b+c)=r_a(b+c-a)$.

$2pr=r_a(2p-2a)$

$pr=r_a(p-a)$.

同理　$pr=r_b(p-b)$，$pr=r_c(p-c)$

$$\therefore \frac{1}{r_a}+\frac{1}{r_b}+\frac{1}{r_c}=\frac{p-a}{pr}+\frac{p-b}{pr}+\frac{p-c}{pr}$$

$$=\frac{1}{r}\cdot\frac{p-a+p-b+p-c}{p}=\frac{1}{r}.$$

例 在△ABC中，AM是中线，AD是顶角∠A的平分线，过A，M，D三点作圆，分别交AB，AC于点L，N，求证 BL=CN.

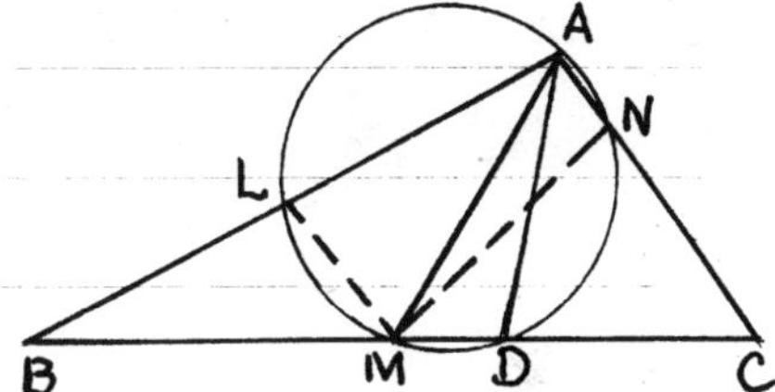

证 连结LM，MN，于是有

$\angle LMB=\angle LAD=\frac{1}{2}\angle BAC$，

$\angle NMC=\angle DAC=\frac{1}{2}\angle BAC$，

$\angle BLM=\angle ANM=180^\circ-\angle MNC$.

又∵ $BM=MC$，

∴ $\frac{S_{\triangle BML}}{S_{\triangle CMN}}=\frac{MB\cdot ML\sin\angle LMB}{MC\cdot MN\sin\angle CMN}=\frac{ML}{MN}$，

$\frac{S_{\triangle BML}}{S_{\triangle CMN}}=\frac{LB\cdot LM\sin\angle BLM}{NC\cdot NM\sin\angle CNM}=\frac{LB\cdot LM}{NC\cdot NM}$.

∴ $\frac{LB\cdot LM}{NC\cdot NM}=\frac{ML}{MN}$. ∴ $BL=CN$.

注 这个面积法也是僵的，也可以借助正弦定理来直接证明如下：

$BL=BM\frac{\sin\angle BML}{\sin\angle BLM}=MC\frac{\sin\angle NMC}{\sin\angle MNC}=CN$.

12 圆内两条弦AB和CD交于点E，在线段EB上取点M，过D，E，M三点作圆并过E作此圆的切线，分别交直线CA，CB于点G和F．已知$\frac{AM}{AB}=t$，试用t表示出$\frac{EG}{EF}$．（1990年IMO 1题）

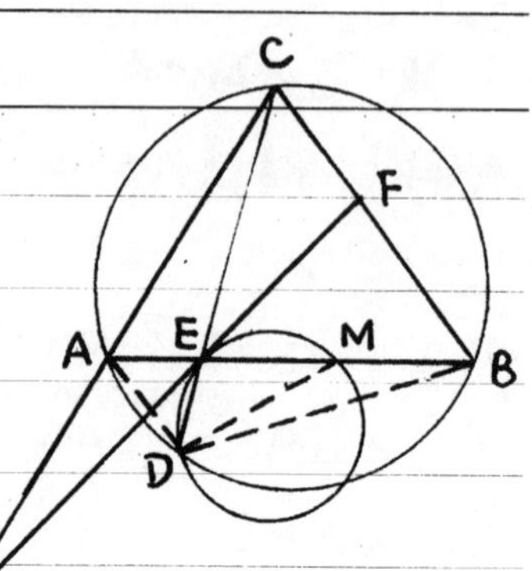

※ 解1 按三角形面积公式和正弦定理有

$$\frac{EG}{EF}=\frac{S_{\triangle CEG}}{S_{\triangle CEF}}=\frac{CE\cdot CG\sin\angle GCE}{CE\cdot CF\sin\angle ECF}=\frac{\sin\angle CFG}{\sin G}\cdot\frac{\sin\angle GCE}{\sin\angle ECF}.$$

$\because$ $\angle ECF=\angle MAD$，$\angle GCE=\angle MBD$，$\angle CEF=\angle GED=\angle AMD$，

$\therefore$ $\angle G=\angle MDB$，$\angle CFG=\angle ADM$．

$$\therefore\ \frac{EG}{EF}=\frac{\sin\angle ADM}{\sin\angle MAD}\cdot\frac{\sin\angle MBD}{\sin\angle MDB}=\frac{DM\sin\angle ADM}{\sin\angle MAD}\cdot\frac{\sin\angle MBD}{DM\sin\angle MDB}$$

$$=\frac{AM}{BM}=\frac{t}{1-t}.$$

※ 解2 连结DA，DB，DM，于是有

$\angle CEF=\angle GED=\angle EMD$，$\angle ECF=\angle MAD$，

$\therefore$ $\triangle CEF\backsim\triangle AMD$．$\therefore$ $CE\cdot MD=AM\cdot EF$．

$\because$ $\angle ECG=\angle MBD$，$\angle CEG=180^\circ-\angle GED=180^\circ-\angle EMD=\angle DMB$，

$\therefore$ $\triangle CGE\backsim\triangle BDM$．$\therefore$ $GE\cdot MB=CE\cdot DM=AM\cdot EF$．

$$\therefore\ \frac{EG}{EF}=\frac{AM}{MB}=\frac{t}{1-t}.$$

13　在凸四边形ABCD中，E、F、G、H、M、N分别是4条边AB、BC、CD、DA和两条对角线AC、BD的中点，已知$S_{MENG}=S_{MFNH}$，求证四边形ABCD的一条对角线将之分成等积的两部分。

（1988年全苏数学奥林匹克）

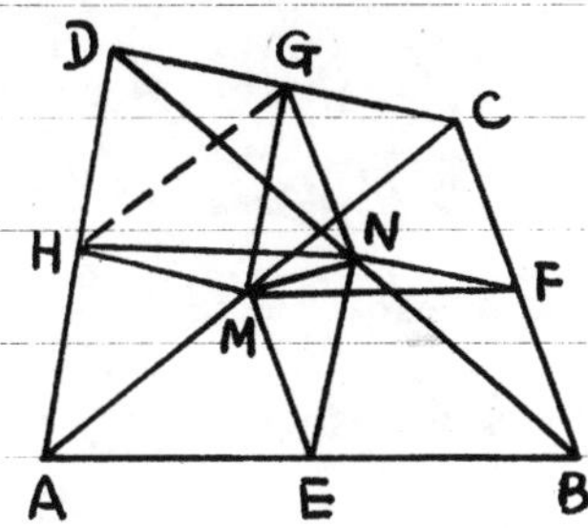

证　连结MN、HG.

$\because GM \underline{\parallel} \frac{1}{2}DA \underline{\parallel} NE$，

$\therefore$ 四边形GMEN为平行四边形.

同理　四边形HMFN为平行四边形.

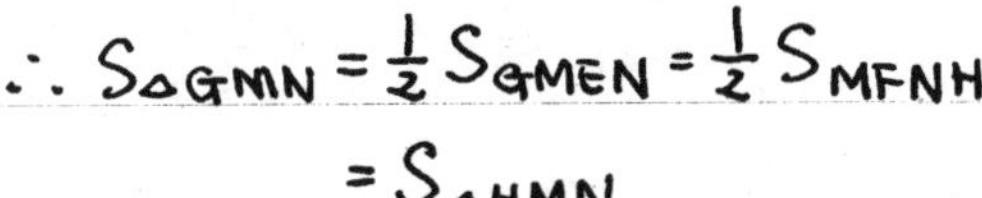

$\therefore S_{\triangle GMN}=\frac{1}{2}S_{GMEN}=\frac{1}{2}S_{MFNH}$
$=S_{\triangle HMN}$.

$\therefore HG\parallel MN$. 又$\because HG\parallel AC$，$\therefore MN\parallel AC$. $\therefore$直线MN与AC重合.

$\therefore \triangle ACD$的AC边上的高等于$\triangle GMN$的MN边上的高的2倍，

$\triangle ABC$的AC边上的高等于$\triangle EMN$的MN边上的高的2倍.

$\therefore \triangle ACD$与$\triangle ABC$的边AC上的高相等.

$\therefore S_{\triangle ACD}=S_{\triangle ABC}$.

14　如图，两个全等矩形，它们的周界共有8个交点，求证它们的公共部分的面积大于矩形面积的一半．（1970年全苏数学奥林匹克）

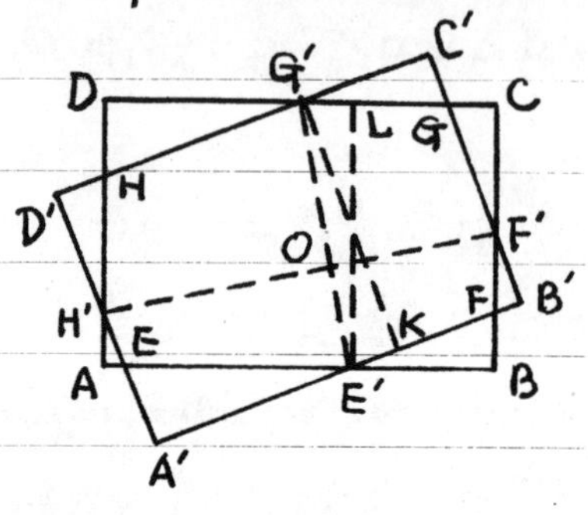

证　将8个交点依次记为E,E'，F,F',G,G',H,H'．

显然，每条边与另一个矩形至多有两个交点，故每条边与另一个矩形都恰有两个交点．如果有一条边与另一个矩形的一组对边相交，则后者的一条边将与前一矩形没有交点，矛盾．故每条边都与另一矩形的一组邻边相交．

连结$G'E'$、$H'F'$，过G'作$G'K\perp A'B'$于点K，过E'作$E'L\perp CD$于点L，于是有

$$\triangle G'E'K\cong\triangle E'G'L．$$

$\therefore \angle G'E'K=\angle E'G'L=\angle G'E'A$，即$G'E'$平分$\angle AE'B'$．

同理，$G'E'$平分$\angle D'G'C$，$H'F'$平分$\angle DH'A'$和$\angle BF'C'$．

$\because \angle D'G'C=\angle C'F'B$，$\therefore \angle CG'O=\angle OF'B$．

$\therefore G',O,F',C$四点共圆．$\therefore G'E'\perp H'F'$．

$\therefore S_{E'F'G'H'}=\frac{1}{2}G'E'\cdot H'F'\geqslant\frac{1}{2}S_{ABCD}$．

$\therefore$两个矩形的公共部分的面积大于矩形面积的一半．

15 点K和M分别是凸四边形ABCD的边AB和CD的中点，点L和N分别在BC和DA上，使四边形KLMN是矩形，求证四边形ABCD的面积是矩形KLMN面积的2倍．（1981年全苏数学奥林匹克）

证 因为四边形ABCD为凸四边形，所以矩形KLMN完全在其内部．设想四边形ABCD是一张纸片，将它沿着矩形的各边将4角的三角形分别折向矩形的内部．如果4个三角形恰好盖满整个矩形且没有重叠，问题就解决了．

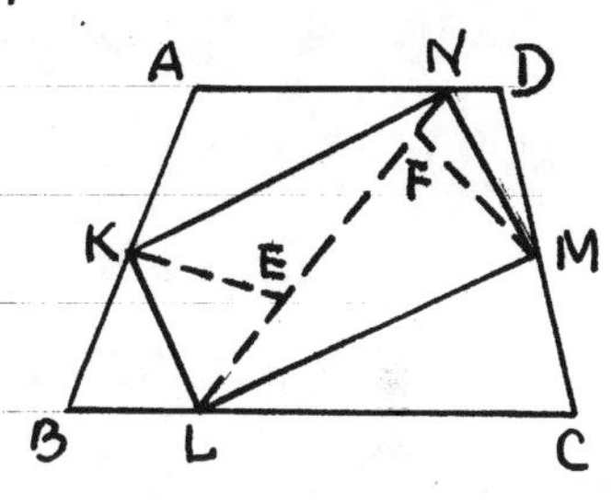

事实上，$\because \angle NKL=90^\circ$，$\therefore \angle AKN+\angle BKL=90^\circ=\angle NKL$，又因$KA=KB$，$\therefore$将$\triangle AKN$和$\triangle BKL$折过来时，KA和KB恰好重合在一起，记为KE．同理，MC和MD也重合在一起，记为MF．$\because \angle BLK+\angle CLM=90^\circ=\angle KLM$，所以直线LE和LF重合，即L，E，F三点共线．同理，N，F，E也三点共线．

(1) 若点$E\neq F$，则L，E，F，N四点共线．这时有$\angle A+\angle B=\angle KEN+\angle KEL=180^\circ$，从而四边形ABCD为梯形且它的面积是矩形KLMN面积的2倍．

(2) 若点E与F重合，则L，E，N可能不共线．这时，$AE\perp KN$，$CE\perp LM$．$KN\parallel LM$，$\therefore AE\parallel EC$．$\therefore$ A，E，C三点共线．同理B，E，D三点共线，即有

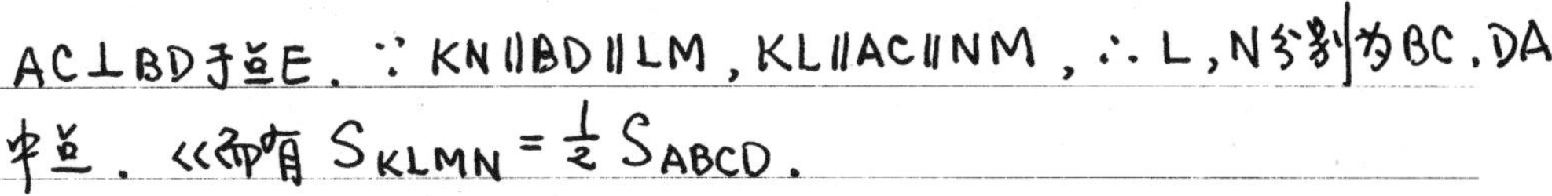
$AC\perp BD$于点E．$\because KN\parallel BD\parallel LM$，$KL\parallel AC\parallel NM$，$\therefore$ L，N分别为BC，DA中点．从而有$S_{KLMN}=\frac{1}{2}S_{ABCD}$．

16　凸四边形ABCD的对边BA和CD延长后交于点E，对角线AC，BD的中点分别为M，N，求证 $S_{\triangle ENM}=\frac{1}{4}S_{ABCD}$．（《研究教程》365页）

证1　分别取BC，AD的中点P，Q，连结PM，PN，QM，QN，QE．于是有

$QN\parallel AB\parallel PM$，$PN\parallel CD\parallel MQ$．

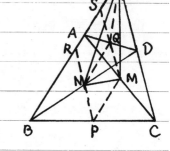

∴四边形QNPM为平行四边形．

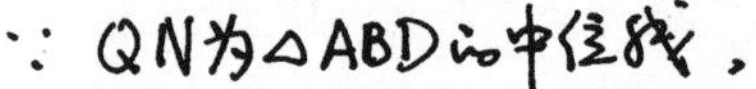

∵QN为△ABD的中位线，

∴ $S_{\triangle ENQ}=S_{\triangle DQN}=\frac{1}{4}S_{\triangle ABD}$．同理，$S_{\triangle EQM}=\frac{1}{4}S_{\triangle ACD}$．

∴ $S_{\triangle ENM}=\frac{1}{4}(S_{\triangle ABD}+S_{\triangle ACD})+S_{\triangle QNM}$．　①

由此可见，只须再证

$$S_{QNPM}=\frac{1}{2}(S_{\triangle ABC}-S_{\triangle ABD})．\quad ②$$

分别延长PN，MQ，分别交EB于点R，S，于是四边形SRPM为平行四边形．这个平行四边形的底 $PM=\frac{1}{2}AB$，高等于△ABC的边AB上的高的一半，所以有

$$S_{SRPM}=\frac{1}{2}S_{\triangle ABC}．\quad 同理，S_{SRNQ}=\frac{1}{2}S_{\triangle ABD}．\quad ③$$

③中两式相减即得②，将②代入①后整理即得所欲证．

※证2　取以E为原点，以EB为x轴的直角坐标系，设直线EC的方程为 $y=kx$．设 $A(a,0)$，$B(b,0)$，$C(c,kc)$，$D(d,kd)$．

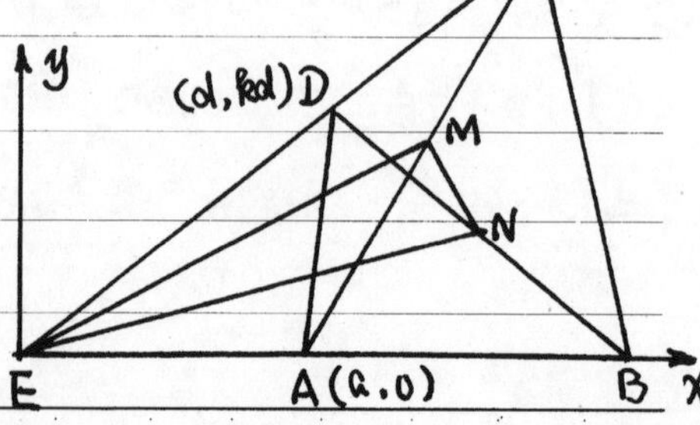

因M,N分别为AC,BD中点,所以M,N的坐标分别为

$$M\left(\frac{a+c}{2},\frac{kc}{2}\right),\ N\left(\frac{b+d}{2},\frac{kd}{2}\right).$$

按面积公式有

$$2S_{ABCD}=S_{\triangle EBC}-S_{\triangle EAD}$$

$$=\begin{vmatrix}0&0&1\\b&0&1\\c&kc&1\end{vmatrix}-\begin{vmatrix}0&0&1\\a&0&1\\d&kd&1\end{vmatrix}$$

$$=k(bc-ad).$$

$$2S_{ABCD}=2S_{\triangle DAB}+2S_{\triangle DBC}$$

$$=\begin{vmatrix}d&kd&1\\a&0&1\\b&0&1\end{vmatrix}+\begin{vmatrix}d&kd&1\\b&0&1\\c&kc&1\end{vmatrix}$$

$$=kbd-kad+kcd+kbc-kbd-kcd$$

$$=k(bc-ad).$$

$$2S_{\triangle ENM}=\begin{vmatrix}0&0&1\\\frac{b+d}{2}&\frac{kd}{2}&1\\\frac{a+c}{2}&\frac{kc}{2}&1\end{vmatrix}=\frac{k}{4}\begin{vmatrix}b+d&d\\a+c&c\end{vmatrix}=\frac{k}{4}(bc+cd-ad-cd)$$

$$=\frac{k}{4}(bc-ad).$$

$$\therefore S_{\triangle ENM}=\frac{1}{4}S_{ABCD}.$$

证3 ∵ M为AC中点,

$\therefore S_{EANM}=\frac{1}{2}S_{EANC}$. ∵ N为BD中点,

$\therefore S_{\triangle EAN}=\frac{1}{2}S_{\triangle EAD}$, $S_{ANCD}=\frac{1}{2}S_{ABCD}$.

$$\therefore S_{\triangle ENM}=S_{EANM}-S_{\triangle EAN}=\frac{1}{2}(S_{EANC}-S_{\triangle EAD})$$

$$=\frac{1}{2}S_{ANCD}=\frac{1}{4}S_{ABCD}.$$

(2004.2.18)

17．AD是直角△ABC的斜边BC上的高，过△ABD的内心和△ACD的内心的直线分别交AB，AC于点K和L，求证 $S_{\triangle ABC} \geq 2S_{\triangle AKL}$．

（1988年IMO 5题）

证 将△ABD和△ACD的内心分别记为I和J．

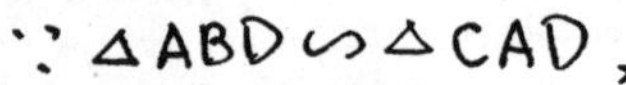

∵ $\triangle ABD \backsim \triangle CAD$，

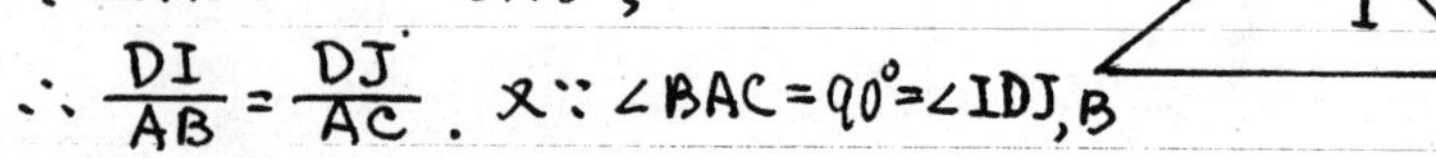

∴ $\dfrac{DI}{AB}=\dfrac{DJ}{AC}$．又∵ $\angle BAC=90^\circ=\angle IDJ$，

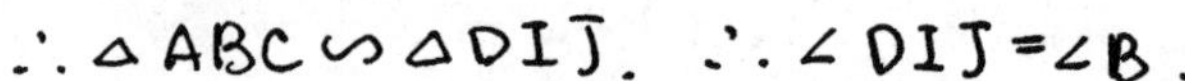

∴ $\triangle ABC \backsim \triangle DIJ$．∴ $\angle DIJ=\angle B$．

∴ K，B，D，I四点共圆．∴ $\angle AKL=\angle BDI=45^\circ$．

∴ △AKL为等腰直角三角形．

∵ $\triangle AKI \cong \triangle ADI$，∴ $AK=AD$．

$$\therefore S_{\triangle AKL}=\frac{1}{2}AK\cdot AL=\frac{1}{2}AD^2=\frac{1}{2}\frac{AB^2\cdot AC^2}{BC^2}$$

$$=\frac{1}{2}\frac{AB^2\cdot AC^2}{AB^2+AC^2}\leq\frac{1}{4}\frac{AB^2\cdot AC^2}{AB\cdot AC}=\frac{1}{4}AB\cdot AC=\frac{1}{2}S_{\triangle ABC}.$$

∴ $\angle AEB+\angle AFC=\angle ADB+\angle ADC=180^\circ$．

∵ $\angle ACF=\angle ECF=\angle EBF=\angle EBA$，∴ $\angle AEB=\angle AFC$．

∴ $\angle AEB=\angle AFC=90^\circ$．同理 $\angle ADB=90^\circ$，即AD，BE，CF为△ABC的3条高．

18　锐角$\triangle ABC$的外接圆半径为R，点D，E，F分别在边BC，CA，AB上．求证AD，BE，CF是$\triangle ABC$的3条高的充分必要条件是$S_{\triangle ABC}=\frac{R}{2}(EF+FD+DE)$．

（1986年全国联赛二试2题）

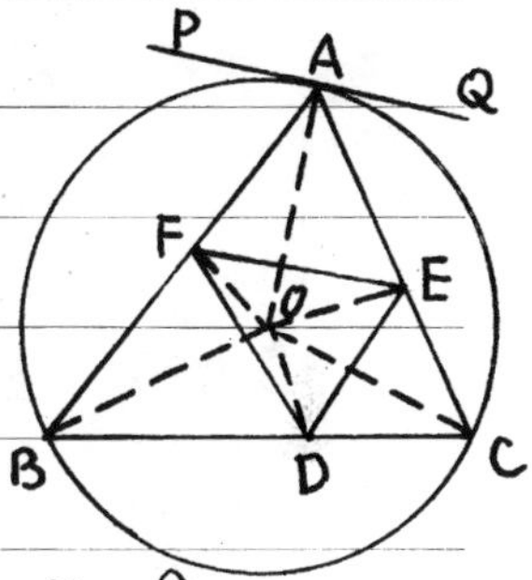

证　连结OA，OB，OC，DE，EF，FD，过顶点A作$\odot O$的切线PQ（如图）．

必要性．因为$\triangle ABC$是锐角三角形，所以外心O在三角形内．于是有

$$S_{\triangle ABC}=S_{OEAF}+S_{OFBD}+S_{ODCE}.$$

$\because$ D，E，F是3条高的垂足，$\therefore$ F，B，C，E四点共圆．

$\therefore$ $\angle AFE=\angle ACB=\angle PAF$．$\therefore$ $PQ\parallel FE$．

$\because$ $OA\perp PQ$，$\therefore$ $OA\perp FE$．同理$OB\perp FD$，$OC\perp DE$．

$\therefore$ $S_{OEAF}=\frac{1}{2}OA\cdot EF$，$S_{OFBD}=\frac{1}{2}OB\cdot FD$，$S_{ODCE}=\frac{1}{2}OC\cdot DE$．

$\therefore$ $S_{\triangle ABC}=\frac{1}{2}R(EF+FD+DE)$．

充分性　若OA不垂直于EF，则有

$$S_{OEAF}<\frac{1}{2}OA\cdot EF.$$

$\because$ $S_{OFBD}\leqslant\frac{1}{2}OB\cdot FD$，$S_{ODCE}\leqslant\frac{1}{2}OC\cdot DE$，

$\therefore$ $S_{\triangle ABC}<\frac{1}{2}R(EF+FD+DE)$．

此与已知矛盾．所以$OA\perp EF$．同理$OB\perp FD$，$OC\perp DE$．

$\because$ $OA\perp EF$，$OA\perp PQ$，$\therefore$ $PQ\parallel FE$．

$\therefore$ $\angle AFE=\angle PAF=\angle ACB$．$\therefore$ F，B，C，E四点共圆．

同理　A，B，D，E和A，F，D，C都四点共圆．

$\therefore$ $\angle ADB=\angle AEB$，$\angle ADC=\angle AFC$．（转左页）

19　P为△ABC内部一点，直线AP，BP，CP分别交BC，CA，AB于点D，E，F，求证3个比值$\frac{AP}{PD}$，$\frac{BP}{PE}$，$\frac{CP}{PF}$中，至少有一个不大于2，也至少有一个不小于2．

（1961年IMO 4题）

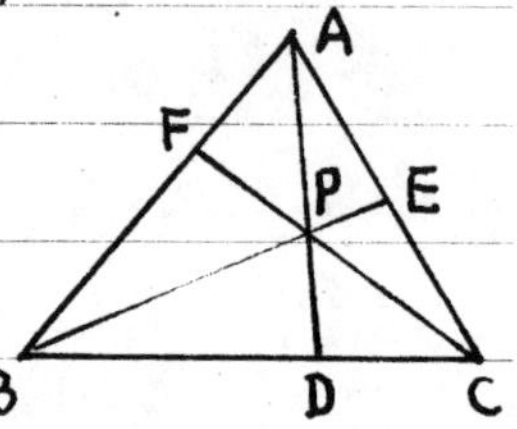

证　按面积关系有

$$S_{\triangle PBC}+S_{\triangle PCA}+S_{\triangle PAB}=S_{\triangle ABC}.$$

$$\therefore\ \frac{S_{\triangle PBC}}{S_{\triangle ABC}}+\frac{S_{\triangle PCA}}{S_{\triangle ABC}}+\frac{S_{\triangle PAB}}{S_{\triangle ABC}}=1.$$

$$\because\ \frac{S_{\triangle PBC}}{S_{\triangle ABC}}=\frac{PD}{AD},\ \frac{S_{\triangle PCA}}{S_{\triangle ABC}}=\frac{PE}{BE},\ \frac{S_{\triangle PAB}}{S_{\triangle ABC}}=\frac{PF}{CF},$$

$$\therefore\ \frac{PD}{AD}+\frac{PE}{BE}+\frac{PF}{CF}=1.$$

这3个比值和为1，又都是正值，其中当然有一个不小于$\frac{1}{3}$，也有一个不大于$\frac{1}{3}$．不妨设

$$\frac{PD}{AD}\geqslant\frac{1}{3},\quad \frac{PE}{BE}\leqslant\frac{1}{3}.$$

$$PD\geqslant\frac{1}{3}AD,\quad PE\leqslant\frac{1}{3}BE.\quad AD\leqslant 3PD,\ BE\geqslant 3PE.$$

$$\therefore\ AP\leqslant 2PD,\ BP\geqslant 2PE.$$

$$\therefore\ \frac{AP}{PD}\leqslant 2,\quad \frac{BP}{PE}\geqslant 2.$$

20　在△ABC的3条边BC，CA，AB上各取一点D，E，F，使得 $BD=\frac{1}{3}BC$，$CE=\frac{1}{3}CA$，$AF=\frac{1}{3}AB$，3条直线AD，BE，CF围成△PQR，求比值 $S_{\triangle PQR}:S_{\triangle ABC}$.

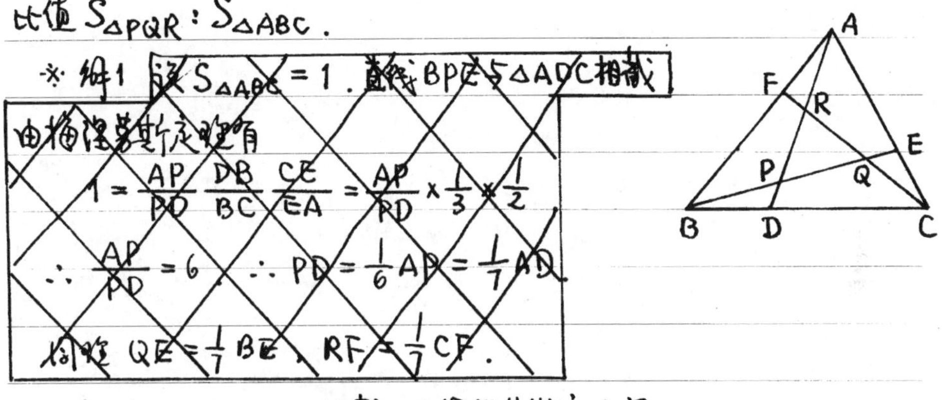

直线APD与△EBC相截，由梅涅劳斯定理有

$$1=\frac{BD}{DC}\cdot\frac{CA}{AE}\cdot\frac{EP}{PB}=\frac{EP}{PB}\times\frac{1}{2}\times\frac{3}{2}=\frac{3EP}{4PB}.\quad\therefore\ \frac{EP}{PB}=\frac{4}{3}.$$

$$\therefore\ BP=\frac{3}{7}BE,\ PE=\frac{4}{7}BE.\quad\therefore\ CQ=\frac{3}{7}CF,\ AR=\frac{3}{7}AD.$$

$$\therefore\ S_{\triangle QBC}=\frac{3}{7}S_{\triangle FBC}=\frac{2}{7}S_{\triangle ABC}.$$

同理 $S_{\triangle RCA}=\frac{2}{7}S_{\triangle ABC}$，$S_{\triangle PAB}=\frac{2}{7}S_{\triangle ABC}$.

$$\therefore\ S_{\triangle PQR}=S_{\triangle ABC}-S_{\triangle QBC}-S_{\triangle RCA}-S_{\triangle PAB}=\frac{1}{7}S_{\triangle ABC}.$$

※解2　在△ADC中应用正弦定理有

$$CD\sin\angle ADC=AC\sin\angle CAD.$$

再于△BDP和△APE中应用正弦定理又有

$$BP=BD\sin\angle BDP/\sin\angle BPD=\frac{1}{2}CD\sin\angle ADC/\sin\angle BPD$$
$$=\frac{1}{2}AC\sin\angle CAD/\sin\angle BPD=\frac{3}{4}AE\sin\angle EAP/\sin\angle APE$$
$$=\frac{3}{4}PE=\frac{3}{7}BE.$$

$\therefore S_{\triangle ABP}=\frac{3}{7}S_{\triangle ABE}=\frac{2}{7}S_{\triangle ABC}$.

同理 $S_{\triangle BCQ}=\frac{2}{7}S_{\triangle ABC}$，$S_{\triangle CAR}=\frac{2}{7}S_{\triangle ABC}$.

$\therefore S_{\triangle PQR}=S_{\triangle ABC}-S_{\triangle ABP}-S_{\triangle BCQ}-S_{\triangle CAR}=\frac{1}{7}S_{\triangle ABC}$.

※解3 $\because AF=\frac{1}{2}BF$，$CD=\frac{2}{3}BC$，

$$\therefore \frac{1}{2}=\frac{AF}{BF}=\frac{S_{\triangle AFC}}{S_{\triangle BFC}}=\frac{AC\sin\angle ACF}{BC\sin\angle BCF}=\frac{2}{3}\frac{AC\sin\angle ACR}{DC\sin\angle DCR}=\frac{2S_{\triangle ACR}}{3S_{\triangle DCR}}.$$

$\therefore S_{\triangle ACR}=\frac{3}{4}S_{\triangle DCR}=\frac{3}{7}S_{\triangle ADC}=\frac{2}{7}S_{\triangle ABC}$.

同理 $S_{\triangle ABP}=S_{\triangle BCQ}=\frac{2}{7}S_{\triangle ABC}$.

$\therefore S_{\triangle PQR}=S_{\triangle ABC}-S_{\triangle ABP}-S_{\triangle BCQ}-S_{\triangle CAR}=\frac{1}{7}S_{\triangle ABC}$.

21　设AM和AD分别为$\triangle ABC$的中线和内角平分线，过点C作$CE\perp AD$于点E，延长后分别交AM，AB于点F和G，求证$DF\parallel CA$.

（《梅定理》10题）

※证1 连结BF.

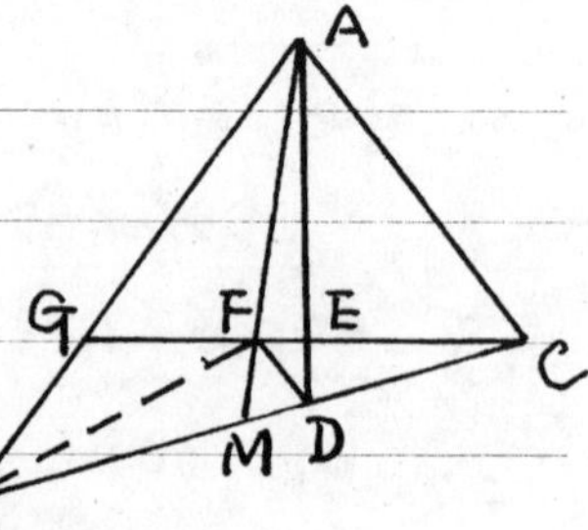

$\because AD$平分$\angle GAC$且$AD\perp CG$，

$\therefore \triangle AGE\cong\triangle ACE$. $\therefore AG=AC$.

$\because BM=MC$，$\therefore S_{\triangle ABF}=S_{\triangle ACF}$.

$\because \angle AGC=\angle ACG$，

$\therefore AB\cdot GF=AC\cdot CF$. $\therefore \frac{AB}{AC}=\frac{CF}{GF}$.

$$\therefore S_{\triangle AFC}=\frac{FC}{GC}S_{\triangle AGC}=\frac{FC}{GF+FC}S_{\triangle AGC}=\frac{AB}{AB+AC}S_{\triangle AGC}$$
$$=\frac{AB}{AB+AC}\cdot\frac{AG}{AB}S_{\triangle ABC}=\frac{AC}{AB+AC}S_{\triangle ABC}.$$

$\because$ AD平分$\angle BAC$，$\therefore \frac{AB}{AC}=\frac{BD}{DC}$. $\therefore \frac{AC}{AB+AC}=\frac{DC}{BD+DC}=\frac{DC}{BC}$.

$$\therefore S_{\triangle AFC}=\frac{AC}{AB+AC}S_{\triangle ABC}=\frac{DC}{BC}S_{\triangle ABC}=S_{\triangle ADC}.$$

$\therefore DF\parallel CA$.

※证2 $\because$ AD平分$\angle BAD$且$AD\perp GC$，$\therefore \triangle AGE\cong\triangle ACE$.

$\therefore AG=AC$.

$$\therefore \frac{CF}{GF}=\frac{S_{\triangle AFC}}{S_{\triangle AGF}}=\frac{\sin\angle FAC}{\sin\angle GAF}=\frac{AC\sin\angle FAC}{AB\sin\angle GAF}\cdot\frac{AB}{AC}$$
$$=\frac{S_{\triangle ACM}}{S_{\triangle ABM}}\cdot\frac{AB}{AC}=\frac{AB}{AC}.$$

以下证明同证1.

20证4 直线BPE与$\triangle ADC$相截，由梅涅劳斯定理有

$$1=\frac{DB}{BC}\cdot\frac{CE}{EA}\cdot\frac{AP}{PD}=\frac{AP}{PD}\times\frac{1}{3}\times\frac{1}{2}.\quad \therefore PD=\frac{1}{6}AP=\frac{1}{7}AD.$$

$\therefore S_{\triangle BDP}=\frac{1}{7}S_{\triangle ABD}=\frac{1}{21}S_{\triangle ABC}$. 同理 $S_{\triangle AFR}=S_{\triangle CEQ}=\frac{1}{21}S_{\triangle ABC}$.

$\because S_{\triangle ABD}=S_{\triangle BCE}=S_{\triangle CAF}=\frac{1}{3}S_{\triangle ABC}$，

$$\therefore S_{\triangle PQR}=S_{\triangle ABC}-S_{\triangle ABD}-S_{\triangle BCE}-S_{\triangle CAF}+S_{\triangle BDP}+S_{\triangle AFR}+S_{\triangle CEQ}$$
$$=\frac{1}{7}S_{\triangle ABC}.$$

22. 平面上有一个凸四边形ABCD.

(1) 如果平面上存在一点P，使得△ABP，△BCP，△CDP和△DAP的面积都相等，问四边形ABCD应满足什么条件?

(2) 满足(1)的点P，平面上最多有几个?证明你的结论.

(1991年中国数学奥林匹克试题)

解 (i) 先看点P在形内的情形. 若A，P，C和B，P，D都三点共线，则四边形ABCD为平行四边形，点P为两条对角线的交点.

若A，P，C三点不共线，由于△PAB与△PAD等积，所以直线AP必过对角线BD的中点. 同理，直线CP也必过BD的中点. 因而P为BD中点. 显然，这时△ABD和△CBD等积. 这意味着若四边形内有满足要求的点P，则四边形ABCD被它的一条对角线按面积平分. 反之亦然.

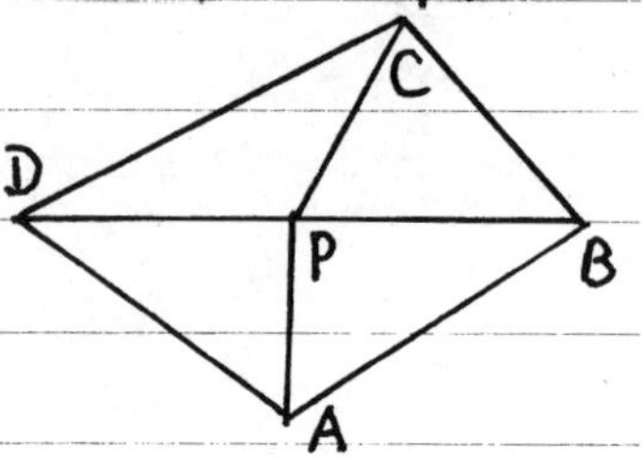

(ii) 再看点P在形外的情形. 容易看出，延长四边形的4条边，在图中标有Ⅰ的4个角域中的任何点都不可能满足题中的要求. 因此，若在形外有满足要求的点P，它只能在标有Ⅱ的区域中.

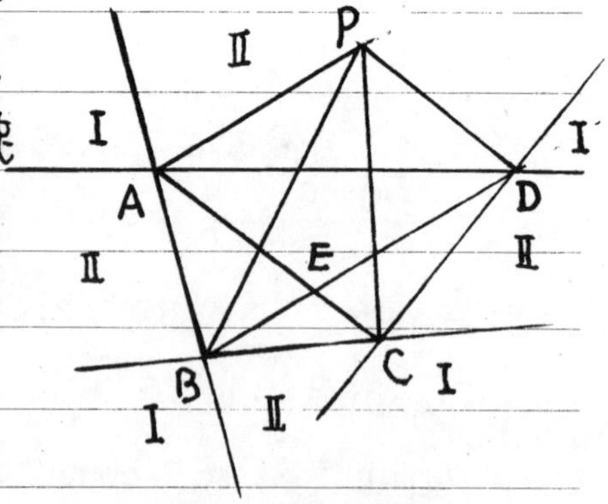

设有点P满足题中的要求，于是有

$$S_{\triangle PAD}=S_{\triangle PAB}=S_{\triangle PCD}. \quad \therefore AC\parallel PD,\ BD\parallel AP.$$

若记$AC\cap BD=E$，则AEDP为平行四边形.

$\therefore S_{\triangle EDA}=S_{\triangle PAD}=\frac{1}{2}S_{ABCD}$，

即凸四边形被它的两条对角线所分成的4个三角形中，有一个三角形的面积是四边形面积的一半.

反之，若凸四边形被它的两条对角线所分成的4个三角形中，$\triangle AED$的面积是四边形面积的一半，则过A作$AP\parallel BD$，$DP\parallel CA$并设两条线交于点P，则点P满足题中要求.

实际上，这时四边形AEDP为平行四边形，于是

$$S_{\triangle PAD}=S_{\triangle AED}=\frac{1}{2}S_{ABCD}.$$

$\because AC\parallel PD$，$BD\parallel AP$，

$\therefore S_{\triangle PAB}=S_{\triangle PAD}=S_{\triangle PCD}=\frac{1}{2}S_{ABCD}$.

$$\therefore S_{\triangle PBC}=S_{\triangle PAD}+S_{ABCD}-S_{\triangle PAB}-S_{\triangle PCD}=S_{\triangle PAD}.$$

$\therefore S_{\triangle PAB}=S_{\triangle PBC}=S_{\triangle PCD}=S_{\triangle PAD}$，即点P满足题中的要求.

显然，形内和形外都至多有1点满足题中的要求，且由导出的充分必要条件知，形内和形外不能同时有点满足要求，所以平面上最多有1点满足(1)中的要求.

23. P为△ABC内部一点，延长AP，BP，CP分别交BC，CA，AB于点D，E，F，在BF与CE上各取一点M，N，使得BM：MF＝EN：NC．MN∩BE＝Q，MN∩CF＝R，求证MQ：RN＝BD：DC．

（《CRUX》1996－4－173）

证　连结ME，BN，EF，FN，MC．

于是有

$$\frac{MN}{MQ}=\frac{S_{MBNE}}{S_{\triangle MBE}}$$

$$=\frac{S_{\triangle MBE}+S_{\triangle NBE}}{S_{\triangle MBE}}$$

$$=1+\frac{S_{\triangle NBE}}{S_{\triangle MBE}}=1+\frac{S_{\triangle CBE}\cdot EN}{CE}\,\frac{BF}{S_{\triangle FBE}\cdot MB}$$

$$=1+\frac{S_{\triangle CBE}}{S_{\triangle FBE}}=\frac{S_{FBCE}}{S_{\triangle FBE}}.$$

同理 $\frac{MN}{RN}=\frac{S_{FBCE}}{S_{\triangle EFC}}$.

$$\therefore\ \frac{MQ}{RN}=\frac{S_{\triangle FBE}}{S_{\triangle EFC}}=\frac{S_{\triangle ABE}\cdot BF}{AB}\,\frac{AC}{S_{\triangle AFC}\cdot EC}$$

$$=\frac{AC\cdot BF}{AB\cdot EC}\,\frac{S_{\triangle ABC}\cdot AE}{AC}\,\frac{AB}{S_{\triangle ABC}\cdot AF}=\frac{BF}{FA}\,\frac{AE}{EC}$$

$$=\frac{S_{\triangle BPC}}{S_{\triangle APC}}\,\frac{S_{\triangle APB}}{S_{\triangle BPC}}=\frac{S_{\triangle APB}}{S_{\triangle APC}}=\frac{BD}{DC}.$$

24 在$\triangle ABC$中，$BC=a$，$CA=b$，$AB=c$，P，Q为形内两点，$PA=a_1$，$QA=a_2$，$PB=b_1$，$QB=b_2$，$PC=c_1$，$QC=c_2$，求证$aa_1a_2+bb_1b_2+cc_1c_2\geqslant abc$。（《几何大全》367页例12）

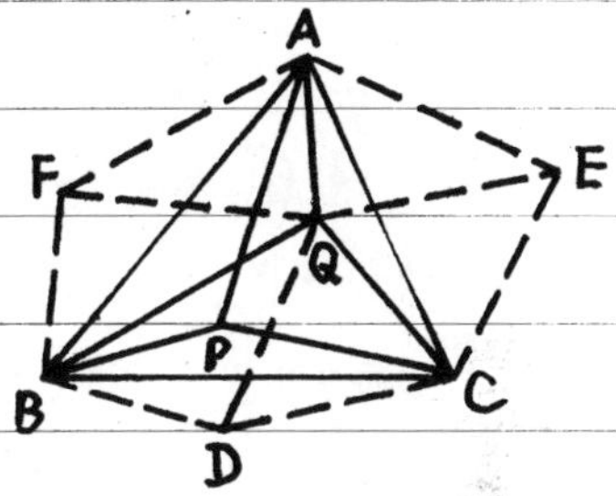

证 将点P分别关于BC，CA，AB的对称点记为D，E，F，连结AF，FB，BD，DC，CE，EA，QD，QE，QF，于是有

$$S_{AFBDCE}=2S_{\triangle ABC},$$

$AF=AP=AE=a_1$，$BF=BP=BD=b_1$，

$CD=CP=CE=c_1$。

$$S_{\triangle AFQ}=\frac{1}{2}AF\cdot AQ\sin\angle FAQ=\frac{1}{2}a_1a_2\sin\angle FAQ,$$

$$S_{\triangle AQE}=\frac{1}{2}a_1a_2\sin\angle QAE.$$

$\because \angle FAQ+\angle QAE=2\angle A$，

$$\therefore S_{\triangle AFQ}+S_{\triangle AQE}=\frac{1}{2}a_1a_2(\sin\angle FAQ+\sin\angle QAE)$$

$$=a_1a_2\sin A\cos\frac{1}{2}(\angle FAQ-\angle QAE)\leqslant a_1a_2\sin A.$$

同理 $S_{\triangle FBQ}+S_{\triangle QBD}\leqslant b_1b_2\sin B$，

$S_{\triangle DCQ}+S_{\triangle QCE}\leqslant c_1c_2\sin C$。

$$\therefore a_1a_2\sin A+b_1b_2\sin B+c_1c_2\sin C\geqslant 2S_{\triangle ABC}=\frac{abc}{2R}.$$

$$\therefore aa_1a_2+bb_1b_2+cc_1c_2\geqslant abc.$$

十一 几何不等式

1. 过△ABC内一点O引3边的平行线，DE∥BC，FG∥CA，HI∥AB，点D，E，F，G，H，I都在△ABC的边上．记$S_{DIFEHG}=S_1$，$S_{\triangle ABC}=S_2$，求证$S_1\geqslant\frac{2}{3}S_2$．（1990年IMO候选题）

证　设BC=a，CA=b，AB=c，IF=x，EH=y，GD=z．

∵OE∥BC，OH∥BA，∴△HOE∽△ABC．

$$\therefore\ \frac{y}{b}=\frac{HE}{AC}=\frac{OE}{BC}=\frac{FC}{a}.$$

同理$\frac{z}{c}=\frac{BI}{a}$．

$$\therefore\ \frac{x}{a}+\frac{y}{b}+\frac{z}{c}=\frac{IF+FC+BI}{a}=1.$$

分解法

由柯西不等式有

$$\frac{x^2}{a^2}+\frac{y^2}{b^2}+\frac{z^2}{c^2}\geqslant\frac{1}{3}\left(\frac{x}{a}\cdot1+\frac{y}{b}\cdot1+\frac{z}{c}\cdot1\right)^2=\frac{1}{3}.$$

$$\therefore\ \frac{S_{\triangle OIF}+S_{\triangle OEH}+S_{\triangle OGD}}{S_2}=\frac{x^2}{a^2}+\frac{y^2}{b^2}+\frac{z^2}{c^2}\geqslant\frac{1}{3}.$$

∵四边形AGOH，BIOD和CEOF都是平行四边形，

$$\therefore\ S_{\triangle AGH}+S_{\triangle BID}+S_{\triangle CEF}=\frac{1}{2}\left(S_{AGOH}+S_{DBIO}+S_{OFCE}\right)\leqslant\frac{1}{3}S_2.$$

$$\therefore\ S_1=S_2-\left(S_{\triangle AGH}+S_{\triangle BID}+S_{\triangle CEF}\right)\geqslant\frac{2}{3}S_2.$$

2. 如图，在$\triangle ABC$中，P，Q，R将其周长三等分，且P和Q都在边AB上，求证

$$\frac{S_{\triangle PQR}}{S_{\triangle ABC}}>\frac{2}{9}.$$

(1988年全国联赛二试2题)

证1 过C作$CD\perp AB$于点D，过R作$RE\perp AB$于点E，于是有

$$\triangle ARE \backsim \triangle ACD,\ \therefore \frac{RE}{CD}=\frac{AR}{AC}.$$

$$\therefore \frac{S_{\triangle PQR}}{S_{\triangle ABC}}=\frac{PQ\cdot RE}{AB\cdot CD}=\frac{PQ\cdot AR}{AB\cdot AC}. \quad ①$$

设$\triangle ABC$周长为1，于是

$$PQ=\frac{1}{3},\ AB<\frac{1}{2},\ \therefore \frac{PQ}{AB}>\frac{2}{3}. \quad ②$$

$$\because AP\leqslant AP+BQ=AB-PQ<\frac{1}{2}-\frac{1}{3}=\frac{1}{6},$$

$$AR=\frac{1}{3}-AP>\frac{1}{3}-\frac{1}{6}=\frac{1}{6},\qquad AC<\frac{1}{2},$$

$$\therefore \frac{AR}{AC}>\frac{\frac{1}{6}}{\frac{1}{2}}=\frac{1}{3}. \quad ③$$

将②和③代入①，即得

$$\frac{S_{\triangle PQR}}{S_{\triangle ABC}}>\frac{2}{3}\cdot\frac{1}{3}=\frac{2}{9}.$$

证2 在AQ上取点Q'，使得$AQ'=PQ$，连结RQ'，于是$S_{\triangle PQR}=S_{\triangle AQ'R}$.

$$\therefore \frac{S_{\triangle PQR}}{S_{\triangle ABC}}=\frac{S_{\triangle AQ'R}}{S_{\triangle ABC}}=\frac{AQ'\cdot AR}{AB\cdot AC}. \quad ①$$

$\because AQ'=PQ=\frac{1}{3}(BC+CA+AB)>\frac{2}{3}AB$，$\therefore \frac{AQ'}{AB}>\frac{2}{3}$ ②

又 $\because AR=(AR+AP)-AP=\frac{1}{3}(BC+CA+AB)-(AB-PQ-QB)$

$\geqslant \frac{1}{3}(AB+BC+CA)-(AB-PQ)$

$>\frac{1}{3}(AB+BC+CA)-\frac{1}{3}AB=\frac{1}{3}(BC+CA)>\frac{1}{3}CA$.

$\therefore \frac{AR}{AC}>\frac{1}{3}$. ③

将②和③代入①，即得

$$\frac{S_{\triangle PQR}}{S_{\triangle ABC}}>\frac{2}{3}\cdot\frac{1}{3}=\frac{2}{9}.$$

3. 设圆K与K_1同心，两圆的半径分别为R和R_1，$R_1>R$. 四边形ABCD内接于圆K，四边形$A_1B_1C_1D_1$内接于圆K_1且点A_1、B_1、C_1、D_1分别在射线CD、DA、AB、BC上，求证

$$\frac{S_{A_1B_1C_1D_1}}{S_{ABCD}}\geqslant\frac{R_1^2}{R^2}.$$

（1993年中国数学奥林匹克3题）

证　将四边形ABCD和$A_1B_1C_1D_1$的面积分别记为S和S_1，于是有　分解法

$$\frac{S_1}{S}=1+\frac{S_{\triangle AB_1C_1}}{S}+\frac{S_{\triangle BC_1D_1}}{S}+\frac{S_{\triangle CD_1A_1}}{S}+\frac{S_{\triangle DA_1B_1}}{S}.\quad ①$$

~~$\because \angle B_1AC_1=180^\circ-\angle DAB=\angle DCB=180^\circ-\angle A_1CD_1$,~~

~~$\angle A_1DB_1=180^\circ-\angle ADC=\angle ABC=180^\circ-\angle C_1BD_1$,~~

~~又 $\because S=(ad+bc)\sin\angle BAD=(ab+cd)\sin\angle ABC$,~~

令 $AB=a$，$BC=b$，$CD=c$，$DA=d$，$AB_1=x$，$BC_1=y$，$CD_1=z$，

$DA_1=w$，于是有

$$S=\frac{1}{2}(ad+bc)\sin\angle BAD=\frac{1}{2}(ab+cd)\sin\angle ABC.$$

$$\because \angle B_1AC_1=180^\circ-\angle DAB=\angle DCB=180^\circ-\angle A_1CD_1,$$

$$\angle A_1DB_1=180^\circ-\angle ADC=\angle ABC=180^\circ-\angle C_1BD_1,$$

$$\therefore \frac{S_{\triangle AB_1C_1}}{S}=\frac{x(a+y)}{ad+bc},\quad \frac{S_{\triangle BC_1D_1}}{S}=\frac{y(b+z)}{ab+cd},$$

$$\frac{S_{\triangle CD_1A_1}}{S}=\frac{z(c+w)}{ad+bc},\quad \frac{S_{\triangle DA_1B_1}}{S}=\frac{w(d+x)}{ab+cd}. \quad ②$$

因为过大圆 K_1 上任一点作圆 K 的切线长都相等，故由切割线定理有

$$x(d+x)=y(a+y)=z(b+z)=w(c+w)=R_1^2-R^2. \quad ③$$

由①—③及均值不等式有

$$\frac{S_1}{S}=1+(R_1^2-R^2)\left[\frac{x}{y(ad+bc)}+\frac{y}{z(ab+cd)}+\frac{z}{w(ad+bc)}+\frac{w}{x(ab+cd)}\right]$$

$$\geqslant 1+4(R_1^2-R^2)\frac{1}{\sqrt{(ad+bc)(ab+cd)}}. \quad ④$$

再由均值不等式又有

$$2\sqrt{(ad+bc)(ab+cd)}\leqslant(ad+bc)+(ab+cd)=(a+c)(b+d)$$

$$\leqslant\frac{1}{4}(a+b+c+d)^2\leqslant 8R^2, \quad ⑤$$

其中最后一个不等式是因为在圆内接四边形中，正方形的周长最长．将⑤代入④，即得

$$\frac{S_1}{S}=1+\frac{R_1^2-R^2}{R^2}=\frac{R_1^2}{R^2}.$$

※4. 锐角△ABC内接于⊙O，作△ABC的BC边上的高，CA边上的中线和∠C的平分线，分别延长后分别交$\overset{\frown}{BC}$，$\overset{\frown}{CA}$和$\overset{\frown}{AB}$于点A'，B'，C'，求证$S_{\triangle ABC}\le S_{\triangle A'BC}+S_{\triangle AB'C}+S_{\triangle ABC'}$.（1991年中国集训队测验题）

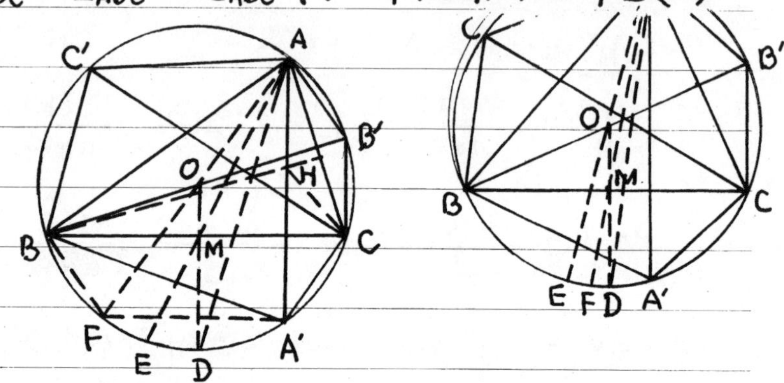

引理　设由点A引出的高、角平分线和中线延长后分别交△ABC的外接圆⊙O于点A'，D和E，则有$S_{\triangle DBC}\ge S_{\triangle EBC}\ge S_{\triangle A'BC}$. 且当记垂心为H时，$S_{\triangle HBC}=S_{\triangle A'BC}$.

证　作过点A的直径AF，连结FA'，OD，记$OD\cap BC=M$，于是$FA'\perp AA'$，$OD\perp BC$，所以$FA'\parallel BC$. $S_{\triangle FBC}=S_{\triangle A'BC}$.

∵AD平分∠BAC，∴D为$\overset{\frown}{BC}$中点，也是$\overset{\frown}{FA'}$的中点.

∵点M为BC中点，∴点M在AE上. ∴点E在$\overset{\frown}{FD}$上.

$\therefore S_{\triangle DBC}\ge S_{\triangle EBC}\ge S_{\triangle A'BC}=S_{\triangle HBC}$.

原题之证　由引理知，

$$S_{\triangle ABC'}\ge S_{\triangle ABH},\quad S_{\triangle AB'C}\ge S_{\triangle AHC},$$

$$\begin{aligned}\therefore S_{\triangle ABC}&=S_{\triangle ABH}+S_{\triangle HBC}+S_{\triangle AHC}\\&\le S_{\triangle ABC'}+S_{\triangle A'BC}+S_{\triangle AB'C}.\end{aligned}$$

※ 设M是△ABC内部任意一点，P，Q，R分别是△AMB，△MBC，△MCA的外心，求证 $S_{\triangle PQR}\geqslant S_{\triangle ABC}$.（《钱朱奥林匹克》247页）

证 作辅助线如图所示，于是△PAB，△QBC，△RCA都是等腰三角形.

∵ P，Q分别为△MAB和△MBC的外心，

∴ $PB=PM$，$QB=QM$.

∴ $\triangle PBQ\cong\triangle PMQ$.

同理 $\triangle QCR\cong\triangle QMR$，$\triangle RAP\cong\triangle RMP$.

∴ $S_{APBQCR}=2S_{\triangle PQR}$.

∵ $\angle BQP=\angle MQP$，$\angle MQR=\angle CQR$，∴ $\angle BQC=2\angle PQR$.

同理 $\angle CRA=2\angle QRP$，$\angle APB=2\angle RPQ$.

∴ $\angle APB+\angle BQC+\angle CRA=2(\angle RPQ+\angle PQR+\angle QRP)=2\pi$.

∴ $\angle PAB+\angle CAR+\angle PBA+\angle QBC+\angle QCB+\angle RCA=\pi$.

所以△ABC的3个顶点中必有一个顶点，不妨设为B，使得

$$\angle ABC\leqslant\angle PBA+\angle QBC.$$

若3个顶点的相应关系式中都是等号，则易证结论成立. 下面设

$$\angle ABC<\angle PBC+\angle QBC. \qquad ①$$

分别以AB和BC为弦，在△ABC内部的方向作两条弧，使弧上的点对弦的张角分别为∠APB和∠BQC. 由①式知，两条弧可能除了交点B之外还有另一个交点L. 若L在AC之外，则结论显然成立；若L在△ABC内，则 $\angle ALC=\angle ARC$.

∵ $\triangle PAB$、$\triangle QBC$、$\triangle RCA$都是等腰三角形，

∴ $S_{\triangle ABC}=S_{\triangle ABL}+S_{\triangle LBC}+S_{\triangle LCA}$

$\leqslant S_{\triangle ABP}+S_{\triangle BQC}+S_{\triangle CRA}$.

∴ $S_{\triangle ABC}\leqslant \frac{1}{2}S_{APBQCR}=S_{\triangle PQR}$.

当然，两条弧也可能没有第2个交点，但这时一定是~~一个三角形完全含在另一个三角形之内~~两条弧中至少有一条与另一条弧所对的弦不交，否则两条弧必相交。这时，不和对弦相交的弧所对应的三角形的面积就大于$S_{\triangle ABC}$。例如图中的$\triangle PAB$就是如此。所以结论也成立。

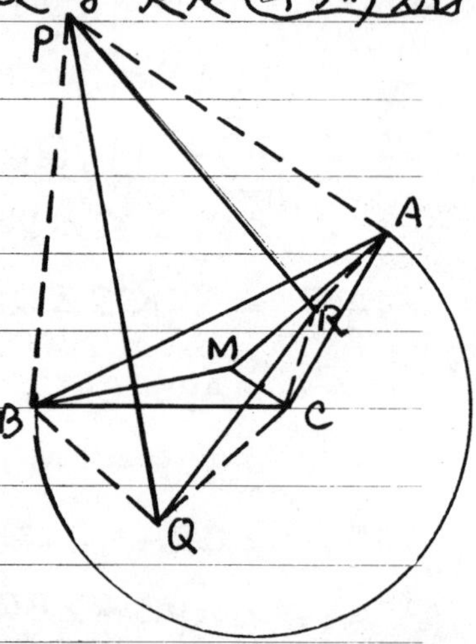

注　若$\triangle APB$，$\triangle BQC$和$\triangle CRA$中，有一个面积不小于$S_{\triangle ABC}$，则结论显然成立。否则，$S_{\triangle APB}$，$S_{\triangle BQC}$和$S_{\triangle CRA}$都小于$S_{\triangle ABC}$。因此，根据①式所作的两条弧必在两边所夹的内角中相交，不会导致后一种不交的情形。

5. 设M是△ABC内部任意一点，P，Q，R分别是△MAB，△MBC和△MCA的外心. 求证 $S_{\triangle PQR} \geqslant S_{\triangle ABC}$. (《数学奥林匹克》247页)

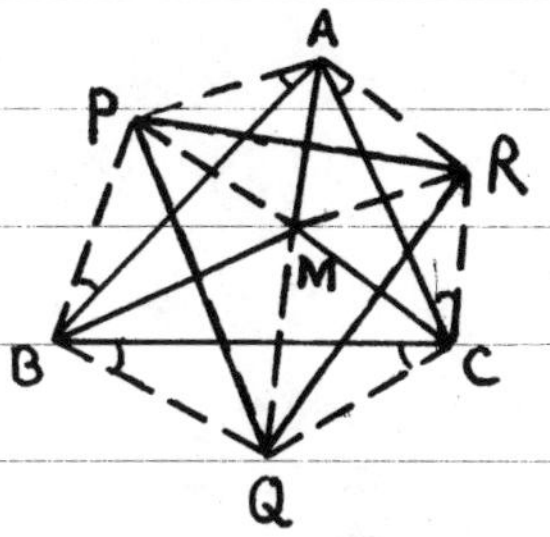

证 作辅助线如图所示，于是△PAB，△QBC和△RAC都是等腰三角形.

∵ P，Q分别为△MAB和△MBC的外心，

∴ PB = PM，QB = QM.

∴ △PBQ≌△PMQ.

同理 △QCR≌△QMR，△RAP≌△RMP.

∴ $S_{APBQCR} = 2S_{\triangle PQR}$.

为证 $S_{\triangle PQR} \geqslant S_{\triangle ABC}$，只须再证

$$S_{\triangle APB} + S_{\triangle BQC} + S_{\triangle CRA} \geqslant S_{\triangle ABC}. \quad ①$$

若 $S_{\triangle APB}$，$S_{\triangle BQC}$，$S_{\triangle CRA}$中有一个面积不小于$S_{\triangle ABC}$，则①式自然成立. 以下设三者都小于$S_{\triangle ABC}$.

∵ ∠APR = ∠MPR，∠BPQ = ∠MPQ，∴ ∠APB = 2∠RPQ.

同理 ∠BQC = 2∠PQR，∠CRA = 2∠PRQ.

∴ ∠APB + ∠BQC + ∠CRA = 2(∠RPQ + ∠PQR + ∠QRP) = 2π.

∴ ∠RAC + ∠PAB + ∠PBA + ∠QBC + ∠QCB + ∠RCA = π.

∴ △ABC的3个顶点中必有一个顶点，不妨设为B，使得

$$\angle PBA + \angle QBC > \angle ABC. \quad ②$$

否则，3个相应关系式都是等号，结论也是等号成立. [*)]

分别以AB，BC为弦，在△ABC所在的一侧作两条弧，二者所含的圆周角分别等于∠APB和∠QBC. 因为 $S_{\triangle APB} < S_{\triangle ABC}$，$S_{\triangle BQC}$

$<S_{\triangle ABC}$，所以点C在弓形AmB之外，点A在弓形BkC之外。又因②式成立，所以两条弧必在∠ABC内相交。若交点L在边AC之外，则结论显然成立。因为这时只要①左端的两个三角形面积之和已经不小于$S_{\triangle ABC}$了。当交点L在△ABC内时，由②知∠ALC=∠ARC。这时有

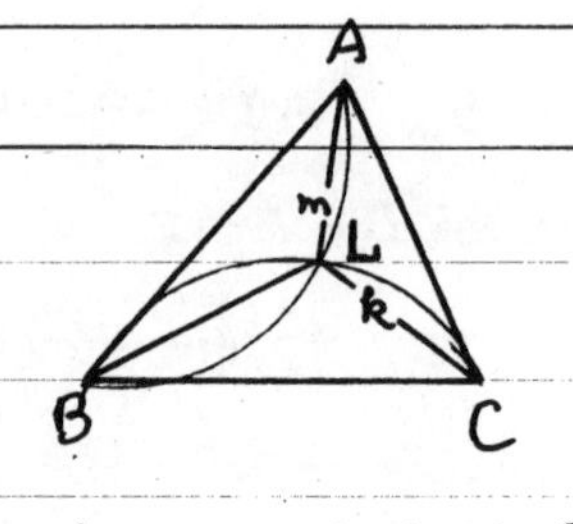

$$S_{\triangle ABC}=S_{\triangle ABL}+S_{\triangle BCL}+S_{\triangle ALC}\leqslant S_{\triangle APB}+S_{\triangle BQC}+S_{\triangle CRA},$$

即①式成立。所以$S_{\triangle PQR}\geqslant S_{\triangle ABC}$。

注*) 3个相应关系式都是等号，即有

∠PBA+∠QBC=∠B，∠QCB+∠RCA=∠C，∠RAC+∠PAB=∠A，

于是可在△ABC中过每个顶点在△ABC内作射线AD，BE，CF，使得

∠BAD=∠BAP，∠DAC=∠CAR，

∠ABE=∠ABP，∠CBE=∠CBQ，

∠BCF=∠BCQ，∠ACF=∠ACR。

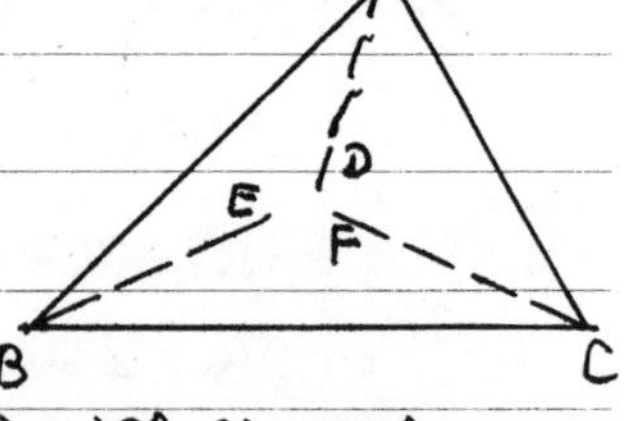

由此立即可得

$$\frac{\sin\angle BAD}{\sin\angle DAC}\cdot\frac{\sin\angle ACF}{\sin\angle FCB}\cdot\frac{\sin\angle CBE}{\sin\angle EBA}=\frac{\sin\angle BAP}{\sin\angle CAR}\cdot\frac{\sin\angle ACR}{\sin\angle BCQ}\cdot\frac{\sin\angle CBQ}{\sin\angle ABP}=1.$$

由角元塞瓦定理的逆定理知①中等号成立，所以$S_{\triangle PQR}=S_{\triangle ABC}$。

6　在$\triangle ABC$的两条边AB、AC上各取一点B_1，C_1，使得顶点A和重心G在线段B_1C_1的同一侧（包括G在B_1C_1上）．求证$S_{BB_1GC_1}+S_{CC_1GB_1}\geqslant\frac{4}{9}S_{\triangle ABC}$．（1989年巴尔干数学奥林匹克）（《葛军奥赛解题指导》250页）

证　设D为BC中点，连结DB_1，DC_1，于是有

$$S_{\triangle BB_1C_1}+S_{\triangle CB_1C_1}=2S_{\triangle DB_1C_1}.$$

$$\begin{aligned}\therefore\ &S_{BB_1GC_1}+S_{CC_1GB_1}\\&=2S_{\triangle GB_1C_1}+S_{\triangle BB_1C_1}+S_{\triangle CB_1C_1}\\&=2S_{\triangle GB_1C_1}+2S_{\triangle DB_1C_1}=2S_{GB_1DC_1}=\frac{2}{3}S_{AB_1DC_1}.\end{aligned}$$

过点G作$B_2C_2\parallel B_1C_1$，分别交AB，AC于点B_2，C_2．由于点G与A在B_1C_1同侧，故B_2，C_2分别落在线段AB_1，AC_1上．设$\frac{AB_2}{AB}=a$，$\frac{AC_2}{AC}=b$，于是

$$\frac{S_{\triangle AB_2C_2}}{S_{\triangle ABC}}=ab.$$

$$\text{又}\because\ \frac{S_{\triangle AB_2C_2}}{S_{\triangle ABC}}=\frac{S_{\triangle AB_2G}}{S_{\triangle ABC}}+\frac{S_{\triangle AGC_2}}{S_{\triangle ABC}}=\frac{1}{2}\left(\frac{S_{\triangle AB_2G}}{S_{\triangle ABD}}+\frac{S_{\triangle AGC_2}}{S_{\triangle ADC}}\right)$$

$$=\frac{1}{2}\left(\frac{2}{3}a+\frac{2}{3}b\right)=\frac{1}{3}(a+b),$$

$$\therefore\ ab=\frac{1}{3}(a+b).\qquad\therefore\ \frac{1}{a}+\frac{1}{b}=3.$$

$$\because\ (a+b)\left(\frac{1}{a}+\frac{1}{b}\right)\geqslant 4,\quad\therefore\ a+b\geqslant\frac{4}{3}.$$

$$\therefore\ S_{BB_1GC_1}+S_{CC_1GB_1}=\frac{2}{3}S_{AB_1DC_1}\geqslant\frac{2}{3}S_{AB_2DC_2}=S_{\triangle AB_2C_2}$$

$$=\frac{1}{3}(a+b)S_{\triangle ABC}\geqslant\frac{4}{9}S_{\triangle ABC}.$$

7. 设M为正$\triangle ABC$内一点，求证以线段MA，MB，MC为边可以组成一个三角形且面积不超过$\triangle ABC$的面积的$\frac{1}{3}$.（《蔡单奥林解题指导》245页）

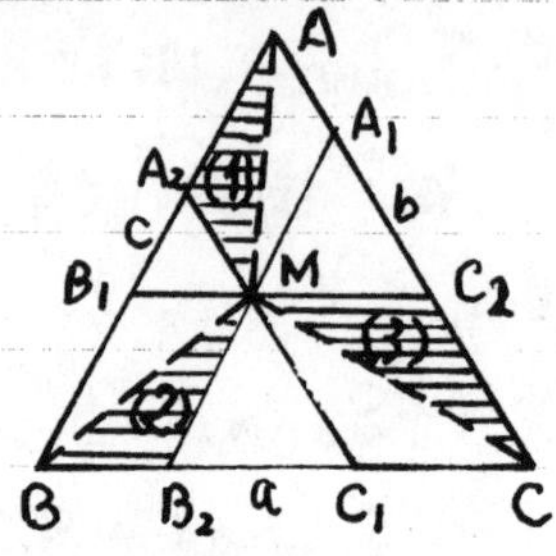

证 设$B_2C_1=a$，$C_2A_1=b$，$A_2B_1=c$，

考察图中阴影线所示的三个三角形，其中$B_1C_2 /\!/ BC$，$C_1A_2 /\!/ CA$，$A_1B_2 /\!/ AB$，于是$\triangle MB_2C_1$，$\triangle MC_2A_1$，$\triangle MA_2B_1$都是正三角形且$\triangle ABC$的边长为$a+b+c$.

$\because \angle AA_2M=\angle BB_2M=\angle CC_2M=120^\circ$，

$\therefore S_{\triangle AA_2M}=\frac{\sqrt{3}}{4}bc$，$S_{\triangle BB_2M}=\frac{\sqrt{3}}{4}ac$，$S_{\triangle CC_2M}=\frac{\sqrt{3}}{4}ab$.

将$\triangle AA_2M$，$\triangle BB_2M$和$\triangle CC_2M$拼成一个三角形.具体拼法是3个120°的角拼在一起，两个长为a.b.c的边分别接合在一起，如图所示.

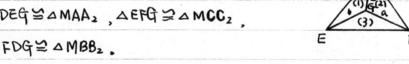

其中

$\triangle DEG \cong \triangle MAA_2$，$\triangle EFG \cong \triangle MCC_2$，

$\triangle FDG \cong \triangle MBB_2$.

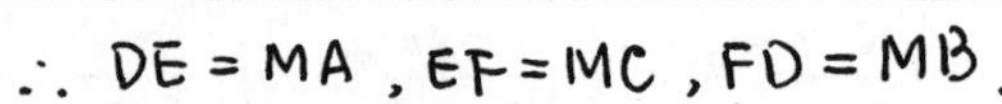
$\therefore DE=MA$，$EF=MC$，$FD=MB$.

这表明$\triangle DEF$就是以MA.MB.MC为3边构成的三角形，而且

$$S_{\triangle DEF}=S_{\triangle AA_2M}+S_{\triangle BB_2M}+S_{\triangle CC_2M}=\frac{\sqrt{3}}{4}(ab+bc+cd).$$

$$\therefore \frac{S_{\triangle DEF}}{S_{\triangle ABC}}=\frac{ab+bc+ca}{(a+b+c)^2}\leq\frac{a^2+b^2+c^2}{(a+b+c)^2}.$$

$$\therefore \frac{3S_{\triangle DEF}}{S_{\triangle ABC}}=\frac{2S_{\triangle DEF}}{S_{\triangle ABC}}+\frac{S_{\triangle DEF}}{S_{\triangle ABC}}$$

$$\leq\frac{2ab+2bc+2ca}{(a+b+c)^2}+\frac{a^2+b^2+c^2}{(a+b+c)^2}=1.$$

$$\therefore S_{\triangle DEF}\leq\frac{1}{3}S_{\triangle ABC}.$$

8. （埃尔多斯—莫德尔不等式）设 P 为 $\triangle ABC$ 内任意一点，P 至3边的距离分别为 PD,PE,PF，则 $PA+PB+PC\geqslant 2(PD+PE+PF)$.

证1　设 $PA=x$，$PB=y$，$PC=z$，$PD=p$，$PE=q$，$PF=r$，$BC=a$，$CA=b$，$AB=c$. 在 $\triangle PDE$ 中应用余弦定理有

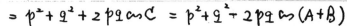

$$\begin{aligned}DE^2&=p^2+q^2-2pq\cos\angle EPD\\&=p^2+q^2+2pq\cos C=p^2+q^2-2pq\cos(A+B)\\&=p^2\sin^2B+p^2\cos^2B+q^2\sin^2A+q^2\cos^2A-2pq\cos A\cos B\\&\quad+2pq\sin A\sin B\\&=(p\sin B+q\sin A)^2+(p\cos B-q\cos A)^2\\&\geqslant(p\sin B+q\sin A)^2.\end{aligned}$$

$\therefore DE\geqslant p\sin B+q\sin A$.

$\because \angle PDC=90^\circ=\angle PEC$，$\therefore P,D,C,E$ 四点共圆且 PC 为此圆直径.

$\therefore z=\dfrac{DE}{\sin C}\geqslant\dfrac{\sin B}{\sin C}p+\dfrac{\sin A}{\sin C}q$.

同理 $x\geqslant\dfrac{\sin B}{\sin A}r+\dfrac{\sin C}{\sin A}q$，$y\geqslant\dfrac{\sin A}{\sin B}r+\dfrac{\sin C}{\sin B}p$.

$$\begin{aligned}\therefore x+y+z&\geqslant\left(\frac{\sin B}{\sin C}+\frac{\sin C}{\sin B}\right)p+\left(\frac{\sin A}{\sin C}+\frac{\sin C}{\sin A}\right)q+\left(\frac{\sin B}{\sin A}+\frac{\sin A}{\sin B}\right)r\\&\geqslant 2(p+q+r).\end{aligned}$$

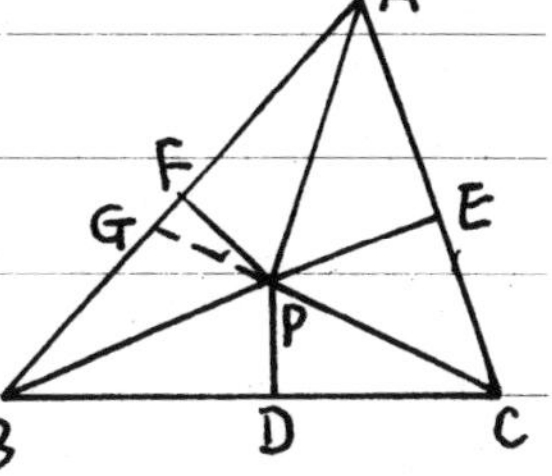

证2　延长 CP 交 AB 于点 G，使用证1中的记号，由面积公式有

$$ap+bq=2S_{\triangle PBC}+2S_{\triangle PCA}$$
$$=2a\sin\angle BCP+2b\sin\angle ACP$$
$$=2\cdot BG\sin\angle BGC+2\cdot AG\sin\angle AGC\leqslant cz.$$

$\therefore\ z\geqslant\frac{a}{c}p+\frac{b}{c}q.$

取点 P 关于 $\angle C$ 的平分线的对称点 P'，连结 $P'C$ 并作 $P'D'\perp BC$，$P'E'\perp CA$，于是 $P'C=z$，$P'D'=q$，$P'E'=p$. 与上面证明一样地可得
$$z\geqslant\frac{a}{c}q+\frac{b}{c}p.$$

同理 $x\geqslant\frac{c}{a}q+\frac{b}{a}r$，$y\geqslant\frac{c}{b}p+\frac{a}{b}r$.

$$\therefore\ x+y+z\geqslant\left(\frac{c}{b}+\frac{b}{c}\right)p+\left(\frac{c}{a}+\frac{a}{c}\right)q+\left(\frac{b}{a}+\frac{a}{b}\right)r$$
$$\geqslant 2(p+q+r).$$

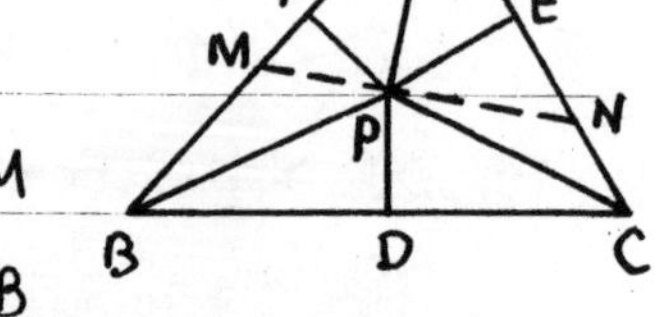

证3　过 P 作直线 MN，分别交 AB，AC 于点 M 和 N，使得 $\angle AMN=\angle ACB$，于是 $\triangle AMN\backsim\triangle ACB$.

$\because\ S_{\triangle AMN}=S_{\triangle AMP}+S_{\triangle APN}$，

$\therefore\ AP\cdot MN\geqslant FP\cdot AM+PE\cdot AN$. $\therefore\ PA\geqslant PF\frac{AM}{MN}+PE\frac{AN}{MN}$.

$\because\ \triangle AMN\backsim\triangle ACB$，$\therefore\ \frac{AM}{MN}=\frac{AC}{BC}=\frac{b}{a}$，$\frac{AN}{MN}=\frac{AB}{BC}=\frac{c}{a}$.

$\therefore\ PA\geqslant PF\frac{b}{a}+PE\frac{c}{a}$.

同理 $PB\geqslant PF\frac{a}{b}+PD\frac{c}{b}$，$PC\geqslant PD\frac{b}{c}+PE\frac{a}{c}$.

$$\therefore\ PA+PB+PC\geqslant PD\left(\frac{c}{b}+\frac{b}{c}\right)+PE\left(\frac{c}{a}+\frac{a}{c}\right)+PF\left(\frac{b}{a}+\frac{a}{b}\right)$$
$$\geqslant 2(PD+PE+PF).$$

9 设P为△ABC内一点，求证PA+PB+PC小于△ABC的较长的两边长度之和.

证 过点P作$B_1C_2 /\!/ BC$，$C_1A_2 /\!/ CA$，$A_1B_2 /\!/ AB$，分别交三边BC，CA，AB于点B_2，C_1，C_2，A_1，A_2，B_1（如图）. 于是四边形AA_2PA_1、BB_2PB_1、CC_2PC_1都是平行四边形且有

$$\triangle A_2B_1P \backsim \triangle PB_2C_1 \backsim \triangle A_1PC_2 \backsim \triangle ABC.$$

$\because PA < AA_1 + AA_2$，$PB < BB_1 + BB_2$，$PC < CC_1 + CC_2$，

$\therefore PA + PB + PC < AA_1 + AA_2 + BB_1 + BB_2 + CC_1 + CC_2$.

不妨设△ABC的三边中CA最短. 由相似成比例性可知，$\triangle A_2B_1P$中A_2P最短；$\triangle PB_2C_1$中PC_1最短；$\triangle A_1PC_2$中A_1C_2最短.

$\therefore AA_1 = A_2P \leqslant A_2B_1$，$CC_2 = PC_1 \leqslant B_2C_1$.

$$\begin{aligned}\therefore PA+PB+PC &\leqslant A_2B_1 + AA_2 + BB_1 + BB_2 + CC_1 + B_2C_1\\ &=(AA_2 + A_2B_1 + B_1B) + (BB_2 + B_2C_1 + C_1C)\\ &= AB + BC.\end{aligned}$$

10. AD，BE，CF是△ABC的3条内角平分线，I为内心，求证

$$\frac{1}{4}<\frac{AI\cdot BI\cdot CI}{AD\cdot BE\cdot CF}\leqslant\frac{8}{27}.$$ （1991年IMO 1题）

证 记 $BC=a$，$CA=b$，$AB=c$.

∵ AD为∠BAC的平分线，∴ $\frac{CD}{BD}=\frac{b}{c}$.

∴ $CD=\frac{ab}{b+c}$.

∵ CI是△ADC中∠ACD的平分线，

∴ $\frac{AI}{AD}=\frac{b}{b+\frac{ab}{b+c}}=\frac{b+c}{a+b+c}$.

等价命题

同理 $\frac{BI}{BE}=\frac{c+a}{a+b+c}$，$\frac{CI}{CF}=\frac{a+b}{a+b+c}$.

这样一来，所求证的结论等价于不等式

$$\frac{1}{4}<\frac{(a+b)(b+c)(c+a)}{(a+b+c)^3}\leqslant\frac{8}{27}. \quad ①$$

由均值不等式有

$$(a+b)(b+c)(c+a)\leqslant\left(\frac{a+b+b+c+c+a}{3}\right)^3=\frac{8}{27}(a+b+c)^3,$$

即①中后一个不等式成立.

另一方面，

∵ $\frac{a+b}{a+b+c}>\frac{1}{2}$，$\frac{b+c}{a+b+c}>\frac{1}{2}$，$\frac{c+a}{a+b+c}>\frac{1}{2}$，

故可令

$$\frac{a+b}{a+b+c}=\frac{1+\varepsilon_1}{2},\quad\frac{b+c}{a+b+c}=\frac{1+\varepsilon_2}{2},\quad\frac{c+a}{a+b+c}=\frac{1+\varepsilon_3}{2}.$$

于是 $\varepsilon_i>0$，$i=1,2,3$ 且 $\varepsilon_1+\varepsilon_2+\varepsilon_3=1$. 从而有 小参数法

$$\frac{(a+b)(b+c)(c+a)}{(a+b+c)^3}=\frac{(1+\varepsilon_1)(1+\varepsilon_2)(1+\varepsilon_3)}{8}>\frac{1+\varepsilon_1+\varepsilon_2+\varepsilon_3}{8}=\frac{1}{4},$$

这就证明了①中前一个不等式.

11. 设圆内接四边形ABCD的面积为S，外接圆半径为R，4条边长分别为$AB=a$，$BC=b$，$CD=c$，$DA=d$，求证$(a+b+c+d)^3\geqslant 64\sqrt{2}RS$.

（《华校课本(高三)》172页）

证 设$AC=e$，$BD=f$，由三角形面积公式有

$$S=S_{\triangle ABD}+S_{\triangle CBD}=\frac{adf}{4R}+\frac{bcf}{4R}=\frac{f(ad+bc)}{4R}.$$

$\therefore\ 4RS=f(ad+bc)$. 同理 $4RS=e(ab+cd)$.

$$\therefore\ 4RS=\sqrt{ef(ad+bc)(ab+cd)}.\qquad ①$$

由托勒密定理有

$$ef=ac+bd.\qquad ②$$

将②代入①，得到

$$4RS=\sqrt{(ac+bd)(ad+bc)(ab+cd)}.$$

由此可知，所求证的不等式等价于

$$(a+b+c+d)^3\geqslant 16\sqrt{2}\cdot\sqrt{(ac+bd)(ad+bc)(ab+cd)}.$$

$$(a+b+c+d)^6\geqslant 512(ac+bd)(ad+bc)(ab+cd).\qquad ③$$

由均值不等式有

$$3(a^2+b^2+c^2+d^2)\geqslant 2(ab+ac+ad+bc+bd+cd),$$

$$3(a+b+c+d)^2\geqslant 8(ab+ac+ad+bc+bd+cd).\qquad ④$$

利用④和均值不等式有

$$(ac+bd)(ad+bc)(ab+cd)\leqslant\left(\frac{ac+bd+ad+bc+ab+cd}{3}\right)^3$$

$$\leqslant\left[\frac{(a+b+c+d)^2}{8}\right]^3=\frac{(a+b+c+d)^6}{512},$$

即③成立.

12．设AD，BE，CF是△ABC的3条内角平分线，延长后分别交△ABC的外接圆于点P，Q，R，求证 $\frac{AD}{DP}+\frac{BE}{EQ}+\frac{CF}{FR}\geqslant 9$．

（《华校课本（高三）》175页）

证 连结PC，

$\because \angle CAP=\angle PAB=\angle PCB$，

$\angle P=\angle ABC$，

$\therefore \triangle APC\backsim\triangle ABD\backsim\triangle CPD$．

$\therefore \frac{AP}{PC}=\frac{AB}{BD}=\frac{AC}{DC}=\frac{CP}{PD}$．

$\therefore \frac{AP}{PD}=\frac{AP}{PC}\cdot\frac{PC}{PD}=\frac{AC^2}{DC^2}=\frac{b^2}{\left(\frac{ab}{b+c}\right)^2}=\frac{(b+c)^2}{a^2}$．

同理 $\frac{BQ}{QE}=\frac{(c+a)^2}{b^2}$，$\frac{CR}{RF}=\frac{(a+b)^2}{c^2}$．

$$\therefore \frac{AP}{PD}+\frac{BQ}{QE}+\frac{CR}{RF}=\frac{(b+c)^2}{a^2}+\frac{(c+a)^2}{b^2}+\frac{(a+b)^2}{c^2}$$

$$\geqslant\frac{4bc}{a^2}+\frac{4ca}{b^2}+\frac{4ab}{c^2}\geqslant 12.$$

$$\therefore \frac{AD}{DP}+\frac{BE}{EQ}+\frac{CF}{FR}=\frac{AP-DP}{DP}+\frac{BQ-EQ}{EQ}+\frac{CR-FR}{FR}$$

$$=\frac{AP}{DP}+\frac{BQ}{EQ}+\frac{CR}{FR}-3$$

$$\geqslant 9.$$

13　在$\triangle ABC$中，$AB=AC$，CD为腰AB上的高．M为CD中点，过A作$AE\perp BM$于点E，过A作$AF\perp CE$于点F，求证$AF\leqslant\frac{1}{3}AB$．

（《华校课本（高三）》176页）

证　取BC中点H，连结AH，MH，于是$MH /\!/ AB$．

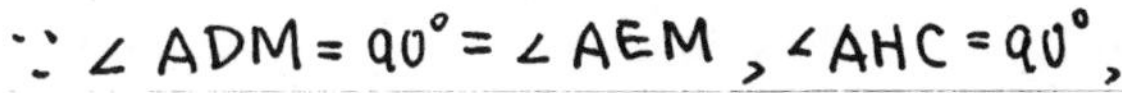
$\because \angle ADM=90^\circ=\angle AEM$，$\angle AHC=90^\circ$，

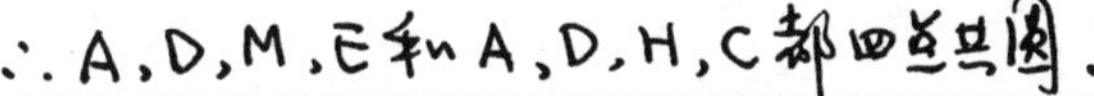
$\therefore A,D,M,E$和A,D,H,C都四点共圆．

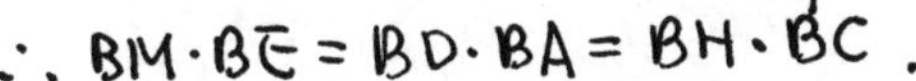
$\therefore BM\cdot BE=BD\cdot BA=BH\cdot BC$．

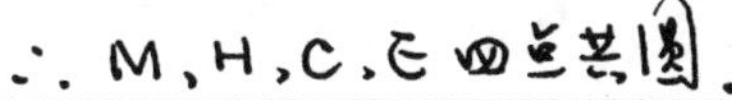
$\therefore M,H,C,E$四点共圆．

设$\angle BAH=\alpha$，$\angle ABE=\beta$，于是$\angle FEB=\angle MHC=\angle ABC=90^\circ-\alpha$．所以$\angle AEF=\alpha$．设$BD=1$，$DM=MC=t$，便有

$$AF=AE\sin\alpha=AB\sin\beta\sin\alpha．$$

$$\because \sin\alpha=\frac{BD}{BC}=\frac{1}{\sqrt{1+4t^2}}，$$

$$\sin\beta=\frac{DM}{BM}=\frac{t}{\sqrt{1+t^2}}，$$

$$\therefore AF=AB\frac{t}{\sqrt{1+t^2}\sqrt{1+4t^2}}．$$

$$AF^2=AB^2\frac{t^2}{(1+t^2)(1+4t^2)}=AB^2\frac{1}{4t^2+5+\frac{1}{t^2}}$$

$$\leqslant\frac{AB^2}{9}．$$

$$\therefore AF\leqslant\frac{1}{3}AB．$$

14．设$\triangle ABC$的3边长分别为a,b,c，面积为S．求证

$$a^2+b^2+c^2\geq 4\sqrt{3}S+(a-b)^2+(b-c)^2+(c-a)^2.$$

证 ∵ $A+B+C=180^\circ$，∴ $\frac{A}{2}+\frac{B}{2}+\frac{C}{2}=90^\circ$．

$$\therefore 1=\operatorname{tg}\frac{A}{2}\operatorname{ctg}\frac{A}{2}=\operatorname{tg}\frac{A}{2}\operatorname{tg}\frac{B+C}{2}=\operatorname{tg}\frac{A}{2}\frac{\operatorname{tg}\frac{B}{2}+\operatorname{tg}\frac{C}{2}}{1-\operatorname{tg}\frac{B}{2}\operatorname{tg}\frac{C}{2}}.$$

$$\therefore \operatorname{tg}\frac{A}{2}\operatorname{tg}\frac{B}{2}+\operatorname{tg}\frac{B}{2}\operatorname{tg}\frac{C}{2}+\operatorname{tg}\frac{C}{2}\operatorname{tg}\frac{A}{2}=1.$$

$$\begin{aligned}\therefore &\left(\operatorname{tg}\frac{A}{2}+\operatorname{tg}\frac{B}{2}+\operatorname{tg}\frac{C}{2}\right)^2\\ &=\operatorname{tg}^2\frac{A}{2}+\operatorname{tg}^2\frac{B}{2}+\operatorname{tg}^2\frac{C}{2}+2\left(\operatorname{tg}\frac{A}{2}\operatorname{tg}\frac{B}{2}+\operatorname{tg}\frac{B}{2}\operatorname{tg}\frac{C}{2}+\operatorname{tg}\frac{C}{2}\operatorname{tg}\frac{A}{2}\right)\\ &\geq 3\left(\operatorname{tg}\frac{A}{2}\operatorname{tg}\frac{B}{2}+\operatorname{tg}\frac{B}{2}\operatorname{tg}\frac{C}{2}+\operatorname{tg}\frac{C}{2}\operatorname{tg}\frac{A}{2}\right)=3.\end{aligned}$$

$$\therefore \operatorname{tg}\frac{A}{2}+\operatorname{tg}\frac{B}{2}+\operatorname{tg}\frac{C}{2}\geq\sqrt{3}. \qquad ①$$

$$\because \operatorname{tg}\frac{A}{2}=\frac{1-\cos A}{\sin A}=\frac{1-\frac{b^2+c^2-a^2}{2bc}}{\sin A}=\frac{a^2-(b-c)^2}{2bc\sin A}, \qquad ②$$

同理 $\operatorname{tg}\frac{B}{2}=\frac{b^2-(c-a)^2}{2ca\sin B}$，$\operatorname{tg}\frac{C}{2}=\frac{c^2-(a-b)^2}{2ab\sin C}=\frac{c^2-(a-b)^2}{4S}$．③

将②和③代入①，得到

$$a^2-(b-c)^2+b^2-(c-a)^2+c^2-(a-b)^2\geq 4\sqrt{3}S.$$

$$a^2+b^2+c^2\geq 4\sqrt{3}S+(b-c)^2+(c-a)^2+(a-b)^2.$$

当然更有

$$a^2+b^2+c^2\geq 4\sqrt{3}S,$$

此即外森比克不等式．1961年IMO第2题即为此不等式．

15. $\triangle ABC$的外接圆半径$R=1$，内切圆半径为r，它的垂足三角形$\triangle DEF$的内切圆半径为ρ，求证$\rho\leqslant 1-\frac{1}{3}(1+r)^2$.

（1991年IMO预选题）

证　设$\triangle ABC$的垂心为H，它又是$\triangle DEF$的内心. 过H作$HG\perp DE$于点G，于是$HG=\rho$.

$\because$ H,D,C,E四点共圆，

$\therefore$ $\angle HDG=\angle HCE=90^\circ-\angle A$.

$$\begin{aligned}\therefore\ \rho&=HG=HD\sin\angle HDG=HD\cos A\\&=BD\,\mathrm{tg}\angle HBD\cos A=AB\cos B\cos A\,\mathrm{tg}(90^\circ-\angle C)\\&=c\cos A\cos B\,\mathrm{ctg}\,C=\frac{c}{\sin C}\cos A\cos B\cos C=2R\cos A\cos B\cos C\quad①\end{aligned}$$

由积化和差公式有

$$\begin{aligned}4\cos A\cos B\cos C&=2[\cos(A+B)+\cos(A-B)]\cos C\\&=\cos(A+B+C)+\cos(A+B-C)+\cos(A-B+C)+\cos(A-B-C)\\&=-1-\cos 2C-\cos 2B-\cos 2A=2-2\cos^2A-2\cos^2B-2\cos^2C.\quad②\end{aligned}$$

将②代入①，得到

$$\rho=1-(\cos^2A+\cos^2B+\cos^2C).\quad③$$

由柯西不等式有

$$\frac{1}{3}(\cos A+\cos B+\cos C)^2\leqslant\cos^2A+\cos^2B+\cos^2C.\quad④$$

将④代入③，得到

$$\rho\leqslant 1-\frac{1}{3}(\cos A+\cos B+\cos C)^2.\quad⑤$$

由和差化积公式又有

$$\cos A+\cos B+\cos C=4\sin\frac{A}{2}\sin\frac{B}{2}\sin\frac{C}{2}+1.\quad⑥$$

由半角公式和余弦定理有

$$\sin\frac{A}{2}=\sqrt{\frac{1-\cos A}{2}}=\sqrt{\frac{2bc-b^2-c^2+a^2}{4bc}}=\sqrt{\frac{(p-b)(p-c)}{bc}},$$

$$\sin\frac{B}{2}=\sqrt{\frac{(p-c)(p-a)}{ca}},\quad \sin\frac{C}{2}=\sqrt{\frac{(p-a)(p-b)}{ab}},\tag{7}$$

其中 $p=\frac{1}{2}(a+b+c)$. 将⑦代入⑥再代入⑤，即得

$$\rho\leqslant 1-\frac{1}{3}\left(1+\frac{4(p-a)(p-b)(p-c)}{abc}\right)^2.\tag{8}$$

由三角形面积公式有

$$S_{\triangle ABC}=\sqrt{p(p-a)(p-b)(p-c)}=\frac{abc}{4R}=rp.$$

$$\therefore (p-a)(p-b)(p-c)=\frac{S^2_{\triangle ABC}}{p}=S_{\triangle ABC}\cdot r=\frac{abcr}{4R}.\tag{9}$$

将⑨代入⑧并注意 $R=1$，得到

$$\rho\leqslant 1-\frac{1}{3}\left(1+\frac{r}{R}\right)^2=1-\frac{1}{3}(1+r)^2.$$

16. 在圆内接六边形 $ABCDEF$ 中，$AB=BC$，$CD=DE$，$EF=FA$，求证 $AB+BC+CD+DE+EF+FA \geq AD+BE+CF$.

（《数研究教程》425页）

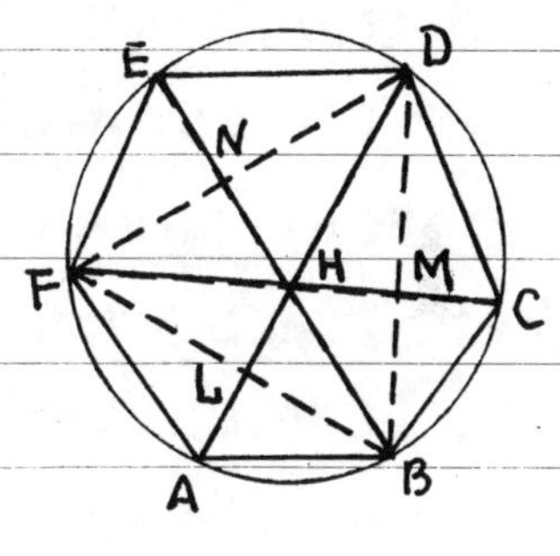

证 连结辅助线如图所示，其中 $AD\cap BF=L$，$CF\cap BD=M$，$EB\cap FD=N$.

$\because AB=BC$，$CD=DE$，$EF=FA$，

$\therefore \overset{\frown}{AB}=\overset{\frown}{BC}$，$\overset{\frown}{CD}=\overset{\frown}{DE}$，$\overset{\frown}{EF}=\overset{\frown}{FA}$.

$\therefore \overset{\frown}{AB}+\overset{\frown}{DE}+\overset{\frown}{EF}=180^\circ$.

$\therefore \angle FLD=90^\circ$，即 $DL\perp FB$.

同理 $BN\perp DF$，$FM\perp BD$.

$\therefore BN$，DL，FM 交于一点，记交点为 H，于是 H 为 $\triangle BDF$ 的垂心.

$\therefore \triangle ABF\cong\triangle HBF$，$\triangle CDB\cong\triangle HDB$，$\triangle EFD\cong\triangle HFD$.

$\therefore AB=BH=BC$，$DC=DH=DE$，$EF=FH=FA$，

$AL=LH$，$CM=MH$，$EN=NH$.

$\therefore$ 由埃尔多斯—莫德尔不等式有

$$AB+BC+CD+DE+EF+FA=2(BH+DH+FH)$$

$$\geq BH+DH+FH+2(HL+HM+HN)$$

$$=BH+DH+FH+HA+HC+HE=AD+BE+CF.$$

17　在凸六边形ABCDEF中，AB∥ED，BC∥FE，CD∥AF．又设R_1,R_2,R_3分别表示△FAB，△BCD和△DEF的外接圆半径．p表示六边形的周长，求证 $R_1+R_2+R_3\geqslant \frac{p}{2}$．　（1996年IMO 5题）

证　分别过C，F作AB的垂线．并将垂线夹在直线AB和ED之间部分的长度记为h．记 $AB=a$，$BC=b$，$CD=c$，$DE=d$，$EF=e$，$FA=f$．

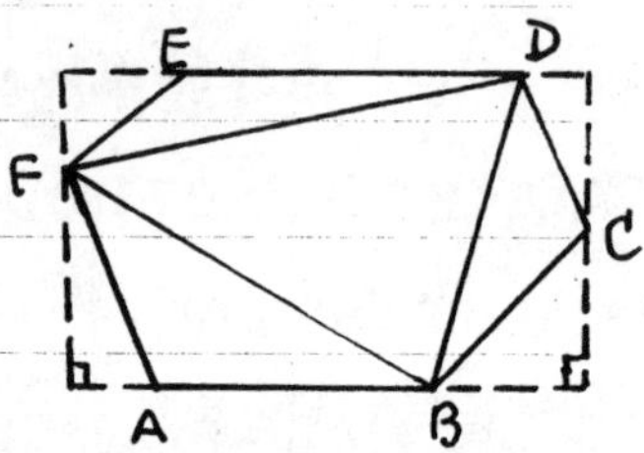

$\because$ AB∥ED，BC∥FE，CD∥AF，$\therefore \angle A=\angle D,\ \angle B=\angle E,\ \angle C=\angle F$．

$$\therefore 2BD\geqslant 2h=b\sin B+c\sin D+e\sin E+f\sin A.$$

同理 $2BF\geqslant c\sin C+d\sin E+f\sin F+a\sin B$．

$$2DF\geqslant d\sin D+e\sin F+a\sin A+b\sin C.$$

按正弦定理有

$$R_1=\frac{BF}{2\sin A},\quad R_2=\frac{BD}{2\sin C},\quad R_3=\frac{DF}{2\sin E}.$$

$$\therefore R_1+R_2+R_3=\frac{1}{4}\left[\frac{c\sin C+d\sin E+f\sin F+a\sin B}{\sin A}+\frac{b\sin B+c\sin D+e\sin E+f\sin A}{\sin C}+\frac{d\sin D+e\sin F+a\sin A+b\sin C}{\sin E}\right]$$

$$=\frac{1}{4}\left[a\left(\frac{\sin B}{\sin A}+\frac{\sin A}{\sin B}\right)+b\left(\frac{\sin B}{\sin C}+\frac{\sin C}{\sin B}\right)+c\left(\frac{\sin C}{\sin A}+\frac{\sin A}{\sin C}\right)+d\left(\frac{\sin E}{\sin D}+\frac{\sin D}{\sin E}\right)+e\left(\frac{\sin E}{\sin F}+\frac{\sin F}{\sin E}\right)+d\left(\frac{\sin E}{\sin D}+\frac{\sin D}{\sin E}\right)\right]$$

$$\geqslant \frac{1}{2}(a+b+c+d+e+f)=\frac{p}{2}.$$

18　锐角$\triangle ABC$的外心为O，外接圆半径为R，AO交$\triangle BOC$的外接圆于点A'，类似地定义B'与C'，求证$OA'\cdot OB'\cdot OC'\geqslant 8R^3$并问等号何时成立？

（1996年IMO预选题）

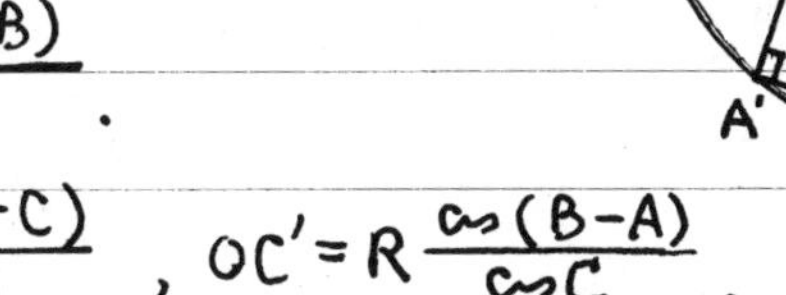

证1　作$\triangle BOC$的外接圆的直径OD，连结$A'D$，CD，于是有

$$\angle A'=\angle OCD=90^\circ=\angle OEC.$$

$$\therefore\ OA'=OD\cdot\cos\angle A'OD=R\frac{\cos\angle A'OD}{\cos\angle COD}.$$

$$\because\ \angle BOC=2\angle BAC,\ \therefore\ \angle COD=\angle A.$$

$$\therefore\ \angle A'OD=180^\circ-\angle A-2\angle B=\angle C-\angle B.$$

$$\therefore\ OA'=R\frac{\cos(C-B)}{\cos A}.$$

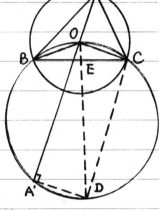

同理$OB'=R\dfrac{\cos(A-C)}{\cos B}$，$OC'=R\dfrac{\cos(B-A)}{\cos C}$.

这样一来，只须证明

$$\frac{\cos(C-B)}{\cos A}\cdot\frac{\cos(A-C)}{\cos B}\cdot\frac{\cos(B-A)}{\cos C}\geqslant 8. \quad ①$$

$$\because\ \frac{\cos(C-B)}{\cos A}=\frac{\cos(C-B)}{-\cos(C+B)}=\frac{\cos C\cos B+\sin C\sin B}{-\cos C\cos B+\sin C\sin B}=\frac{1+\cot C\cot B}{1-\cot C\cot B}.$$

同理$\dfrac{\cos(A-C)}{\cos B}=\dfrac{1+\cot A\cot C}{1-\cot A\cot C}$，$\dfrac{\cos(B-A)}{\cos C}=\dfrac{1+\cot B\cot A}{1-\cot B\cot A}$.

令$x=\cot A\cot B$，$y=\cot B\cot C$，$z=\cot C\cot A$，于是有

$$\begin{aligned}x+y+z&=\cot A(\cot B+\cot C)+\cot B\cot C\\&=-\cot(B+C)(\cot B+\cot C)+\cot B\cot C\\&=-\frac{\cot B\cot C-1}{\cot B+\cot C}(\cot B+\cot C)+\cot B\cot C=1.\end{aligned} \quad ②$$

$$\therefore \frac{\cos(C-B)}{\cos A}=\frac{1+y}{1-y}=\frac{(x+y)+(y+z)}{x+z}\geqslant\frac{2\sqrt{(x+y)(y+z)}}{x+z}.\quad ③$$

同理 $\dfrac{\cos(A-C)}{\cos B}\geqslant\dfrac{2\sqrt{(y+z)(z+x)}}{x+y}$，$\dfrac{\cos(B-A)}{\cos C}\geqslant\dfrac{2\sqrt{(z+x)(x+y)}}{y+z}$.

将③中3个不等式相连乘即得①式.

证2 设 $AO\cap BC=D$，$BO\cap CA=E$，$CO\cap AB=F$. 连结 BA'，并记 $\triangle AOB$，$\triangle BOC$，$\triangle COA$ 之面积分别为 S_1，S_2，S_3.

$\because \angle OBC=\angle OCB=\angle OA'B$，$\therefore OA'=\dfrac{R^2}{OD}$.

同理 $OB'=\dfrac{R^2}{OE}$，$OC'=\dfrac{R^2}{OF}$.

$$\begin{aligned}\therefore \frac{OA'\cdot OB'\cdot OC'}{R^3}&=\frac{R^3}{OD\cdot OE\cdot OF}=\frac{OA\cdot OB\cdot OC}{OD\cdot OE\cdot OF}\\&=\frac{S_1+S_3}{S_2}\cdot\frac{S_2+S_1}{S_3}\cdot\frac{S_3+S_2}{S_1}\\&\geqslant\frac{8\sqrt{S_1\cdot S_3}\sqrt{S_2\cdot S_1}\sqrt{S_3\cdot S_2}}{S_1\cdot S_2\cdot S_3}=8.\quad (*)\end{aligned}$$

$\therefore OA'\cdot OB'\cdot OC'\geqslant 8R^3$

结论中等号成立，当且仅当(*)式中等号成立，而这又当且仅当 $S_1=S_2=S_3$，即外心 O 又是重心. 所以，当且仅当 $\triangle ABC$ 为正三角形时等号成立.

19. 设△ABC的三边长分别为 a，b，c，求证（1983年IMO 6题）

$$a^2b(a-b)+b^2c(b-c)+c^2a(c-a)\geqslant 0. \quad ①$$

并问等号何时成立？（《代数知识篇》145页）

解　作△ABC的内切圆，与三边的切点分别为D，E，F，记 $x=AE=AF$，$y=BF=BD$，$z=CD=CE$。于是 $a=y+z$，$b=z+x$，$c=x+y$。利用这个代换，①式变成如下的等价不等式

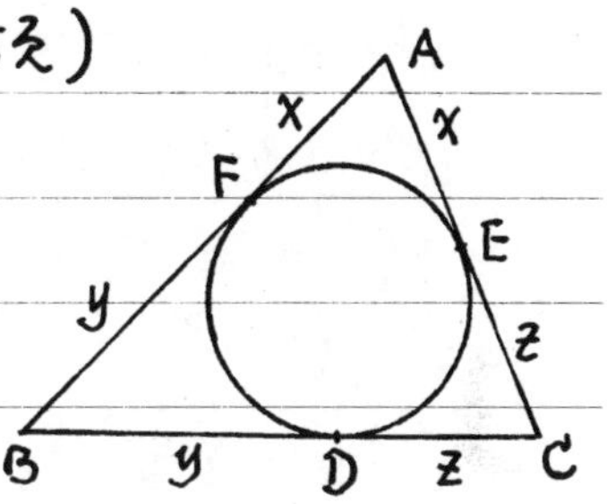

$$(y+z)^2(z+x)(y-x)+(z+x)^2(x+y)(z-y)+(x+y)^2(y+z)(x-z)\geqslant 0.$$

化简整理得到

$$x^3z+y^3x+z^3y-xyz(x+y+z)\geqslant 0. \quad (*)$$

同除以 xyz，得到等价不等式

$$\frac{x^2}{y}+\frac{y^2}{z}+\frac{z^2}{x}\geqslant x+y+z. \quad ②$$

为证②式，利用排序不等式有

$$\frac{x^2}{y}+\frac{y^2}{z}+\frac{z^2}{x}\geqslant x^2\cdot\frac{1}{x}+y^2\cdot\frac{1}{y}+z^2\cdot\frac{1}{z}=x+y+z,$$

即②式成立，从而①式成立。

另一方面，①式中等号成立当且仅当②式中等号成立，而②中的排序不等式中等号成立，当且仅当 $x=y=z$。这表明当且仅当△ABC为正三角形时①式中等号成立。

注1　还可用柯西不等式证明如下：

$$(x^3z+y^3x+z^3y)(y+z+x)\geqslant\left(x\sqrt{xyz}+y\sqrt{xyz}+z\sqrt{xyz}\right)^2$$

$$=xyz(x+y+z)^2,$$ 约去公因式即得(*)式。

注2　前面说明了⊛式可用排序不等式或柯西不等式来证．实际上，还可两者皆不用，只用配方法直接来证如下：

$$
\begin{aligned}
&x^3z+y^3x+z^3y-x^2yz-y^2zx-z^2xy\\
=&(x^3z+y^2xz-2x^2yz)+(y^3x+z^2xy-2y^2zx)\\
&+(z^3y+x^2yz-2z^2xy)\\
=&xz(x^2+y^2-2xy)+xy(y^2+z^2-2yz)+yz(z^2+x^2-2zx)\\
=&xz(x-y)^2+xy(y-z)^2+yz(z-x)^2\geqslant 0.
\end{aligned}
$$

注3　当年竞赛时，一名选手直接对原式进行变组而得到如下的证明：

$$
\begin{aligned}
&a^2b(a-b)+b^2c(b-c)+c^2a(c-a)\\
=&a(c-b)^2(b+c-a)+b(a-b)(a-c)(a+b-c).
\end{aligned}
$$

因原式为轮换对称，故不妨设 $a=\max\{a,b,c\}$，从而利用上式直接得到所要的不等式．值得注意的是，上式右端的轮换对称性已不明显，而且变组过程也不直观，所以这个方法实在不易想出．因而这名学生获得了当年的特别奖．

20　设P为△ABC内任意一点，求证∠PAB，∠PBC和∠PCA中至少有一个不大于30°。（1991年IMO 5题）

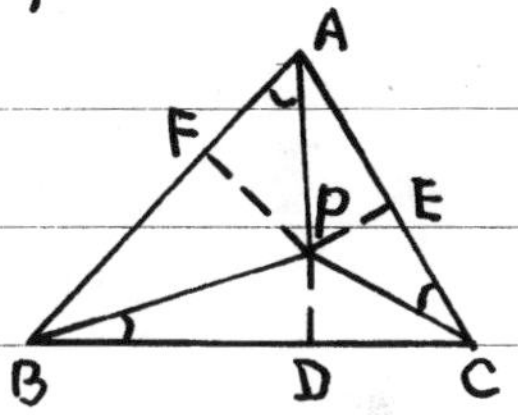

证1　过点P作PD⊥BC于点D，作PE⊥CA于点E，作PF⊥AB于点F，由埃尔多斯-莫德尔不等式有

$$PA+PB+PC\geq 2(PD+PE+PF).$$

所以下列3个不等式

$$PA\geq 2PF,\quad PB\geq 2PD,\quad PC\geq 2PE$$

中，至少有一个成立。不妨设 $PB\geq 2PD$ 成立。于是有

$$\sin\angle PBD=\frac{PD}{PB}\leq\frac{1}{2}.$$

$$\therefore \angle PBD\leq 30^\circ \text{ 或 } \angle PBD\geq 150^\circ.$$

若为后者，则∠PCA和∠PAB都小于30°。所以结论成立。

证2　记 $\angle PAB=\alpha$，$\angle PBC=\beta$，$\angle PCA=\gamma$，$\angle PAC=\alpha'$，$\angle PBA=\beta'$，$\angle PCB=\gamma'$，于是由角元塞瓦定理有

$$\sin\alpha\sin\beta\sin\gamma=\sin\alpha'\sin\beta'\sin\gamma'. \quad ①$$

若结论不成立，则 α,β,γ 都大于30°，从而 $\alpha'+\beta'+\gamma'<90^\circ$ 且有

$$\frac{1}{8}<\sin\alpha\sin\beta\sin\gamma=\sin\alpha'\sin\beta'\sin\gamma'$$

$$\leq\left(\frac{\sin\alpha'+\sin\beta'+\sin\gamma'}{3}\right)^3\leq\sin^3\frac{\alpha'+\beta'+\gamma'}{3}<\sin^3 30^\circ=\frac{1}{8},$$

矛盾。所以 α,β,γ 中至少有一个不大于30°。

21　点D和E分别位于△ABC的两边AB，AC上，点F和G都在DE上且将DE三等分．直线AF，AG分别交BC于点P和Q，求证 $PQ\le\frac{1}{3}BC$．

（《竞赛数学教程》285页）

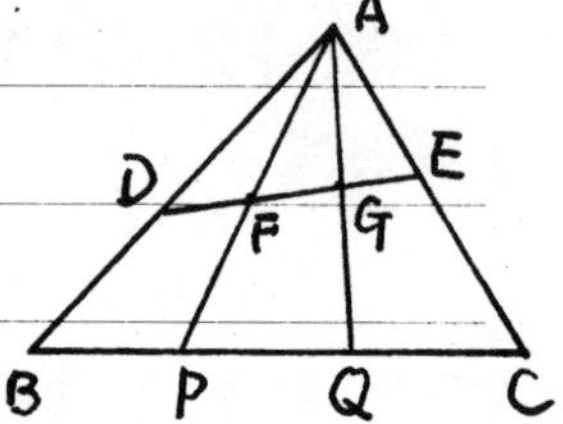

证　显然，结论 $PQ\le\frac{1}{3}BC$ 等价于

$$S_{\triangle APQ}\le\frac{1}{3}S_{\triangle ABC}.$$

$\because DF=FG=GE$，

$\therefore S_{\triangle ADF}=S_{\triangle AFG}=S_{\triangle AGE}$，记之为 S_0．

$$\therefore \frac{S_{\triangle ABP}}{S_0}=\frac{AB\cdot AP}{AD\cdot AF},\quad \frac{S_{\triangle APQ}}{S_0}=\frac{AP\cdot AQ}{AF\cdot AG},$$

$$\frac{S_{\triangle AQC}}{S_0}=\frac{AQ\cdot AC}{AG\cdot AE},$$

$$\begin{aligned}\therefore \frac{S_{\triangle ABC}}{S_0}&=\frac{S_{\triangle ABP}+S_{\triangle APQ}+S_{\triangle AQC}}{S_0}\\&=\frac{AB\cdot AP}{AD\cdot AF}+\frac{AP\cdot AQ}{AF\cdot AG}+\frac{AQ\cdot AC}{AG\cdot AE}\\&\geqslant 3\left(\frac{AB\cdot AP}{AD\cdot AF}\frac{AP\cdot AQ}{AF\cdot AG}\frac{AQ\cdot AC}{AG\cdot AE}\right)^{\frac{1}{3}}\\&=3\left(\frac{AP\cdot AQ}{AF\cdot AG}\right)^{\frac{2}{3}}\left(\frac{AB\cdot AC}{AD\cdot AE}\right)^{\frac{1}{3}}=3\left(\frac{S_{\triangle APQ}}{S_0}\right)^{\frac{2}{3}}\left(\frac{S_{\triangle ABC}}{S_{\triangle ADE}}\right)^{\frac{1}{3}}\\&=3\frac{S_{\triangle APQ}^{\frac{2}{3}}S_{\triangle ABC}^{\frac{1}{3}}}{\sqrt[3]{3}\,S_0}.\end{aligned}$$

两端约去公因子，得到

$$S_{\triangle ABC}^{\frac{2}{3}}\geqslant\sqrt[3]{9}\,S_{\triangle APQ}^{\frac{2}{3}}=(3S_{\triangle APQ})^{\frac{2}{3}}.$$

$$\therefore S_{\triangle ABC}\geqslant 3S_{\triangle APQ}.$$

22　四边形ABCD内接于⊙O，点O在四边形内，对角线AC与BD交于点M．M在4边上的投影分别为E，F，G，H．求证 $S_{EFGH}\leqslant\frac{1}{2}S_{ABCD}$．

（《数学奥赛辅导》（下）67页）

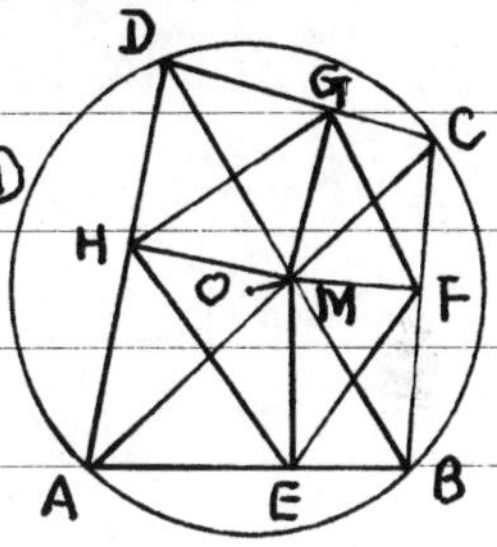

证　按面积公式和正弦定理有

$$S_{\triangle MHE}=\frac{1}{2}MH\cdot ME\sin A=\frac{BD\cdot MH\cdot ME}{4R}. \quad ①$$

∵ D，H，M，G和M，E，B，F都四点共圆，且MD和MB分别为两圆的直径，

∴ $MH=DM\sin\angle ADB$，

$ME=BM\sin\angle ABD$．

$$\begin{aligned}\therefore MH\cdot ME&=DM\cdot MB\sin\angle ADB\sin\angle ABD\\&=(R^2-OM^2)\sin\angle ADB\,\frac{AD}{2R}\\&=\frac{R^2-OM^2}{2R}AD\sin\angle ADB\\&=\frac{R^2-OM^2}{2R}AM\sin\angle AMD. \quad ②\end{aligned}$$

将②代入①，得到

$$S_{\triangle MHE}=\frac{R^2-OM^2}{8R^2}BD\cdot AM\sin\angle AMD.$$

同理 $S_{\triangle MFG}=\frac{R^2-OM^2}{8R^2}BD\cdot MC\sin\angle CMB$．

$$\therefore S_{\triangle MHE}+S_{\triangle MFG}=\frac{R^2-OM^2}{8R^2}BD\cdot AC\sin\angle AMD.$$

$$\therefore S_{EFGH}=\frac{R^2-OM^2}{4R^2}BD\cdot AC\sin\angle AMD=\frac{R^2-OM^2}{2R^2}S_{ABCD}$$

$$\leqslant\frac{1}{2}S_{ABCD}.$$

23. 在梯形ABCD的下底AB和上底CD上各取一点E和F，$CE\cap BF=H$，$DE\cap AF=G$，求证 $S_{EHFG}\le\frac{1}{4}S_{ABCD}$，并问将梯形改为凸四边形时，结论是否仍然成立？（1994年中国数学奥林匹克1题）

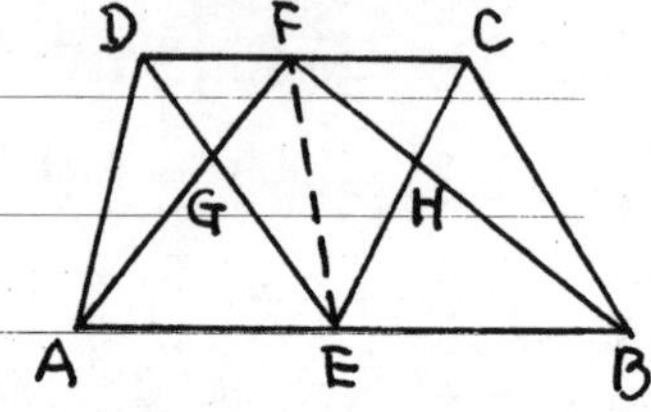

证　连结EF

$\because DF\parallel AE$，$\therefore \triangle GFD\backsim\triangle GAE$.

$$\therefore \frac{S_{\triangle GFD}}{S_{\triangle GEF}}=\frac{DG}{GE}=\frac{FG}{GA}=\frac{S_{\triangle GEF}}{S_{\triangle GAE}}.$$

$$\therefore S_{\triangle GEF}^2=S_{\triangle GFD}\cdot S_{\triangle GAE}.$$

$$\begin{aligned}\therefore S_{AEFD}&=S_{\triangle AEG}+S_{\triangle GEF}+S_{\triangle GFD}+S_{\triangle AGD}\\&=2S_{\triangle GEF}+(S_{\triangle GAE}+S_{\triangle GFD})\\&\ge 2S_{\triangle GEF}+2\sqrt{S_{\triangle GAE}\cdot S_{\triangle GFD}}=4S_{\triangle GEF}.\end{aligned}$$

同理 $S_{EBCF}\ge 4S_{\triangle EHF}$. $\therefore S_{EHFG}\le\frac{1}{4}S_{ABCD}$.

当将梯形换成凸四边形时，结论不一定成立. 这样的反例不难举出. 实际上，将梯形换一个方向即成反例：设在梯形ABCD中，$BC\parallel AD$，在AB，CD上各取一点E，F，使得$EF\parallel BC$且$S_{EBCF}=\frac{1}{12}S_{ABCD}$. 且要求$AD=\frac{1}{10}EF$. 这个梯形可以这样来作：先作出梯形AEFD，使$AD=\frac{1}{10}EF$，然后延长两腰再作出BC即可. 这时

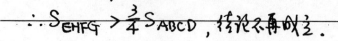

$$\begin{aligned}S_{\triangle GEF}&>S_{AEFD}-S_{\triangle AED}-S_{\triangle AFD}\\&=\frac{9}{11}S_{AEFD}=\frac{9}{11}\cdot\frac{11}{12}S_{ABCD}\\&=\frac{3}{4}S_{ABCD}.\end{aligned}$$

$\therefore S_{EHFG}>\frac{3}{4}S_{ABCD}$，结论不再成立.

24▲ 设△ABC的3边 a,b,c 上对应的中线分别为 m_a,m_b,m_c，对应的内角平分线分别为 w_a,w_b,w_c. $w_a\cap m_b=P$. $w_b\cap m_c=Q$，$w_c\cap m_a=R$. 记 $S_{\triangle ABC}=S$，$S_{\triangle PQR}=\delta$，对所有△ABC，求使不等式 $\frac{\delta}{S}<\lambda$ 成立的最小正常数λ.（2003年中国集训队测验题）

解　设△ABC的重心为M，不妨设 $a\geqslant b\geqslant c$. 于是点P在BM上，点Q在FM上，点R在AM上.

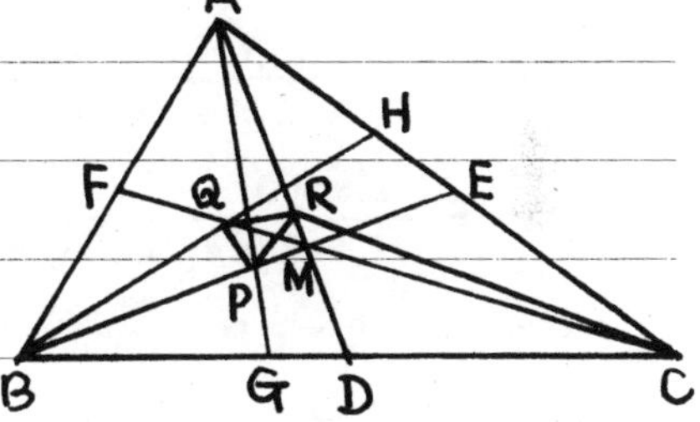

$$\frac{\delta}{S}=\frac{S_{\triangle MPQ}+S_{\triangle MQR}-S_{\triangle MPR}}{S}. \quad ①$$

$$\because \frac{S_{\triangle MPQ}}{S}=\frac{S_{\triangle MPQ}}{6S_{\triangle MCE}}=\frac{1}{6}\frac{MP\cdot MQ}{MC\cdot ME}=\frac{1}{3}\frac{MP\cdot MQ}{MB\cdot MC},$$

$$\frac{S_{\triangle MQR}}{S}=\frac{S_{\triangle MQR}}{6S_{\triangle MDC}}=\frac{1}{6}\frac{MQ\cdot MR}{MD\cdot MC}=\frac{1}{3}\frac{MQ\cdot MR}{MC\cdot MA}, \quad ②$$

$$\frac{S_{\triangle MPR}}{S}=\frac{S_{\triangle MPR}}{3S_{\triangle MAB}}=\frac{1}{3}\frac{MP\cdot MR}{MB\cdot MA},$$

∴ 为求①式，只须算出②式右端的3个比值.

$\because$ AG为∠BAC的平分线，$\therefore BG=\frac{ac}{b+c}$.

$$\therefore \frac{BG}{GD}=\frac{BG}{BD-BG}=\frac{2c}{b-c}.$$

直线APG截△MBD，由梅涅劳斯定理有

$$\frac{MP}{PB}\frac{BG}{GD}\frac{DA}{AM}=1. \quad \therefore \frac{MP}{PB}=\frac{GD}{BG}\frac{AM}{DA}=\frac{2}{3}\frac{b-c}{2c}=\frac{b-c}{3c}.$$

$$\therefore \frac{MP}{MB}=\frac{MP}{MP+PB}=\frac{b-c}{3c+b-c}=\frac{b-c}{2c+b}.$$

同理 $\frac{MQ}{MC}=\frac{a-c}{2a+c}$，$\frac{MR}{MA}=\frac{a-b}{2b+a}$ ③

将③代入②，得到

$$\frac{S_{\triangle MPQ}}{S}=\frac{1}{3}\frac{(b-c)(a-c)}{(2c+b)(2a+c)},\quad \frac{S_{\triangle MQR}}{S}=\frac{(a-b)(a-c)}{3(2b+a)(2a+c)},$$

$$\frac{S_{\triangle MPR}}{S}=\frac{(a-b)(b-c)}{3(2b+a)(2c+b)}.$$

$$\therefore\ \frac{\delta}{S}=\frac{1}{3}\left(\frac{(b-c)(a-c)}{(2c+b)(2a+c)}+\frac{(a-b)(a-c)}{(2b+a)(2a+c)}-\frac{(a-b)(b-c)}{(2b+a)(2c+b)}\right)$$

$$=\frac{ab^2+bc^2+ca^2-3abc}{(a+2b)(b+2c)(c+2a)}\triangleq f(a,b,c).$$

令 $a=b=1$，$c\to 0$，得到 $f(1,1,c)\longrightarrow\frac{1}{6}$.

下面证明

$$f(a,b,c)<\frac{1}{6} \qquad ④$$

④式等价于

$$6(ab^2+bc^2+ca^2-3abc)<(a+2b)(b+2c)(c+2a)$$

$$=abc+2a^2b+2c^2a+4a^2c+2b^2c+4b^2a+4bc^2+8abc,$$

$$2(a^2c+b^2a+c^2b-a^2b-b^2c-c^2a)<27abc,$$

$$2(b-c)(a-b)(c-a)<27abc. \qquad ⑤$$

注意，上式左端因子 $a-b\geqslant 0$，$b-c\geqslant 0$，$c-a\leqslant 0$，故左端非正。⑤当然成立，从而④成立。

综上可知，所求之最小正常数 $\lambda=\frac{1}{6}$.

25 设$\triangle ABC$的3条中线分别为m_a，m_b，m_c，求证

$$m_a(bc-a^2)+m_b(ac-b^2)+m_c(ab-c^2)\geq 0.$$

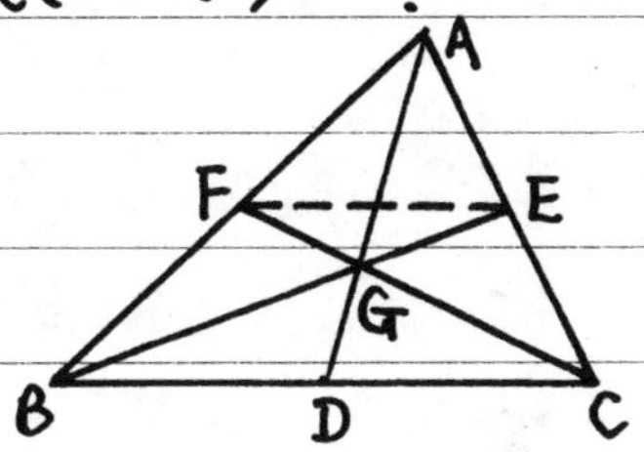

证 设AD，BE，CF是$\triangle ABC$的3条中线，重心为G．连结EF，对四边形AFGE应用广义托勒密定理

$$AG\cdot FE\leq AF\cdot GE+FG\cdot AE,$$

注意 $AG=\frac{2}{3}m_a$，$FG=\frac{1}{3}m_c$，$GE=\frac{1}{3}m_b$，$AF=\frac{1}{2}c$，$AE=\frac{1}{2}b$．$FE=\frac{1}{2}a$，上式可以化为

$$\frac{2}{3}m_a\cdot\frac{1}{2}a\leq\frac{1}{2}c\cdot\frac{1}{3}m_b+\frac{1}{3}m_c\cdot\frac{1}{2}b,$$

$$2am_a\leq cm_b+bm_c.$$

$$2a^2m_a\leq acm_b+abm_c.$$

同理

$$2b^2m_b\leq abm_c+bcm_a,$$

$$2c^2m_c\leq cam_b+cbm_a.$$

三式相加，得到

$$2(a^2m_a+b^2m_b+c^2m_c)\leq 2(bcm_a+cam_b+abm_c)$$

$$(bc-a^2)m_a+(ca-b^2)m_b+(ab-c^2)m_c\geq 0.$$

（《几何不等式（冷岗松）》10页例2）

26　设P是锐角$\triangle ABC$所在平面上任一点，u, v, w分别为点P到点A，B，C的距离，求证

$$u^2\tan A+v^2\tan B+w^2\tan C\geqslant 4S,$$

并问等号何时成立？其中S表示$\triangle ABC$的面积。

证　取以BC边所在的直线为x轴，以高线AD所在的直线为y轴的直角坐标系，于是可设A，B，C，P的坐标分别为$(0,a)$，$(-b,0)$，$(c,0)$和(x,y)，$a>0$，$b>0$，$c>0$。因此有

$$\tan B=\frac{a}{b},\quad \tan C=\frac{a}{c},$$

$$\tan A=-\tan(B+C)=\frac{a(b+c)}{a^2-bc},\qquad S=\frac{1}{2}a(b+c).$$

由于$\angle A$为锐角，故必有$a^2-bc>0$。从而有

$$\begin{aligned}&u^2\tan A+v^2\tan B+w^2\tan C\\=&\left[x^2+(y-a)^2\right]\frac{a(b+c)}{a^2-bc}+\left[(x+b)^2+y^2\right]\frac{a}{b}+\left[(x-c)^2+y^2\right]\frac{a}{c}\\=&(x^2+y^2+a^2-2ay)\frac{a(b+c)}{a^2-bc}+(x^2+y^2+b^2+2bx)\frac{a}{b}\\&+(x^2+y^2+c^2-2cx)\frac{a}{c}\\=&(x^2+y^2+a^2-2ay)\frac{a(b+c)}{a^2-bc}+(x^2+y^2+bc)\frac{a(b+c)}{bc}\\=&\frac{a(b+c)}{bc(a^2-bc)}\left[a^2x^2+(ay-bc)^2+2bc(a^2-bc)\right]\\\geqslant&2a(b+c)=4S,\end{aligned}$$

其中等号成立当且仅当$x=0$，$y=\frac{bc}{a}$，即当且仅当P为$\triangle ABC$的垂心$\left(0,\frac{bc}{a}\right)$时等号成立。（《几何不等式(冷)》55页例5）

27 已知△ABC的边BC、CA、AB上分别有点D、E、F，将△ABC的周界三等分，求证 $DE+EF+FD\geqslant\frac{1}{2}(AB+BC+CA)$.

（《三角与几何》（田廷彦）99页例1）

证 将△ABC的3边长照例记为a，b，c，令 $p=\frac{1}{2}(a+b+c)$.

分别过点E和F作EH⊥BC于点H，作FG⊥BC于点G，于是有

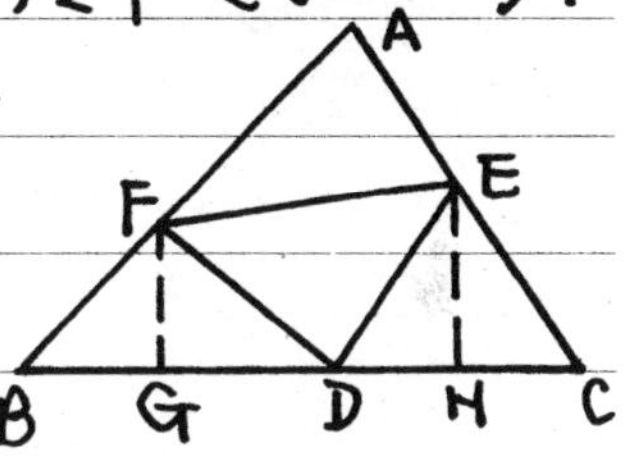

$$EF\geqslant GH=AF\cos B+AE\cos C;$$

同理有

$$FD\geqslant BD\cos C+BF\cos A,\quad DE\geqslant CD\cos B+CE\cos A.$$

3式相加，得到

$$\begin{aligned}DE+EF+FD&\geqslant(BF+CE)\cos A+(AF+CD)\cos B+(AE+BD)\cos C\\&=\left(b+c-\frac{2}{3}p\right)\cos A+\left(a+c-\frac{2}{3}p\right)\cos B+\left(a+b-\frac{2}{3}p\right)\cos C\\&=(b\cos A+a\cos B)+(c\cos A+a\cos C)+(c\cos B+b\cos C)\\&\quad-\frac{2}{3}p(\cos A+\cos B+\cos C)\\&=2p-\frac{2}{3}p(\cos A+\cos B+\cos C).\end{aligned}$$

因为

$$\begin{aligned}\cos A+\cos B+\cos C&=2\cos\frac{A+B}{2}\cos\frac{A-B}{2}-\cos C\\&\leqslant2\sin\frac{C}{2}+1-2\sin^2\frac{C}{2}=\frac{3}{2}-2\left(\sin\frac{C}{2}-\frac{1}{2}\right)^2\leqslant\frac{3}{2},\end{aligned}$$

所以

$$DE+EF+FD\geqslant p=\frac{1}{2}(AB+BC+CA).$$

注 当△ABC是非锐角三角形时，结论照样成立.

十二 全等和相似

1 （托勒密定理）在凸四边形ABCD中，总有

$$AB\cdot CD+AD\cdot BC\geqslant AC\cdot BD$$

且等号成立的充分必要条件是四边形ABCD内接于圆.

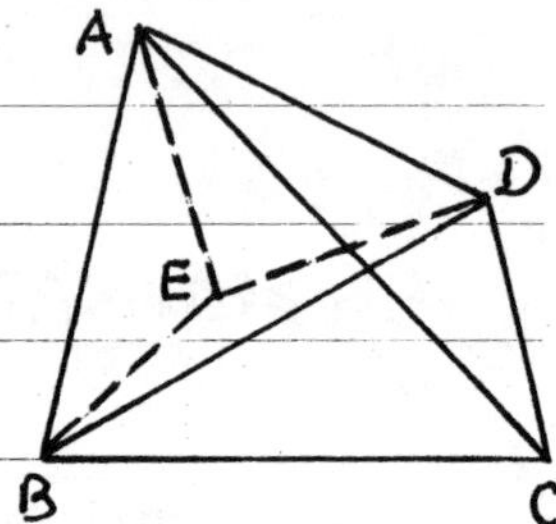

证 在四边形ABCD内部取点E，使得

$\triangle ABE\backsim\triangle ACD$.

$\therefore \dfrac{AB}{AC}=\dfrac{AE}{AD}$. $\therefore \dfrac{AB}{AE}=\dfrac{AC}{AD}$.

又 $\because \angle BAC=\angle EAD$,

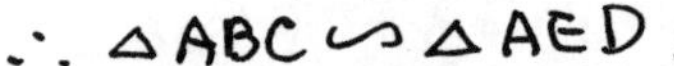

$\therefore \triangle ABC\backsim\triangle AED$.

$\therefore \dfrac{AB}{AC}=\dfrac{BE}{CD}$, $\dfrac{BC}{ED}=\dfrac{AC}{AD}$.

$\therefore AB\cdot CD=AC\cdot BE$, $BC\cdot AD=AC\cdot ED$.

$\therefore AB\cdot CD+BC\cdot AD=AC(BE+ED)\geqslant AC\cdot BD$.

显然，上式中等号成立，当且仅当点E在BD上，这又等价$\angle ABD=\angle ACD$，所以A，B，C，D四点共圆. 从而知结论中等号成立的充分必要条件是四边形ABCD内接于圆.

2. 如图，菱形ABCD的内切圆⊙O与各边的切点分别为E，F，G，H，在$\overset{\frown}{EF}$和$\overset{\frown}{GH}$上分别作⊙O的切线交AB于点M，交BC于点N，交CD于点P，交DA于点Q，求证MQ∥NP.（1995年全国联赛二试3题）

证1 记MN与⊙O的切点为L，连结OE，OM，OL，ON，OF，于是

$OE\perp AB$，$OF\perp BC$，$OL\perp MN$，

$\triangle OEM\cong\triangle OLM$，$\triangle OLN\cong\triangle OFN$，

$\triangle OEA\cong\triangle OFC$.

记$\angle MOL=\alpha$，$\angle NOL=\beta$，$\angle ABO=\gamma$，

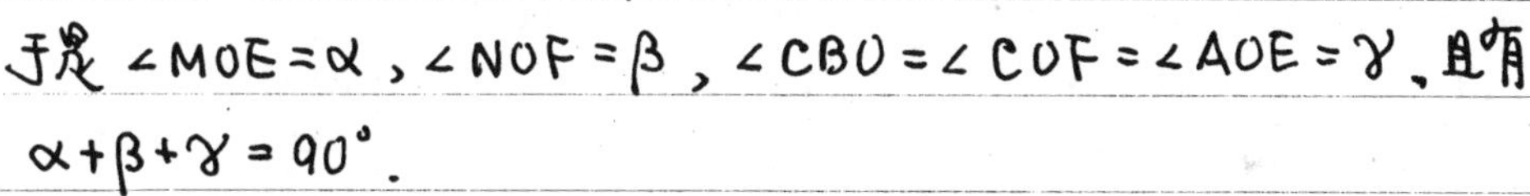

于是$\angle MOE=\alpha$，$\angle NOF=\beta$，$\angle CBO=\angle COF=\angle AOE=\gamma$，且有$\alpha+\beta+\gamma=90^\circ$.

$\because \angle AMO=90^\circ-\angle MOE=90^\circ-\alpha=\beta+\gamma=\angle CON$，

$\angle MAO=\angle NCO$，

$\therefore \triangle OCN\backsim\triangle MAO$．$\therefore AM\cdot CN=CO\cdot AO$．同理$AQ\cdot CP=CO\cdot AO$.

$\therefore AM\cdot CN=AQ\cdot CP$．$\therefore \dfrac{AM}{CP}=\dfrac{AQ}{CN}$.

$\therefore \triangle AMQ\backsim\triangle CPN$．$\therefore \angle AMQ=\angle CPN$．$\therefore MQ\parallel NP$.

证2 连结MP，NQ.

$\because$ 六边形AMNCPQ外切于⊙O，

$\therefore$ 由布里安香定理之3条对角线AC，MP，NQ交于一点E.

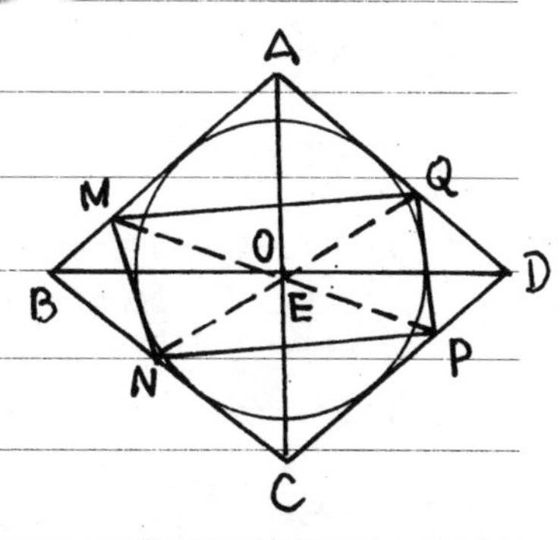

$\because AB\parallel DC$，$AD\parallel BC$，

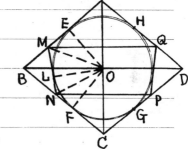

$\therefore \triangle AME \backsim \triangle CPE$，$\triangle AQE \backsim \triangle CNE$.

$\therefore \dfrac{ME}{PE}=\dfrac{AE}{CE}=\dfrac{QE}{NE}$. $\therefore \triangle MEQ \backsim \triangle PEN$.

$\therefore \angle EMQ=\angle EPN$. $\therefore MQ \parallel NP$.

3. 如图，点O和I分别是$\triangle ABC$的外心和内心，AD是边BC上的高，I在线段OD上，求证$\triangle ABC$的外接圆半径等于边BC外的旁切圆半径。（1998年全国联赛二试1题）

证1 设O'为旁心，于是A，I，O'三点共线。记$AO'\cap BC=J$，$IO'\cap \odot O=K$，过O'作$O'L\perp BC$，连结OK，于是$OK\perp BC$.

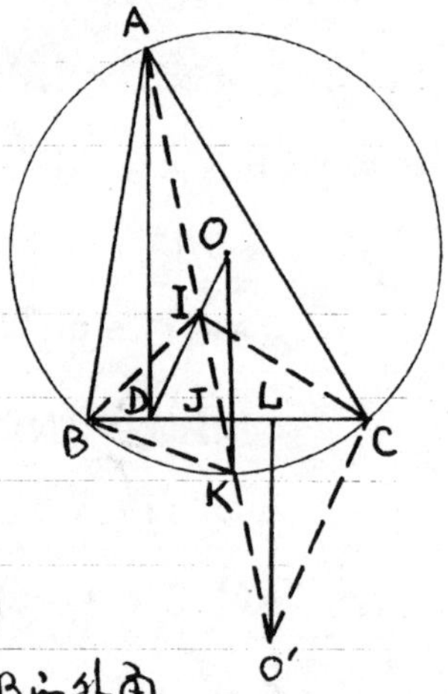

$\therefore AD \parallel OK \parallel LO'$，K为$\overset{\frown}{BC}$中点。

要证的结论是$OK=O'L$.

$\because \dfrac{OK}{AD}=\dfrac{IK}{AI}$，$\dfrac{O'L}{AD}=\dfrac{O'J}{AJ}$，

所以又只须证明

$$\frac{IK}{AI}=\frac{O'J}{AJ} \Longleftrightarrow \frac{IK}{AK}=\frac{O'J}{AO'}. \quad ①$$

$\because IC$平分$\angle ACB$，$O'C$平分$\triangle ABC$的$\angle ACB$的外角，

$$\therefore \frac{O'J}{O'A}=\frac{CJ}{CA}=\frac{IJ}{IA}. \quad ②$$

$\because AK$平分$\angle BAC$，$\therefore BK=IK$.

$\because \triangle JBK \backsim \triangle JAC$，$\therefore \dfrac{JK}{BK}=\dfrac{JC}{AC}=\dfrac{IJ}{IA}$.

$$\therefore \frac{JK}{IK}=\frac{JK}{BK}=\frac{IJ}{IA}=\frac{IJ+JK}{AI+IK}=\frac{IK}{AK}. \quad ③$$

由②和③得

$\dfrac{IK}{AK}=\dfrac{IJ}{IA}=\dfrac{O'J}{O'A}$，即①成立。

证2. 由证1中开头的分析知，只须证明

$$\frac{IK}{AI}=\frac{JO'}{AJ}. \quad ①$$

$\because \angle IBO'=90^\circ=\angle ICO'$，$\therefore I,B,O',C$ 四点共圆.

$\therefore \angle AO'C=\angle IBC=\frac{1}{2}\angle B=\angle ABI$.

又 $\because \angle BAI=\angle O'AC$，$\therefore \triangle ABI\backsim\triangle AO'C$.

$$\therefore \frac{AB}{AI}=\frac{AO'}{AC}. \quad ②$$

$\because \triangle ABK\backsim\triangle AJC$，$\therefore \dfrac{AK}{AB}=\dfrac{AC}{AJ}$. ③

②×③，得到

$$\frac{AK}{AI}=\frac{AO'}{AJ}\Longleftrightarrow\frac{AI+IK}{AI}=\frac{AJ+JO'}{AJ}.$$

$\therefore \dfrac{IK}{AI}=\dfrac{JO'}{AJ}$，即①成立.

证3. 在$\triangle ABI$和$\triangle BIK$中应用正弦定理有

$$\frac{AI}{BI}=\frac{\sin\frac{B}{2}}{\sin\frac{A}{2}},\quad \frac{BI}{IK}=\frac{\sin C}{\sin\frac{A+B}{2}}.$$

$$\therefore \frac{AI}{IK}=\frac{\sin\frac{B}{2}\sin C}{\sin\frac{A}{2}\sin\frac{A+B}{2}}.$$

在$\triangle AJC$和$\triangle CJO'$中应用正弦定理有

$$\frac{AJ}{JC}=\frac{\sin C}{\sin\frac{A}{2}},\quad \frac{JC}{JO'}=\frac{\sin\frac{B}{2}}{\sin\frac{A+B}{2}}.$$

$$\therefore \frac{AJ}{JO'}=\frac{\sin C\sin\frac{B}{2}}{\sin\frac{A}{2}\sin\frac{A+B}{2}}=\frac{AI}{IK}.$$

4　在$\triangle ABC$中，$AB=AC$，$\odot O$内切于$\triangle ABC$的外接圆且与边AB，AC分别切于点P，Q，求证PQ中点H是$\triangle ABC$的内心．

（1978年IMO 4题）

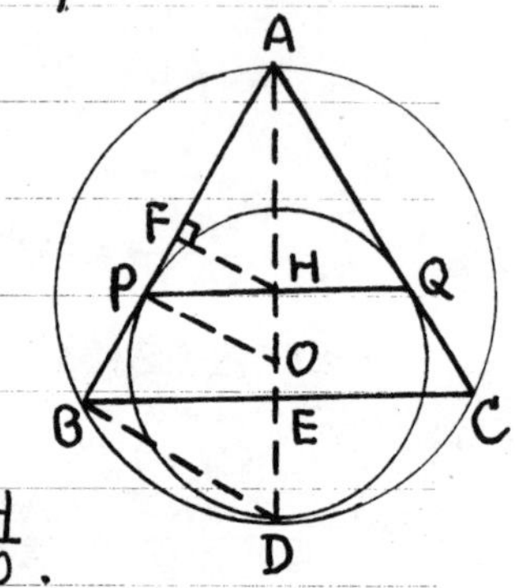

证1　连结AO并延长，则它必过PQ中点H及两圆切点D．因$AB=AC$，所以AD为图形的对称轴．连结BD，OP，于是$\angle ABD=90°$，$OP\perp AB$．过点H作$HF\perp AB$于点F（如图）．

$\because \angle APO=90°=\angle PHO$，$PO\parallel BD$，

$\therefore \triangle AOP\backsim\triangle POH$．$\therefore \dfrac{BP}{OD}=\dfrac{AP}{AO}=\dfrac{PH}{PO}$．

$\because OD=OP$，$\therefore BP=PH$．

$\because PQ\parallel BC$，$\triangle APH\backsim\triangle HPF$，

$\therefore \dfrac{HE}{PB}=\dfrac{AH}{AP}=\dfrac{HF}{HP}=\dfrac{HF}{PB}$．　$\therefore HE=HF$．即H为内心．

证2　作辅助线同证1．

$\because \angle APO=90°=\angle PHO$，$\therefore \triangle POH\backsim\triangle AOP$．

又$\because OP\parallel DB\parallel FH$，$PH\parallel BC$，$OP=OD$，

$\therefore \dfrac{FH}{AH}=\dfrac{PO}{AO}=\dfrac{OD}{AO}=\dfrac{BP}{AP}=\dfrac{HE}{AH}$．　$\therefore HF=HE$．

$\therefore H$为$\triangle ABC$的内心．

证3　连结AO并延长，则它必过点H与两圆切点D，连结BD，OP，BH（如图），于是$OP\perp AB$，$AB\perp BD$．

$\because \angle APO=90°=\angle AEB$，$\therefore \triangle AOP\backsim\triangle ABE$．

又∵ $PQ\parallel BC$，$PO\parallel BD$，

∴ $\frac{AH}{HE}=\frac{AP}{PB}=\frac{AO}{OD}=\frac{AO}{OP}=\frac{AB}{BE}$.

∴ BH平分$\angle ABC$.

∴ H为$\triangle ABC$的内心.

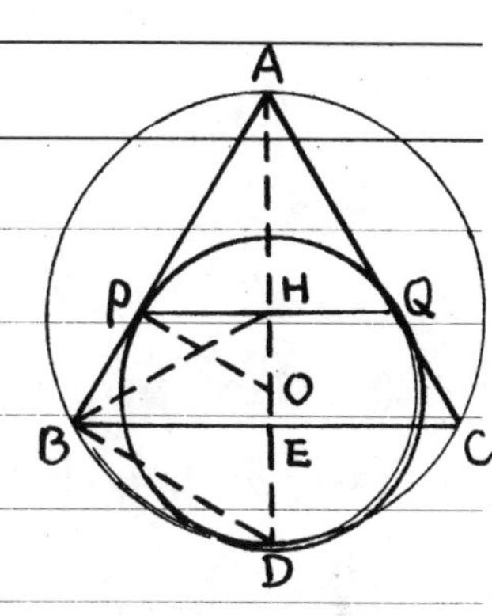

证4 作辅助线同证3.

∵ $\angle APO=90°=\angle AHP$，∴ $\triangle AOP\backsim\triangle APH$.

∵ $PO\parallel BD$，∴ $\frac{AP}{PH}=\frac{AO}{OP}=\frac{AO}{OD}=\frac{AP}{PB}$. ∴ $PB=PH$.

∵ $PQ\parallel BC$，∴ $\angle HBE=\angle BHP=\angle PBH$.

∴ BH平分$\angle ABC$. ∴ H为$\triangle ABC$的内心.

证5 作辅助线同证3.

∵ $\angle APO=90°=\angle PHO$，∴ $\triangle AOP\backsim\triangle POH$.

∵ $PO\parallel BD$，∴ $\frac{BP}{OD}=\frac{AP}{AO}=\frac{PH}{OP}=\frac{PH}{OD}$. ∴ $BP=PH$.

∵ $PQ\parallel BC$，$\triangle APH\backsim\triangle ABE$，

∴ $\frac{AH}{HE}=\frac{AP}{PB}=\frac{AP}{PH}=\frac{AB}{BE}$. ∴ BH平分$\angle ABC$.

∴ H为$\triangle ABC$的内心.

证6 作辅助线同证1，于是

$\triangle APH\backsim\triangle AOP\backsim\triangle POH\backsim\triangle HPF$.

∴ $\frac{HE}{OD}=\frac{HE}{BP}\cdot\frac{BP}{OD}=\frac{AH}{AP}\cdot\frac{AP}{AO}=\frac{FH}{PH}\cdot\frac{PH}{PO}=\frac{FH}{PO}$.

∴ $HE=HF$. ∴ H为$\triangle ABC$的内心.

5　设C为⊙O直径AB上的一点，分别以AC，CB为直径作⊙O_1和⊙O_2，过点C作⊙O的弦EF，分别交⊙O_1，⊙O_2于点G，H，求证EG=HF.

（1964年莫斯科数学奥林匹克）

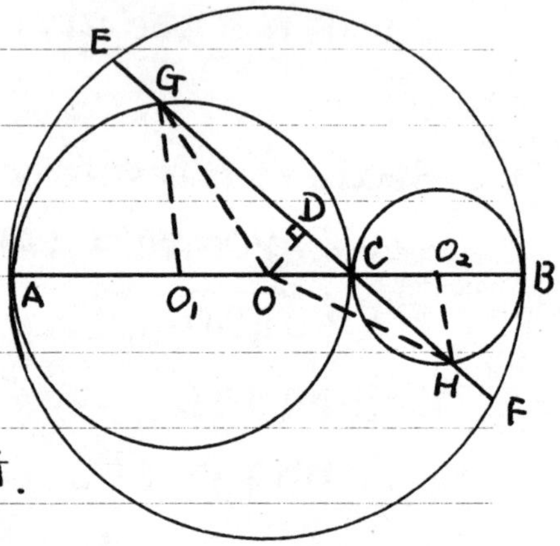

证　过O作OD⊥EF于点D，连结OG，OH，O_1G，O_2H并分别记⊙O，⊙O_1，⊙O_2的半径为r，r_1，r_2，于是有

$r=r_1+r_2$.

$\therefore OO_1=OA-O_1A=r-r_1=r_2$

$=O_2H$，

$OO_2=OB-O_2B=r-r_2=r_1=O_1G$.

$\because \angle ACG=\angle BCF$，$\therefore \overset{\frown}{AG} \overset{m}{=} \overset{\frown}{BH}$.

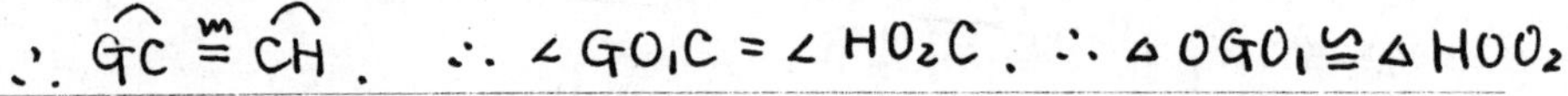
$\therefore \overset{\frown}{GC} \overset{m}{=} \overset{\frown}{CH}$.　$\therefore \angle GO_1C=\angle HO_2C$．$\therefore \triangle OGO_1 \cong \triangle HOO_2$.

$\therefore OG=OH$.

又$\because OD\perp GH$，　$\therefore ED=DF$，$GD=DH$.

$\therefore EG=ED-GD=DF-DH=FH$.

证2　连结AG，BH，过O作OD⊥EF于点D，于是AG∥OD∥HB.

$\because AO=OB$，$\therefore GD=DH$.

又$\because ED=DF$，$\therefore EG=HF$.　　　　（2007.9.15）

6　若一个圆外切四边形的一组对边相等，则圆心到另外两边中点的距离相等．　　　（1990年IMO候选题）

证　设在四边形ABCD中，$AB=CD$，E，F分别为BC，DA的中点．在直线AD上取点G和H，使得$AG=AB$，$DH=DC$，于是$AG=DH$（如图）．连结OH，OC，OD．

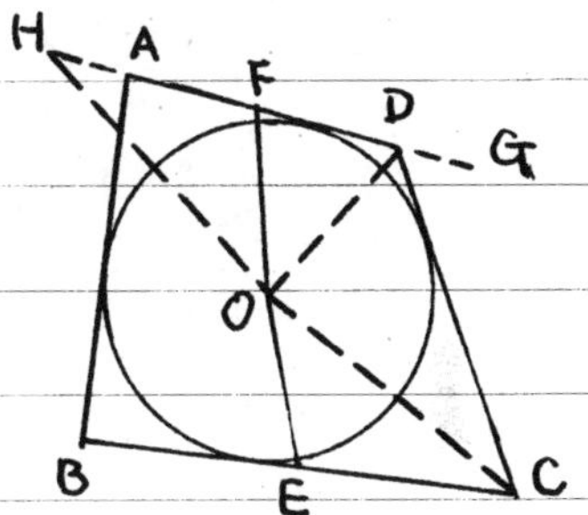

$\therefore AH=DG$．$\therefore FH=FG$．

$\because AD+BC=AB+CD$，

$\therefore HG=HD+AG-AD=CD+AB-AD=BC$．

$\therefore HF=\frac{1}{2}HG=\frac{1}{2}BC=EC$．

$\because DC=DH$，$\angle ODH=\angle ODC$，$\therefore \triangle ODH\cong\triangle ODC$．

$\therefore OH=OC$，$\angle H=\angle OCD=\angle OCE$．

$\therefore \triangle OFH\cong\triangle OEC$．　$\therefore OF=OE$．

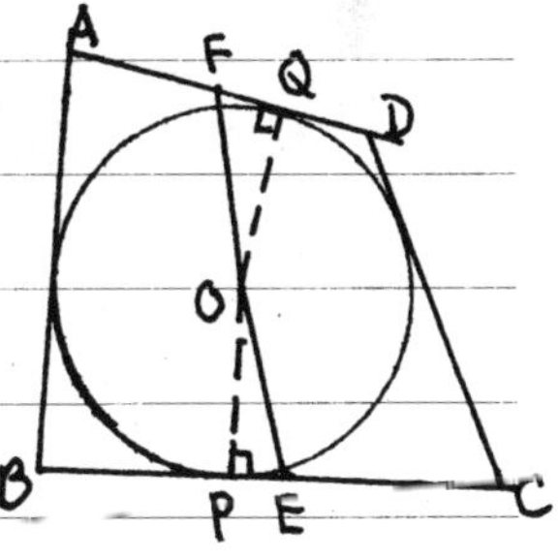

证2　设⊙O与BC，DA的切点分别为P，Q．连结OP，OQ，于是

$OP=OQ$，$\angle OPE=90^\circ=\angle OQF$．

$\because AQ+BP=AB=CD=CP+DQ$，

$\therefore QF=\frac{1}{2}(AQ-DQ)=\frac{1}{2}(CP-BP)=PE$．

$\therefore \triangle OPE\cong\triangle OQF$．　$\therefore OE=OF$．　　（2007.9.15）

7. 设凸四边形ABCD的两条对角线交于点O. $\triangle OAD$, $\triangle OBC$的外接圆交于点O, M两点, 直线OM分别交$\triangle OAB$, $\triangle OCD$的外接圆于T, S两点. 求证M是线段TS的中点. (2006年中国女子数学奥林匹克)

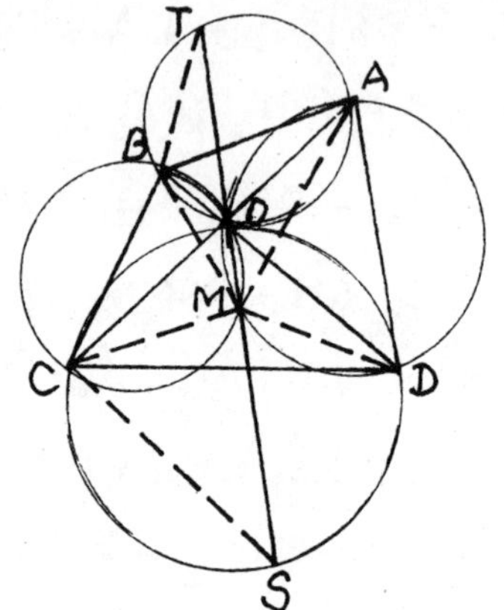

证 如图, 连结BT, CS, MA, MB, MC, MD.

$\because \angle BTO=\angle BAO$, $\angle BCO=\angle BMO$,

$\therefore \triangle BTM \backsim \triangle BAC$.

$\therefore \dfrac{TM}{AC}=\dfrac{BM}{BC}$.

同理 $\triangle CMS \backsim \triangle CBD$.

$\therefore \dfrac{MS}{BD}=\dfrac{CM}{CB}$.

$\therefore \dfrac{TM}{MS}=\dfrac{BM}{CM}\cdot\dfrac{AC}{BD}$.

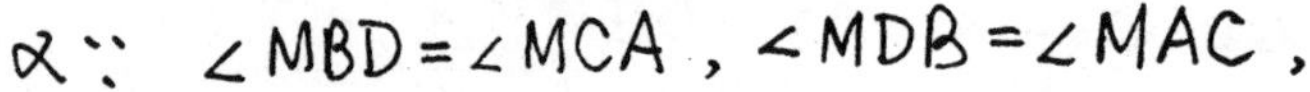

又$\because \angle MBD=\angle MCA$, $\angle MDB=\angle MAC$,

$\therefore \triangle MBD \backsim \triangle MCA$.

$\therefore \dfrac{BM}{CM}=\dfrac{BD}{AC}$.

$\therefore TM=MS$, 即M是线段TS的中点.

8. 设圆内两弦 AB 和 CD 交于点 E，在线段 EB 内部取点 M，然后过点 D，E，M 作圆并过点 E 作此圆的切线，分别交直线 BC，AC 于点 F，G，若 $\frac{AM}{AB}=t$，试用 t 表示出 $\frac{EG}{EF}$。(1990年IMO 1题)

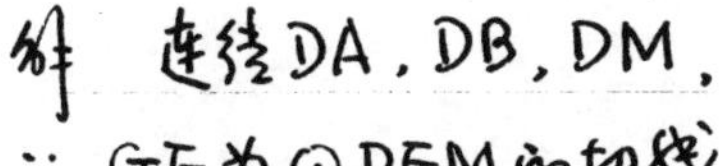

解　连结 DA，DB，DM。

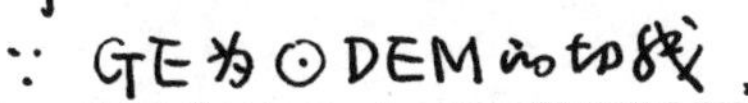

∵ GE 为 ⊙DEM 的切线，

∴ $\angle EMD=\angle GED=\angle CEF$。

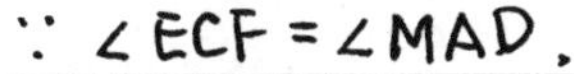

∵ $\angle ECF=\angle MAD$，

∴ $\triangle CEF\backsim\triangle AMD$。

∴ $CE\cdot MD=AM\cdot EF$。

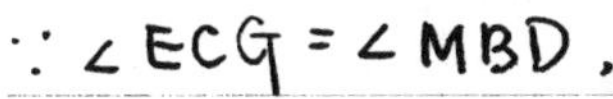

∵ $\angle ECG=\angle MBD$，

$\angle CEG=180^\circ-\angle GED=180^\circ-\angle EMD=\angle DMB$，

∴ $\triangle CGE\backsim\triangle BDM$。∴ $GE\cdot MB=CE\cdot MD$。

∴ $GE\cdot MB=AM\cdot EF$。

∴ $\frac{EG}{EF}=\frac{AM}{MB}=\frac{AM}{AB}\cdot\frac{AB}{MB}=\frac{t}{1-t}$。

9. 在圆内接六边形ABCDEF中，AB=CD=EF且3条对角线AD、BE、CF共点O，AD∩CE=P，求证 $CP:PE=AC^2:CE^2$.

(1994年美国数学奥林匹克3题)

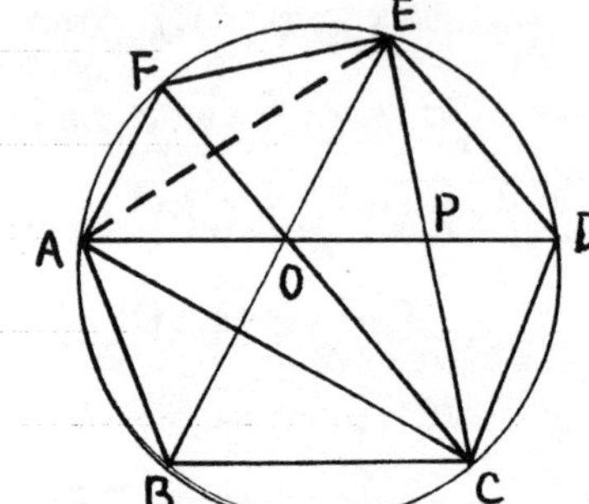

证1 ∵ $\angle OED=\angle BAD=\angle CDO$,

$\angle EOD \overset{m}{=} \frac{1}{2}(\overset{\frown}{AB}+\overset{\frown}{ED})=$

$=\frac{1}{2}(\overset{\frown}{EF}+\overset{\frown}{ED}) \overset{m}{=} \angle OCD$.

∴ $\triangle OED \backsim \triangle CDO$.

∴ $\frac{ED}{DO}=\frac{OD}{OC}$. ∴ $OD^2=OC\cdot ED$.

∵ $EF=CD$, ∴ $ED /\!/ FC$.

∴ $\triangle PED \backsim \triangle PCO$.

∴ $\frac{CP}{PE}=\frac{CO}{ED}=\frac{CO\cdot ED}{ED^2}=\left(\frac{OD}{ED}\right)^2$. ①

∵ $\angle ADE=\angle ACE$,

$\angle OED=\angle OEC+\angle CED=\angle OEC+\angle AEB=\angle AEC$,

∴ $\triangle OED \backsim \triangle AEC$. ∴ $\frac{OD}{ED}=\frac{AC}{CE}$. ②

将②代入①即得所欲证.

证2 ∵ $CD=EF$, ∴ $ED /\!/ FC$. ∴ $\triangle POC \backsim \triangle PDE$.

∴ $\frac{CP}{PE}=\frac{OC}{DE}=\frac{OC}{OD}\cdot\frac{OD}{ED}$. ①

∵ $\angle ACE=\angle ODE$, $\angle AEC=\angle OED$, ∴ $\triangle OED \backsim \triangle AEC$.

∴ $\frac{OD}{ED}=\frac{AC}{CE}$. ②

∵ $\angle ODC=\angle AEC$, $\angle COD=\angle ACE$. ∴ $\triangle OCD \backsim \triangle CAE$.

∴ $\frac{OC}{OD}=\frac{AC}{CE}$. ③

将②和③代入①即得所欲证.

10. 在凸五边形ABCDE中，四边形ABDE是平行四边形，四边形BCDE是圆内接四边形。设l是过点A的一条直线，交线段BD于点F，交直线ED于点G，已知$CF=CG=CD$，求证l是$\angle EAB$的平分线。

（2007年IMO试题）

证 过C作$CK\perp DF$于点K，

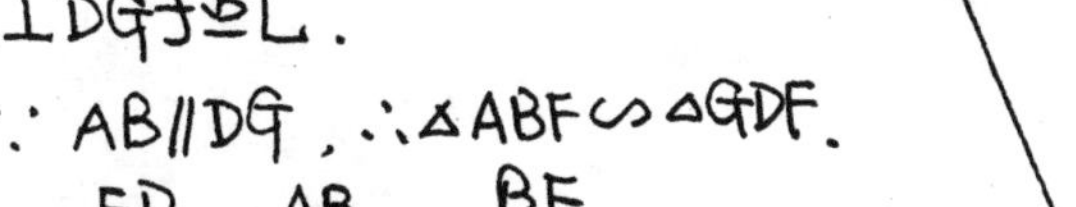

作$CL\perp DG$于点L。

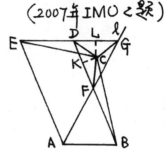

$\because AB /\!/ DG$，$\therefore \triangle ABF \backsim \triangle GDF$。

$$\therefore \frac{ED}{DG}=\frac{AB}{DG}=\frac{BF}{DF}.$$

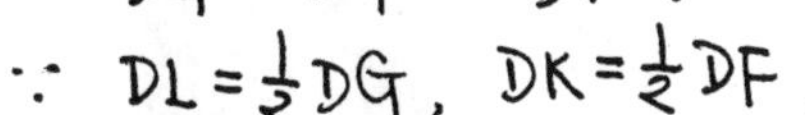

$\because DL=\frac{1}{2}DG$，$DK=\frac{1}{2}DF$，

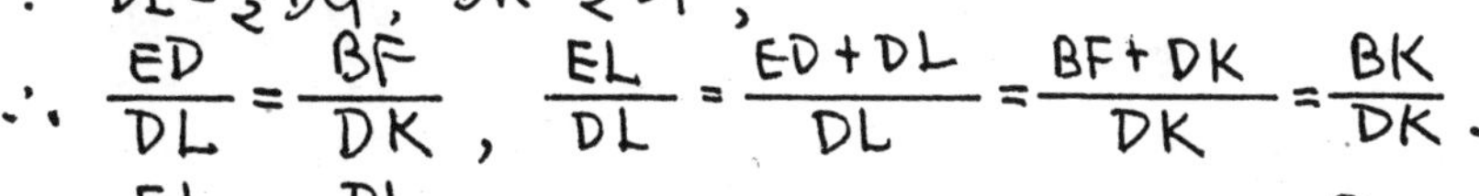

$$\therefore \frac{ED}{DL}=\frac{BF}{DK}，\quad \frac{EL}{DL}=\frac{ED+DL}{DL}=\frac{BF+DK}{DK}=\frac{BK}{DK}.$$

$$\therefore \frac{EL}{BK}=\frac{DL}{DK}. \qquad ①$$

又$\because$ B，C，D，E四点共圆，$\therefore \angle LEC=\angle KBC$。

$\because \angle CLE=90^\circ=\angle CKB$，$\therefore \triangle ECL\backsim\triangle BCK$。

$$\therefore \frac{EL}{BK}=\frac{CL}{CK}. \qquad ②$$

由①和②得

$$\frac{DL}{DK}=\frac{CL}{CK}.$$ $\therefore \triangle CDL\cong\triangle CDK$。$\therefore DL=DK$。

$\therefore DG=DF$。

$\therefore \angle FAB=\angle FGD=\angle DFG=\angle EAF$，即$l$平分$\angle EAB$。

11.（欧拉公式）设O和I分别是△ABC的外心和内心，R和r分别为△ABC的外接圆和内切圆的半径，OI = d，于是有$d=\sqrt{R(R-2r)}$.

证　连结AI并延长，交⊙O于点D，于是D为$\overset{\frown}{BC}$中点. 过点D作直径DE，连结BD，BE，BI，连结OI并双向延长交⊙O于点M，N. 设⊙I与AB切于点F，连结IF，于是IF⊥AB.

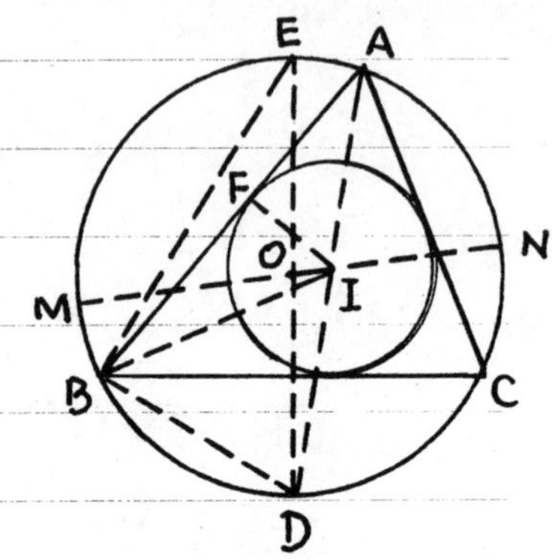

$\because \angle EBD=90^\circ=\angle AFI$,

$\angle E=\angle FAI$,

$\therefore \triangle EBD\backsim\triangle AFI$. $\therefore \dfrac{ED}{AI}=\dfrac{BD}{FI}$.

$\because \angle IBD=\frac{1}{2}(\angle ABC+\angle BAC)=\angle BID$，$\therefore BD=ID$.

$\therefore 2Rr=ED\cdot FI=AI\cdot BD=AI\cdot ID=MI\cdot IN=$

$=(R+d)(R-d)=R^2-d^2$.

$\therefore d^2=R^2-2Rr=R(R-2r)$. $\therefore d=\sqrt{R(R-2r)}$.

12. 在梯形ABCD中，AB∥DC，在两腰AD，BC上各有一点P和Q，使得∠APB＝∠CPD，∠AQB＝∠CQD，求证点P和Q到两条对角线之交点O的距离相等．（1994年全俄数学奥林匹克）

证 延长BP到点E，使PE＝PC．

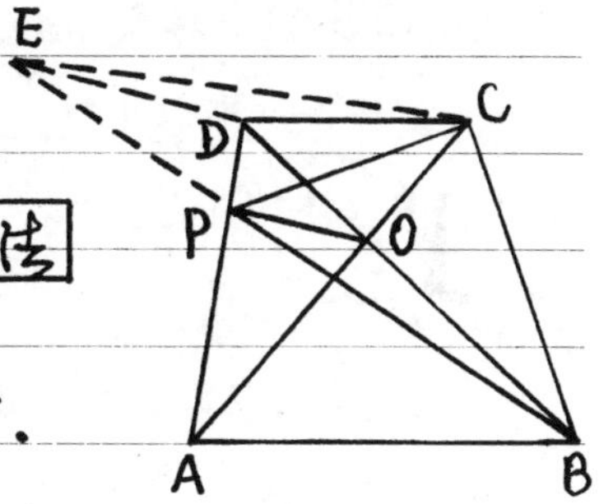

∵ ∠EPD＝∠APB＝∠CPD，

∴ 点E和C关于直线AD对称． **对称法**

∴ ED＝DC．

∵ △OCD∽△OAB，∴ $\frac{CD}{OD}=\frac{AB}{OB}$．

在△ABP和△CDP中运用正弦定理有

$$\frac{AB}{BP}=\frac{\sin\angle APB}{\sin\angle BAP}=\frac{\sin\angle CPD}{\sin\angle CDP}=\frac{CD}{CP}.$$

∴ $\frac{BO}{OD}=\frac{AB}{CD}=\frac{BP}{CP}=\frac{BP}{PE}$． ∴ △BOP∽△BDE．

∴ $OP=\frac{BO\cdot DE}{BD}=CD\cdot\frac{BO}{BO+OD}=CD\cdot\frac{AB}{AB+CD}=\frac{AB\cdot CD}{AB+CD}$．

同理 $OQ=\frac{AB\cdot CD}{AB+CD}$． ∴ OP＝OQ． （《位似》16题）

13. 在$\triangle ABC$中，$\angle C=30^\circ$，O和I分别是$\triangle ABC$的外心和内心，在边AC和BC上各取一点D和E，使得$AD=BE=AB$，求证$OI\perp DE$且$OI=DE$.　　　（1988年中国集训队选拔考试3题）

证　连结AI并延长，交⊙O于点M，于是M为$\overset{\frown}{BC}$的中点. 连结BD，BI，BO，BM，OM，于是$OM\perp BC$.

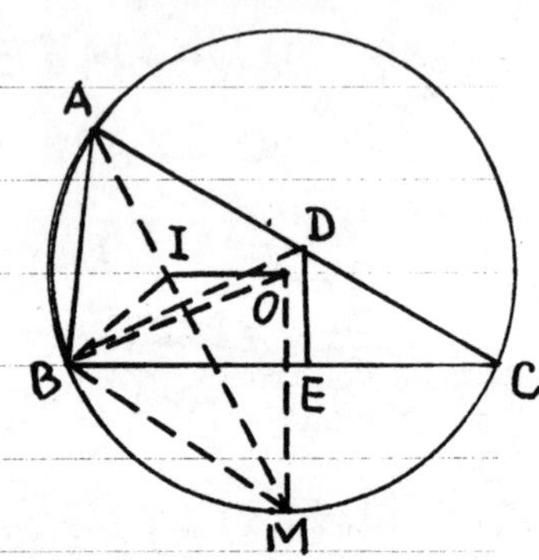

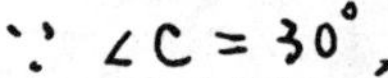
$\because \angle C=30^\circ$，

$\therefore AB=2R\sin 30^\circ=R=OM=OB$.

$\therefore AD=BE=AB=OM=OB$.

又$\because \angle BOM=2\angle BAM=\angle BAC$，$\therefore \triangle ABD\cong\triangle OBM$.

$\therefore DB=BM$.

$\because$ I为内心，$\therefore MI=MB=DB$.

$\because$ AI平分$\angle BAC$，$AD=AB$，$\therefore AI\perp BD$.

又$\because OM\perp BE$且$OM=BE$，$\therefore \angle OMI=\angle EBD$.

$\therefore \triangle OMI\cong\triangle EBD$.

$\therefore OI=DE$且$OI\perp DE$.

14 分别以△ABC的3边为一边，向形外作△BPC，△CQA，△ARB，使得∠PBC=∠CAQ=45°，∠BCP=∠QCA=30°，∠ABR=∠BAR=15°，求证 (1) ∠QRP=90°；(2) QR=RP.（《葛军解题指导》160页）

（1975年IMO 3题）

证 由正弦定理有

$$AQ=AC\frac{\sin 30^\circ}{\sin 75^\circ}=2AC\sin 15^\circ,$$

$$AR=BR=AB\frac{\sin 15^\circ}{\sin 30^\circ}=2AB\sin 15^\circ,$$

$$BP=BC\frac{\sin 30^\circ}{\sin 75^\circ}=2BC\sin 15^\circ.$$

$$\therefore\ \frac{AQ}{AC}=\frac{AR}{AB}=\frac{BP}{BC}.$$

以AR为一边，在△ABC内部的一侧作正△ARD，连结DQ，于是

$$\frac{AD}{AB}=\frac{AR}{AB}=\frac{AQ}{AC}.$$

又∵ $\angle DAQ=\angle RAQ-\angle RAD=\angle RAQ-60^\circ=\angle RAQ-15^\circ-45^\circ$

$=\angle RAQ-\angle RAB-\angle CAQ=\angle BAC$，

∴ $\triangle ADQ\backsim\triangle ABC$. ∴ $\frac{DQ}{BC}=\frac{AQ}{AC}=\frac{BP}{BC}$. ∴ $DQ=BP$.

∵ $\angle ADQ=\angle ABC$，∴ $\angle RDQ=\angle ADQ+60^\circ=\angle RBP$.

又∵ $RB=RA=RD$，∴ $\triangle RDQ\cong\triangle RBP$. ∴ $RQ=RP$.

∴ $\angle BRP=\angle DRQ$. ∴ $\angle PRQ=\angle PRD+\angle DRQ=\angle PRD+BRP$

$=\angle BRD=\angle BRA-\angle DRA$

$=150^\circ-60^\circ=90^\circ$.

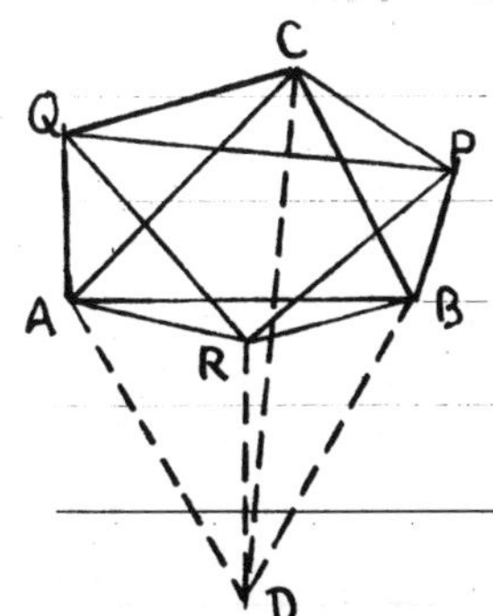

证2 以AB为一边，在△ABC外作正△ADB，连结DC，DR，于是△ADR≌△BDR，所以∠ADR=∠BDR=30°，∠DBR=∠DAR=45°.

∴ $\triangle ADR\backsim\triangle ACQ$.

15. 分别以△ABC的3边为一边，向形外各作一个正方形BDEC，ACFG，AHKB，然后作平行四边形KPDB，CEQF．求证△APQ是等腰直角三角形．

（《学研究教程》376页）

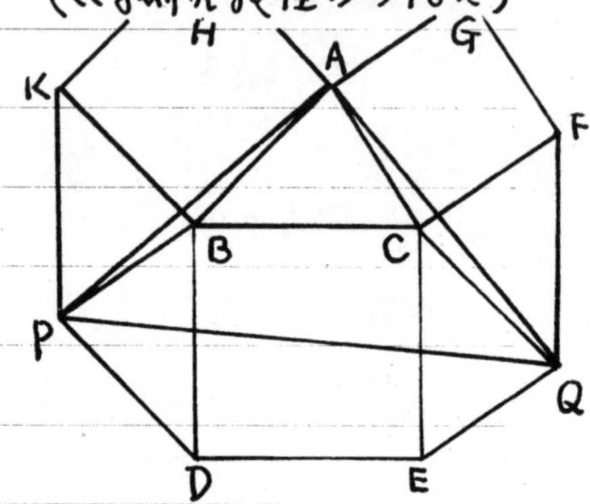

证　在△ABC和△BKP中，

AB = KB，BC = BD = PK，

$\angle BKP = 180^\circ - \angle KBD = \angle ABC$，

∴ △ABC ≌ △BKP．

∴ $\angle KBP = \angle BAC$，$PB = AC$．

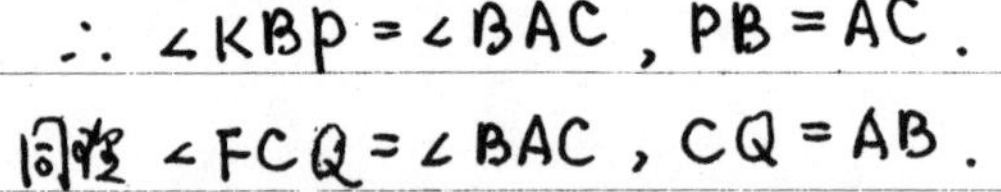

同理 $\angle FCQ = \angle BAC$，$CQ = AB$．

∴ $\angle ABP = 90^\circ + \angle KBP = 90^\circ + \angle FCP = \angle ACQ$．

∴ △ABP ≌ △QCA．∴ AP = AQ．

∵ $\angle PAQ = \angle PAB + \angle BAC + \angle CAQ = \angle PAB + \angle BAC + \angle APB$

$= \angle BAC + 180^\circ - \angle PBA \quad = \angle BAC + 90^\circ - \angle PBK$

$= 90^\circ$，

∴ △APQ为等腰直角三角形．

∴ $\frac{DA}{RA} = \frac{CA}{QA}$．又∵ $\angle DAC = 60^\circ + \angle BAC = \angle RAQ$，

∴ △CAD ∽ △QAR．∴ $\angle CDA = \angle QRA$，$\frac{AR}{QR} = \frac{AD}{CD}$．

同理 $\angle CDB = \angle PRB$，$\frac{BR}{PR} = \frac{BD}{CD}$．∴ PR = QR．

∵ $\angle ARB = 150^\circ$，

∴ $\angle QRP = 150^\circ - (\angle ARQ + \angle BRP) = 150^\circ - (\angle CDA + \angle CDB) = 90^\circ$．

∴ △RPQ为等腰直角三角形．

16　给定 $\lambda>1$，设 P 是 $\triangle ABC$ 的外接圆的 $\overset{\frown}{BAC}$ 上的一个动点，在射线 BP 和 CP 上分别取点 U 和 V，使得 $BU=\lambda BA$，$CV=\lambda CA$，在射线 UV 上取点 Q，使得 $UQ=\lambda UV$，求点 Q 的轨迹．

（1997年中国集训队选拔考试 1题）

解　连结 AU，AV，AQ，在 BC 的延长线上取点 D，使得 $BD=\lambda BC$．连结 AD，QD．

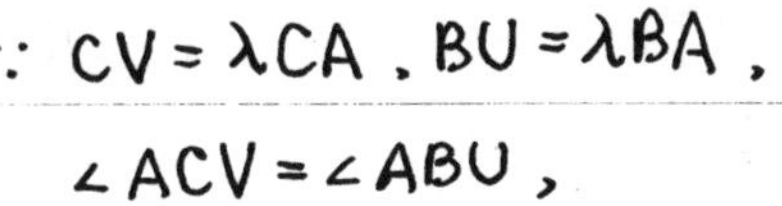

$\because CV=\lambda CA$，$BU=\lambda BA$，

$\angle ACV=\angle ABU$，

$\therefore \triangle AVC\backsim\triangle AUB$．

$\therefore \dfrac{AU}{AV}=\dfrac{AB}{AC}$，$\angle VAC=\angle UAB$．$\therefore \angle UAV=\angle BAC$．

$\therefore \triangle AUV\backsim\triangle ABC$．$\because UQ=\lambda UV$，$BD=\lambda BC$，

$\therefore \triangle AUQ\backsim\triangle ABD$．$\therefore \triangle AVQ\backsim\triangle ACD$．

$\therefore \triangle AQD\backsim\triangle AVC$．$\therefore \dfrac{QD}{VC}=\dfrac{AD}{AC}$．

$\therefore QD=\dfrac{VC\cdot AD}{AC}=\lambda AD$．

$\therefore$ 点 Q 位于以点 D 为心，λAD 为半径的圆上．当点 P 运动到点 B 和点 C 时，所得到的点 Q' 和 Q'' 即为轨迹的端点．

解 2（复数法）

17 分别以锐角△ABC的3条边为底边，向形外作顶角为120°的等腰三角形△DCB，△EAC和△FBA，求证△DEF为等边三角形.

证1 分别以AC，AB为一边向△ABC形外作等边三角形△GAC和△HBA，连结BG和HC，于是E和F分别为△GAC和△HBA的中心.

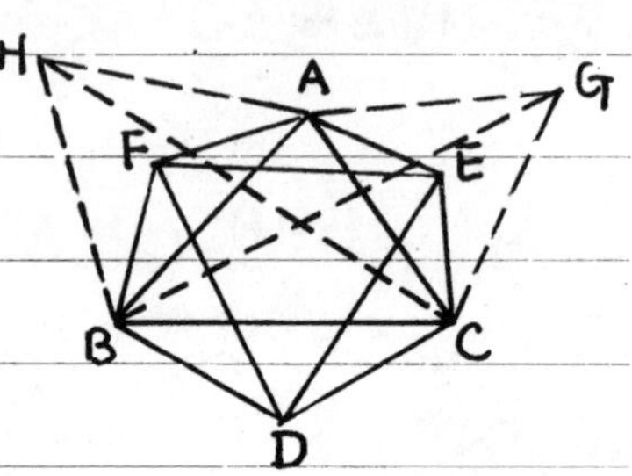

$\therefore EC=\frac{\sqrt{3}}{3}GC，FB=\frac{\sqrt{3}}{3}HB.$

由正弦定理有

$$BD=DC=BC\frac{\sin 30^\circ}{\sin 60^\circ}=\frac{\sqrt{3}}{3}BC.$$

又$\because \angle BCG=\angle BCA+60^\circ=\angle BCA+\angle ACE+\angle BCD=\angle DCE,$

$\angle DBF=\angle CBH,$

$\therefore \triangle DCE\backsim\triangle BCG，\triangle FBD\backsim\triangle HBC.$

$\therefore ED=\frac{\sqrt{3}}{3}BG，FD=\frac{\sqrt{3}}{3}HC.$

$\because HA=AB，AC=AG，\angle HAC=\angle BAC+60^\circ=\angle BAG,$

$\therefore \triangle HAC\cong\triangle BAG.\ \therefore HC=BG.\ \therefore ED=FD.$

同理 $ED=FD=EF.\ \therefore \triangle DEF$为等边三角形.

证2 由正弦定理有

$$BD=DC=\frac{a}{\sqrt{3}}，CE=EA=\frac{b}{\sqrt{3}}，AF=FB=\frac{c}{\sqrt{3}}.$$

$\because \angle DCE=\angle C+60^\circ，\angle EAF=\angle A+60^\circ，\angle FBD=\angle B+60^\circ,$

$$\therefore DE^2=CD^2+CE^2-2CD\cdot CE\cos(C+60^\circ)$$

$$=\frac{a^2}{3}+\frac{b^2}{3}-\frac{2ab}{3}(\cos C\cdot\cos 60^\circ-\sin C\cdot\sin 60^\circ)$$

$$\therefore\ 3DE^2=a^2+b^2-2ab\left(\frac{1}{2}\cos C-\frac{\sqrt{3}}{2}\sin C\right)$$
$$=a^2+b^2-ab\cos C+2\sqrt{3}S_{\triangle ABC}.$$

再于△ABC中应用余弦定理有

$$2ab\cos C=a^2+b^2-c^2.$$

$$\therefore\ 3DE^2=a^2+b^2-\frac{1}{2}(a^2+b^2-c^2)+2\sqrt{3}S_{\triangle ABC}$$
$$=\frac{1}{2}(a^2+b^2+c^2)+2\sqrt{3}S.$$

由对称性知

$$3DE^2=3EF^2=3FD^2.\quad DE=EF=FD.$$

∴ △DEF为等边三角形.

证3 (复数法)

18. 在凸六边形ABCDEF中,$\angle B+\angle D+\angle F=360^\circ$且$\frac{AB}{BC}\frac{CD}{DE}\frac{EF}{FA}=1$,求证$\frac{BC}{CA}\frac{AE}{EF}\frac{FD}{DB}=1$. (1998年IMO预选题)

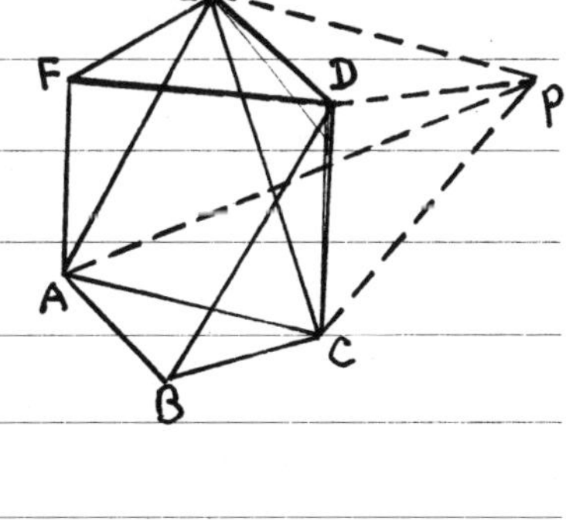

证 因为$\angle B+\angle D+\angle F=360^\circ$,所以当将△AEF、△ABC和△CDE以3个顶角$\angle B$, $\angle D$, $\angle F$拼在一起时,刚好拼成一个周角. 由于边长不同,故还需要作位似变换.

以ED为一边,作$\triangle EDP\backsim\triangle EFA$. 连结PA, PC. 于是有

$$\frac{FA}{EF}=\frac{DP}{DE},\quad \frac{EF}{ED}=\frac{EA}{EP}. \qquad ①$$

$\because\ \angle B+\angle D+\angle F=360^\circ$, $\therefore\ \angle CDP=\angle B$.

又∵ $\frac{AB}{BC}\frac{CD}{DE}\frac{EF}{FA}=1$，

∴ $\frac{AB}{BC}=\frac{DE}{CD}\frac{AF}{EF}=\frac{DE}{CD}\frac{DP}{DE}=\frac{DP}{CD}$.

∴ $\triangle ABC\backsim\triangle PDC$. ∴ $\angle BCA=\angle DCP$, $\frac{CB}{CD}=\frac{CA}{CP}$. ②

∵ $\angle FED=\angle AEP$ 及①中第2式，

∴ $\triangle FED\backsim\triangle AEP$.

同理 $\triangle BCD\backsim\triangle ACP$.

∴ $\frac{FD}{EF}=\frac{PA}{AE}$，$\frac{BC}{BD}=\frac{AC}{PA}$.

∴ $\frac{FD}{EF}\frac{AE}{PA}=1$，$\frac{BC}{BD}\frac{PA}{AC}=1$.

两式相乘，即得

$$1=\frac{FD}{EF}\frac{AE}{PA}\frac{BC}{BD}\frac{PA}{AC}=\frac{BC}{CA}\frac{AE}{EF}\frac{FD}{DB}.$$

19 如图，以△ABC的底边BC为直径作半圆，分别交AB，AC于点D和E，分别过点D和E作BC的垂线，垂足分别为F和G，线段DG和EF交于点M，求证AM⊥BC．（1996年中国集训队选拔考试1题）

（《[illegible]》3题）（1992年全俄数学奥林匹克）

证1 作高AH，连结BE，CD，于是

$BE\perp AC$，$CD\perp AB$．

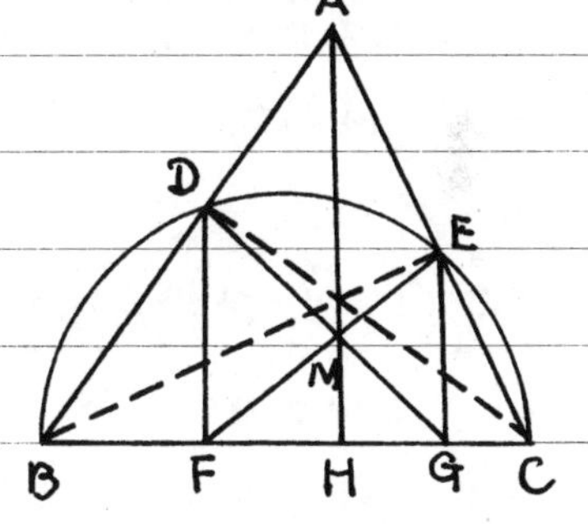

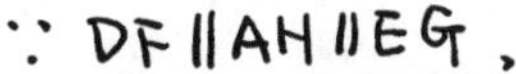

∵ $DF\parallel AH\parallel EG$，

$$\therefore \frac{FH}{AD}=\frac{BH}{BA},\quad \frac{HG}{AE}=\frac{HC}{AC}.$$

$$\therefore \frac{FH}{HG}=\frac{AD\cdot BH}{AB}\frac{AC}{AE\cdot CH}=\frac{AD}{AE}\frac{BH}{AB}\frac{AC}{CH}. \quad ①$$

∵ $\angle CDF=90^\circ-\angle DCF=\angle ABH$，$\angle BEG=90^\circ-\angle EBG=\angle ACH$，

∴ $\triangle ABH\backsim\triangle CDF$，$\triangle ACH\backsim\triangle BEG$．又∵ $\triangle ABE\backsim\triangle ACD$，

$$\therefore \frac{BH}{AB}=\frac{DF}{CD},\quad \frac{AC}{CH}=\frac{BE}{EG},\quad \frac{AD}{AE}=\frac{CD}{BE}. \quad ②$$

将②代入①，得到

$$\frac{FH}{HG}=\frac{CD}{BE}\frac{DF}{CD}\frac{BE}{EG}=\frac{DF}{EG}=\frac{DM}{MG}. \quad \therefore MH\parallel DF.$$

∵ $DF\perp BC$，∴ $MH\perp BC$．又∵ $AH\perp BC$，∴直线MH与AH重合，

∴ $AM\perp BC$．

证2 作辅助线同证1，并记△ABC的垂心为K，$BE\cap DF=P$，$EG\cap CD=Q$．

∵ $\triangle KDP\backsim\triangle KQE$，$\triangle ABK\backsim\triangle DBP$，

$\triangle ACK\backsim\triangle ECQ$，$\triangle ABH\backsim\triangle DBF$，

$\triangle ACH\backsim\triangle ECG$，$\triangle MDF\backsim\triangle MGE$，

$$\therefore \frac{DK}{KQ}=\frac{DP}{EQ}=\frac{DP}{AK}\frac{AK}{EQ}=\frac{BD}{BA}\frac{AC}{EC}=\frac{DF}{AH}\frac{AH}{EG}$$

$$=\frac{DF}{EG}=\frac{DM}{MG}.$$

$\therefore KM \parallel QG$. $\because QG\perp BC$，$\therefore KM\perp BC$.

$\because K$为垂心，当然在AH上，$\therefore$ 直线KM与AH重合.

$\therefore AM\perp BC$.

证3 作辅助线同证1.

$\because DF\perp BC$，$EG\perp BC$，$CD\perp AB$，$BE\perp AC$，

$\therefore DF=BD\sin B=BC\cos B\sin B$，

$EG=CE\sin C=BC\cos C\sin C$.

$$\therefore \frac{DM}{MG}=\frac{DF}{EG}=\frac{\cos B\sin B}{\cos C\sin C}=\frac{AC\cos B}{AB\cos C}.$$

$\because \triangle ACD\backsim\triangle ABE$，$\therefore \dfrac{AC}{AB}=\dfrac{AD}{AE}$.

$\therefore \dfrac{DM}{MG}=\dfrac{AD\cos B}{AE\cos C}=\dfrac{FH}{HG}$. $\therefore MH\parallel DF$.

$\because DF\perp BC$，$\therefore MH\perp BC$. $\therefore$ 直线MH与AH重合.

$\therefore AM\perp BC$.

20. 在⊙O中，弦CD垂直于直径AB，弦AE平分半径OC，求证弦DE平分弦BC．（1995年俄罗斯数学奥林匹克）

证1 记$AB\cap CD=L$，$AE\cap OC=H$，$AE\cap BC=F$，$DE\cap AB=K$，$DE\cap BC=M$．过C作$CG\parallel AB$交AE的延长线于点G，连结FK．

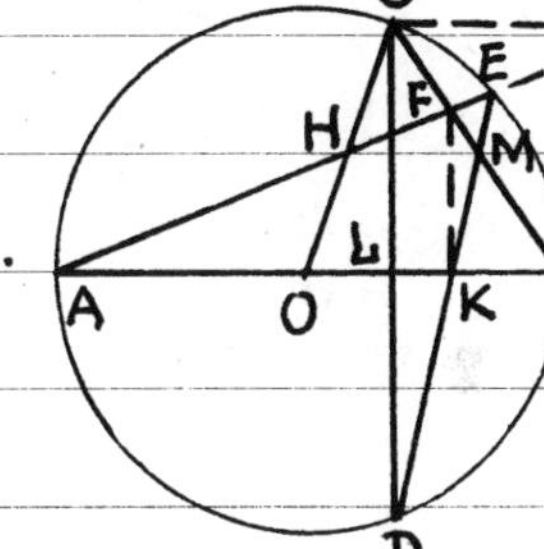

$\because$ H为OC中点，

$\therefore \triangle AOH\cong\triangle GCH$．

$\because CD\perp AB$，$\therefore \overset{\frown}{AC}=\overset{\frown}{AD}$．

$\therefore \angle AED=\angle ABC$．$\therefore$ F，K，B，E四点共圆．

$\therefore \angle FKB=180^\circ-\angle FEB=90^\circ$．$\therefore FK\parallel CD$．

$\because \triangle FAB\backsim\triangle FGC$，$AB=2AO=2CG$，

$\therefore BF=2CF$，$CF=\frac{1}{3}BC$．

$\because \triangle LBC\backsim\triangle KBF$，$\therefore FK:CL=BF:BC=\frac{2}{3}$．

$\therefore FK=\frac{1}{3}CD$．

$\because \triangle MFK\backsim\triangle MCD$，$\therefore MF=\frac{1}{3}MC$．

$\therefore MC=3MF$，$CF=2MF$．$\therefore MC=\frac{3}{2}CF=\frac{1}{2}BC$．

$\therefore MC=MB$，即DE平分BC．

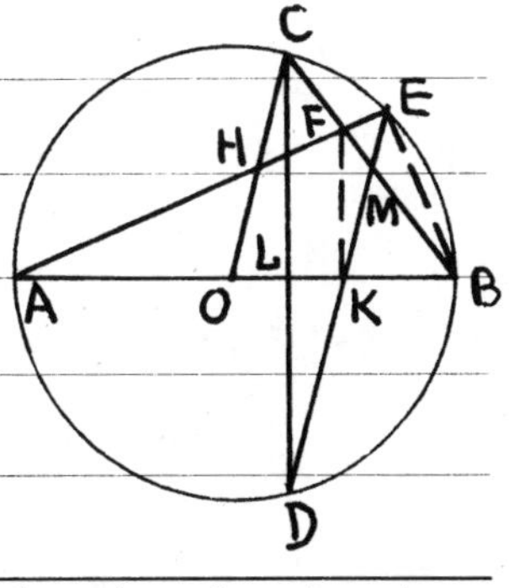

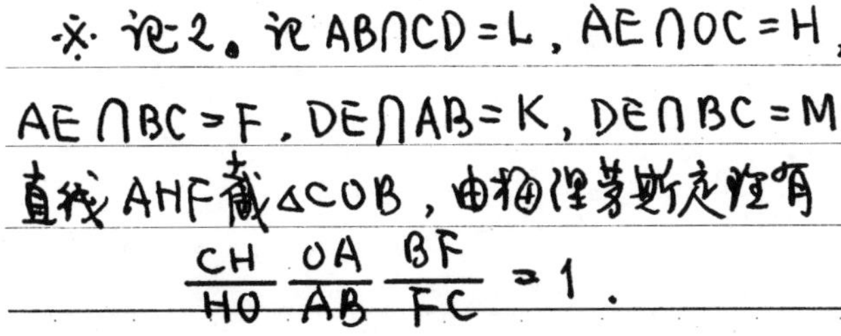

※证2．记$AB\cap CD=L$，$AE\cap OC=H$，$AE\cap BC=F$，$DE\cap AB=K$，$DE\cap BC=M$．直线AHF截△COB，由梅涅劳斯定理有

$$\frac{CH}{HO}\cdot\frac{OA}{AB}\cdot\frac{BF}{FC}=1．$$

$\because CH=HO$, $OA=\frac{1}{2}AB$, $\therefore BF=2FC$.

$\because CD\perp AB$, $\therefore \overset{\frown}{AC}=\overset{\frown}{AD}$. $\therefore \angle AED=\angle ABC$.

$\therefore F,K,B,E$四点共圆(连结FK,EB). $\therefore \angle FKB=180^\circ-\angle FEB=90^\circ$.

$\therefore FK\parallel CD$. $\therefore BK=2LK$.

直线DKM截$\triangle LBC$,由梅涅劳斯定理有

$$\frac{BM}{MC}\frac{CD}{DL}\frac{LK}{KB}=1.$$

$$\therefore \frac{BM}{MC}=\frac{DL}{CD}\frac{KB}{LK}=1.\quad \therefore BM=MC.$$

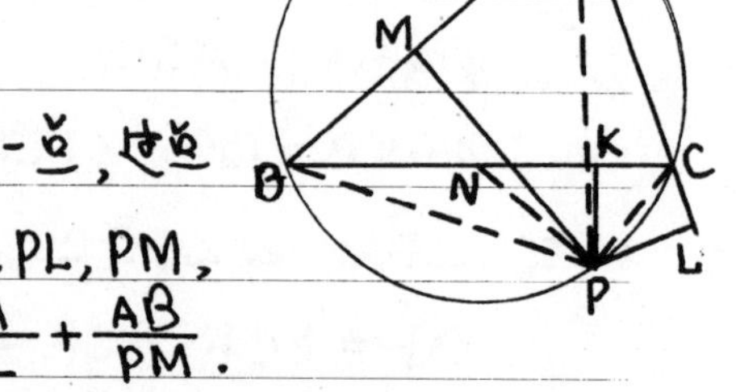

21 设P为$\triangle ABC$的外接圆的$\overset{\frown}{BC}$上一点,过点P分别向直线BC,CA,AB作垂线PK,PL,PM,垂足分别为K,L,M,求证$\frac{BC}{PK}=\frac{CA}{PL}+\frac{AB}{PM}$.

(《托勒密》7题)(1979年IMO候选题)

证 在BC上取点N,使得$\angle PNB=\angle PCA$.连结PA,PB,PC.

又$\because \angle PBN=\angle PAC$, $\therefore \triangle PNB\backsim\triangle PCA$.

$\because PK,PL$分别为$\triangle PNB$和$\triangle PCA$的高,$\therefore \frac{BN}{PK}=\frac{AC}{PL}$. ①

$\because \angle PCA+\angle PBA=180^\circ$, $\therefore \angle PNC=180^\circ-\angle PNB=\angle PBA$.

又$\because \angle PAB=\angle PCB$, $\therefore \triangle PNC\backsim\triangle PBA$.

$\because PK,PM$分别为$\triangle PNC$和$\triangle PBA$的高,$\therefore \frac{NC}{PK}=\frac{AB}{PM}$. ②

由①和②得到

$$\frac{CA}{PL}+\frac{AB}{PM}=\frac{BN+NC}{PK}=\frac{BC}{PK}.$$

22　圆心O在等腰△ABC的底边BC上的⊙O与两腰AB和AC都相切，P和Q分别在边AB，AC上，求证线段PQ与⊙O相切当且仅当 $BP\cdot CQ=\frac{BC^2}{4}$．（1979年IMO候选题）

证　必要性．设PQ与⊙O相切．

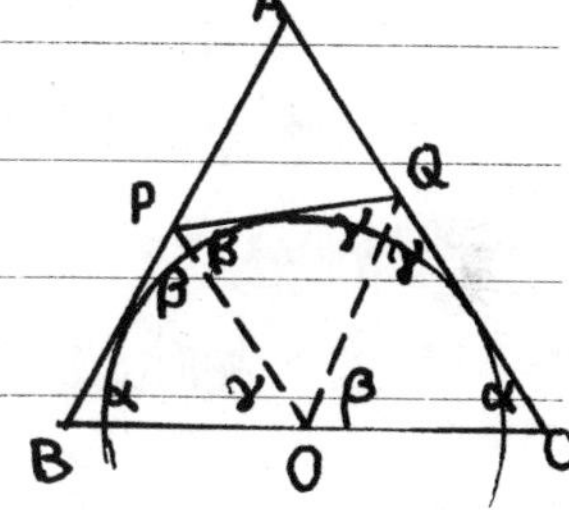

连结OP，OQ．

∵ BP，CQ都与⊙O相切，

∴ $\angle BPO=\angle OPQ$，$\angle OQP=\angle OQC$．

记 $\angle BPO=\beta$，$\angle OQC=\gamma$，$\angle B=\alpha$．

∵ $\angle B=\angle C$，

∴ $2(\alpha+\beta+\gamma)=\angle B+\angle C+\angle CQP+\angle QPB=360^\circ$．

∴ $\alpha+\beta+\gamma=180^\circ$．∴ $\angle COQ=\beta=\angle OPB$，

$\angle BOP=\gamma=\angle CQO$．

∴ $\triangle BOP\backsim\triangle CQO$．∴ $\frac{BP}{OC}=\frac{OB}{CQ}$．∴ $BP\cdot CQ=OB\cdot OC$

$=\frac{BC^2}{4}$．

充分性．设PQ不与⊙O相切．过点O作 $OD\perp PQ$ 于点D，OD或其延长线交⊙O于点E．过E作⊙O的切线分别交AB，AC于点P′，Q′．于是 $P'Q'\parallel PQ$．所以或者 $BP'<BP$，$CQ'<CQ$，或者 $BP'>BP$，$CQ'>CQ$．

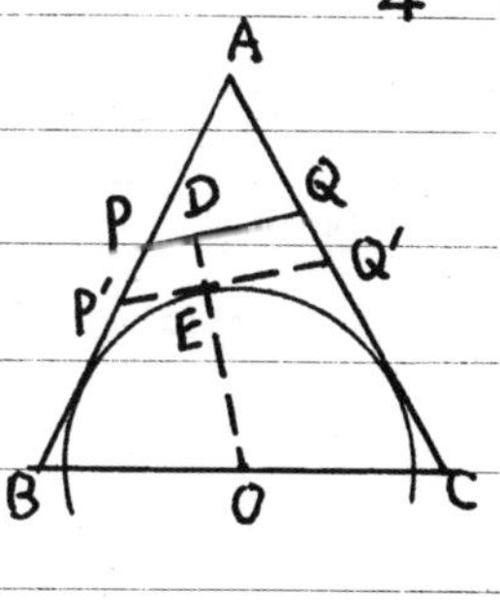

所以 $BP'\cdot CQ'\neq BP\cdot CQ$．

象必要性一样地可证 $BP'\cdot CQ'=\frac{BC^2}{4}$．∴ $BP\cdot CQ\neq\frac{BC^2}{4}$．

23　设AM是锐角△ABC的边BC上的中线，P为AM上一点，使得PM=BM，过点P作PH⊥BC于点H，过H分别作HQ⊥PB交AB于点Q，作HR⊥PC交AC于点R，求证△QHR的外接圆切BC于点H．

（1991年IMO预选题）

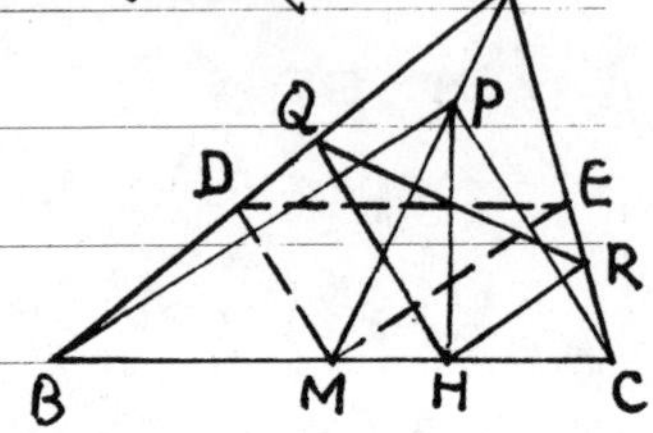

证　若AB=AC，则点H与M重合，这时结论显然成立．以下设AB>AC，于是点H在MC上．为证本题结论，只须证明∠RHC=∠RQH．

∵ PM=BM=MC，∴ ∠BPC=90°．

∵ HQ⊥PB，HR⊥PC，∴∠QHR=90°且∠PBC=∠RHC．

所以，只须证明△PBC∽△HQR．而这又等价于PB∶PC=HQ∶HR．

过M作MD⊥PB交AB于点D．作ME⊥PC交AC于点E．

∵ DM平分∠AMB，EM平分∠AMC，

∴ AD∶DB=AM∶MB=AM∶MC=AE∶EC，∴ DE∥BC．

∵ DM∥PC，ME∥BP，∴△PBC∽△MED．

∴ PB∶PC=ME∶MD．

∵ QH∥DM，RH∥EM，∴ $\frac{QH}{DM}=\frac{BH}{BM}$，$\frac{CM}{CH}=\frac{ME}{HR}$．

$$\therefore \frac{HQ}{HR}=\frac{DM\cdot BH}{BM}\frac{CM}{CH\cdot ME}=\frac{DM}{ME}\frac{BH}{CH}=\frac{PC}{PB}\frac{BH}{PH}\frac{PH}{CH}$$

$$=\frac{PC}{PB}\frac{PB}{PC}\frac{PB}{PC}=\frac{PB}{PC}.$$

24. 如图，四边形ABCD内接于⊙O，边AB，DC的延长线交于点E，边AD，BC的延长线交于点F，O_1和O_2分别为$\triangle ABF$和$\triangle AED$的外心，求证$\triangle O_1OO_2 \backsim \triangle FCE$.

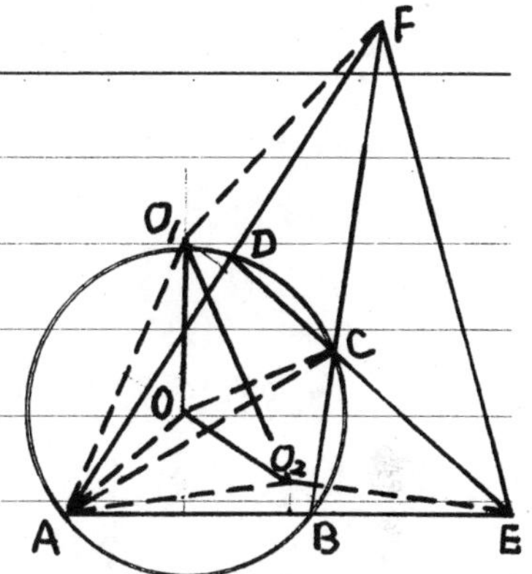

(《中等数学》1998-4-25)

证 连结OA，OC，AC，O_1A，O_1F，O_2A，O_2E，于是

$O_1A=O_1F$，$OA=OC$，$O_2A=O_2E$.

∵ O_1，O，O_2分别是$\triangle ABF$，$\triangle ACD$和$\triangle AED$的外心，

∴ $\angle AO_1F=\angle AO_1B+\angle BO_1F=2\angle AFB+2\angle FAB$

$=2(180^\circ-\angle ABF)=2\angle ADC$.

$\angle AOC=2\angle ADC$.

$\angle AO_2E=2\angle ADE=2\angle ADC$.

∴ $\angle AO_1F=\angle AOC=\angle AO_2E$.

∴ $\triangle O_1AF \backsim \triangle OAC \backsim \triangle O_2AE$.

∴ $O_1A:AF=OA:AC$，$\angle O_1AF=\angle OAC$. ∴$\angle O_1AO=\angle FAC$.

∴ $\triangle AOO_1 \backsim \triangle ACF$. 同理$\triangle AOO_2 \backsim \triangle ACE$，

$\triangle AO_1O_2 \backsim \triangle AFE$.

∴ $OO_1:CF=AO:AC=AO_1:AF$，$OO_2:CE=AO:AC$，

$O_1O_2:FE=AO_1:AF$.

∴ $OO_1:CF=OO_2:CE=O_1O_2:FE$. ∴$\triangle O_1OO_2 \backsim \triangle FCE$.

25. 过⊙O外一点K作⊙O的两条切线KL，KN，切点分别为L和N，在KN的延长线上取一点M，△KLM的外接圆与⊙O的另一个交点为P，过N作NQ⊥LM于点Q，求证$\angle MPQ=2\angle KML$.

（《广东高中题集》3第6题）（《圆》1）

证 记ML与⊙O的另一个交点为R，连结LN，NR，LP，连结PR并延长，交MK于点S，连结SQ.

$\because \angle MPS=\angle MPL-\angle RPL$

$=(\pi-\angle K)-(\pi-\angle RNL)$

$=\angle RNL-\angle K$

$=\angle RNL+\angle RNM-\angle RNM-\angle K$

$=\angle KLN-\angle RNM=\angle NRL-\angle RNM=\angle SMR$,

$\therefore \triangle SRM\backsim\triangle SMP$. $\therefore SM^2=SR\cdot SP=SN^2$.

$\therefore SM=SN$，即S为MN的中点.

$\because \angle MQN=90^\circ$，$\therefore SQ^2=SM^2=SR\cdot SP$.

$\therefore \triangle SQR\backsim\triangle SPQ$.

$\therefore \angle SPQ=\angle SQR=\angle SQM=\angle SMQ=\angle MPS$.

$\therefore \angle MPQ=\angle MPS+\angle SPQ=2\angle SQR=2\angle KML$.

26. 如图，P和Q分别是圆内接四边形ABCD的对角线AC和BD的中点．已知$\angle BPA=\angle DPA$，求证$\angle AQB=\angle CQB$．

（2011年全国高中联赛二试一题）

证

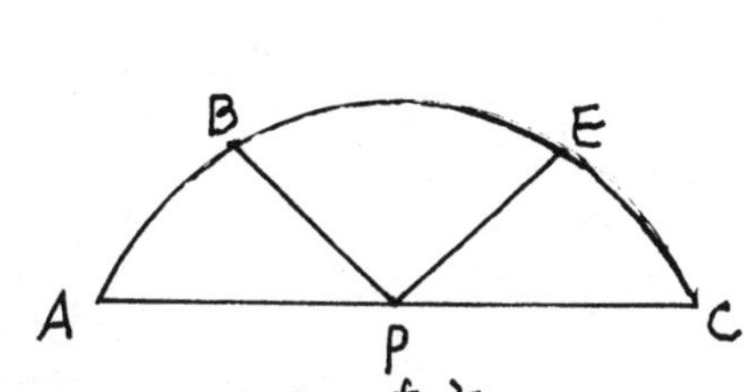

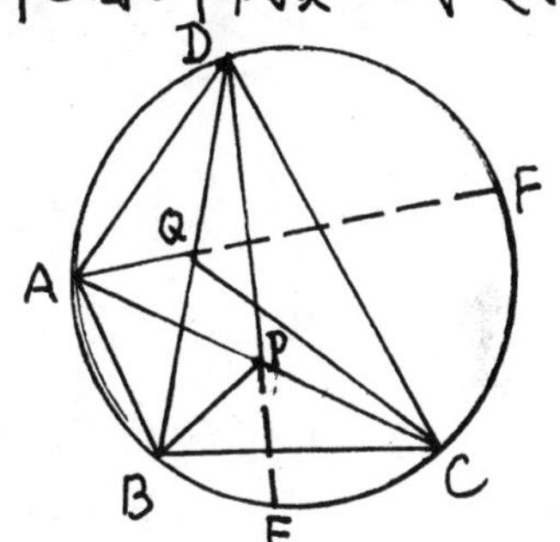

先指出一个明显的事实：

引理　在弓形$\overset{\frown}{AC}$上取两点B、E，则$\overset{\frown}{AB}=\overset{\frown}{EC}$的充分必要条件是$\angle APB=\angle CPE$．

延长DP交圆于另一点E，于是$\angle EPC=\angle DPA=\angle BPA$．又因P是AC中点，由引理知$\overset{\frown}{AB}=\overset{\frown}{CE}$，所以$\angle BDA=\angle CDE=\angle CDP$．

$\because \angle ABD=\angle ACD=\angle PCD$，

$\therefore \triangle ABD\backsim\triangle PCD$．

$\therefore \dfrac{AB}{PC}=\dfrac{BD}{CD}$，　$\dfrac{AB}{AC}=\dfrac{AB}{2PC}=\dfrac{BD}{2CD}=\dfrac{BQ}{CD}$．

又$\because \angle ABQ=\angle ACD$，

$\therefore \triangle ABQ\backsim\triangle ACD$．$\therefore \angle QAB=\angle DAC$．$\therefore \overset{\frown}{BF}=\overset{\frown}{DC}$．

延长AQ交圆于另一点F，于是有$\overset{\frown}{BC}=\overset{\frown}{DF}$．

因Q为BD中点，由引理知$\angle CQB=\angle FQD$．

$\therefore \angle AQB=\angle FQD=\angle CQB$．

27　如图，A、B、C为一条直线上依次排列的3个定点，Γ为过A、C两点且圆心不在AC上的圆，分别过A、C作⊙Γ的两条切线交于点P，PB交⊙Γ于点Q，求证∠AQC的平分线与AC的交点R与⊙Γ的选择无关。

（2003年IMO预选题）

证　延长PB交⊙Γ于点D，连结AD，CD。

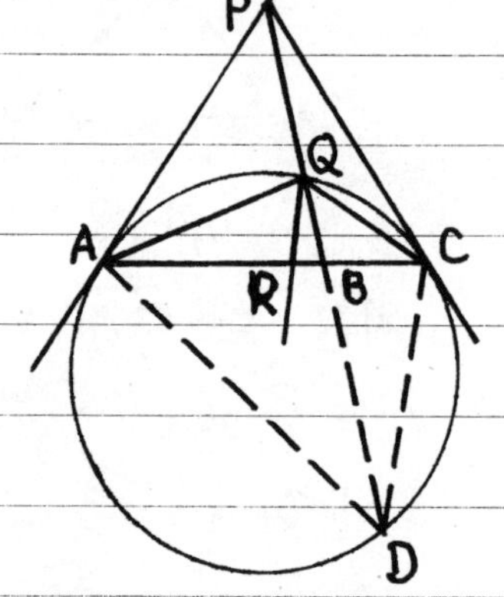

∵ PA、PC都是⊙Γ的切线，

∴ $\triangle PAQ \backsim \triangle PDA$，

$\triangle PCQ \backsim \triangle PDC$。

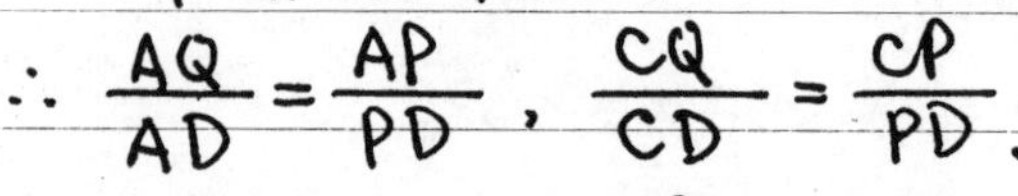

∴ $\dfrac{AQ}{AD}=\dfrac{AP}{PD}$，$\dfrac{CQ}{CD}=\dfrac{CP}{PD}$。

∵ $PA=PC$，∴ $\dfrac{AQ}{CQ}=\dfrac{AD}{CD}$。

∵ $\triangle ABD \backsim \triangle QBC$，$\triangle ABQ \backsim \triangle DBC$，

∴ $\dfrac{AB}{QB}=\dfrac{AD}{QC}$，$\dfrac{QB}{BC}=\dfrac{AQ}{DC}$。

∴ $\dfrac{AB}{BC}=\dfrac{AD}{QC}\cdot\dfrac{AQ}{DC}=\dfrac{AQ}{QC}\cdot\dfrac{AD}{DC}=\left(\dfrac{AQ}{QC}\right)^2=\left(\dfrac{AR}{RC}\right)^2$。

这表明点R的位置只与A、B、C的位置有关而与⊙Γ的选择无关。

十三 位似

1. 过锐角$\triangle ABC$的3个顶点分别作它的外接圆的3条直径AA'，BB'，CC'，则$S_{\triangle ABC}=S_{\triangle A'BC}+S_{\triangle AB'C}+S_{\triangle ABC'}$.

证1 记外接圆的圆心为O，3边BC，CA，AB的中点分别为D，E，F，连结DE，EF，FD，OD，OE，OF，于是有

$DE\mathrel{\underset{=}{\parallel}}\frac{1}{2}AB$，$EF\mathrel{\underset{=}{\parallel}}\frac{1}{2}CB$，$FD\mathrel{\underset{=}{\parallel}}\frac{1}{2}AC$，

$OD\mathrel{\underset{=}{\parallel}}\frac{1}{2}B'C\mathrel{\underset{=}{\parallel}}\frac{1}{2}C'B$，

$OE\mathrel{\underset{=}{\parallel}}\frac{1}{2}A'C\mathrel{\underset{=}{\parallel}}\frac{1}{2}C'A$，$OF\mathrel{\underset{=}{\parallel}}\frac{1}{2}A'B\mathrel{\underset{=}{\parallel}}\frac{1}{2}B'A$.

$\therefore\triangle DEF\backsim\triangle ABC$，$\triangle OEF\backsim\triangle A'CB$，

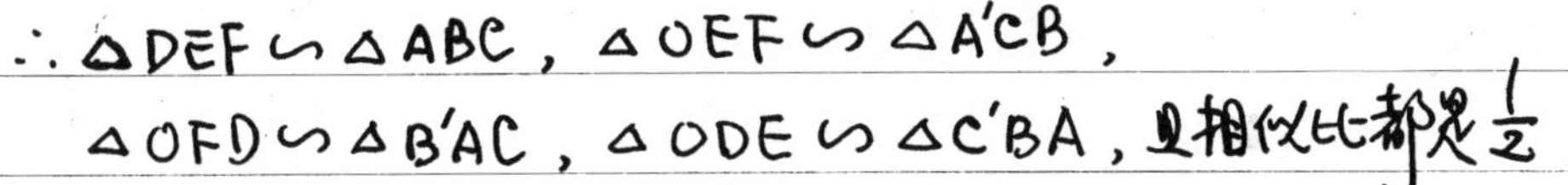
$\triangle OFD\backsim\triangle B'AC$，$\triangle ODE\backsim\triangle C'BA$，且相似比都是$\frac{1}{2}$.

$$\therefore S_{\triangle ABC}=4S_{\triangle DEF}=4(S_{\triangle OEF}+S_{\triangle OFD}+S_{\triangle ODE})$$
$$=S_{\triangle A'BC}+S_{\triangle AB'C}+S_{\triangle ABC'}.$$

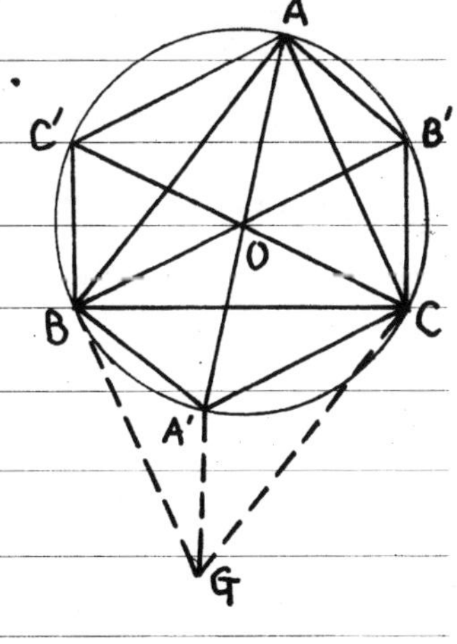

证2 以C，A，B为3个相邻顶点作$\square ABGC$，连结$A'G$.

$\because AA'$，BB'是两条直径，

$\therefore BA'\mathrel{\underset{=}{\parallel}}AB'$. 又$\because BG\mathrel{\underset{=}{\parallel}}AC$，

$\therefore\triangle A'BG\cong\triangle B'AC$.

同理$\triangle A'GC\cong\triangle C'BA$.

$$\therefore S_{\triangle ABC}=S_{\triangle GCB}=S_{\triangle A'BC}+S_{\triangle A'BG}+S_{\triangle A'GC}$$
$$=S_{\triangle A'BC}+S_{\triangle AB'C}+S_{\triangle ABC'}.$$

2. 3个等圆$\odot O_1$，$\odot O_2$和$\odot O_3$交于一点M，两两之间的另一个交点分别为A_1，A_2，A_3（如图），求证$\triangle O_1O_2O_3 \cong \triangle A_1A_2A_3$。

（《平面几何及其变换》14页例3）

证 连结MA_1，MA_2，MA_3，并记$MA_1 \cap O_2O_3 = B_1$，$MA_2 \cap O_1O_3 = B_2$，$MA_3 \cap O_1O_2 = B_3$，连结B_1B_2，B_2B_3，B_3B_1。

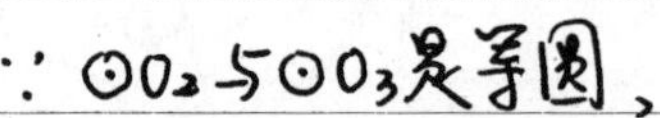

∵ $\odot O_2$与$\odot O_3$是等圆，

∴ MA_1与O_2O_3互相平分于点B_1。

同理 MA_2与O_1O_3互相平分于点B_2，

MA_3与O_1O_2互相平分于点B_3。

∴ 点M为$\triangle A_1A_2A_3$与$\triangle B_1B_2B_3$的位似中心且二者的相似比为

∵ 点B_1，B_2，B_3分别为O_2O_3，O_3O_1，O_1O_2的中点，

∴ $\triangle O_1O_2O_3$与$\triangle B_1B_2B_3$也是位似且相似比也是2。

∴ $\triangle A_1A_2A_3 \backsim \triangle O_1O_2O_3$且相似比为1。

∴ $\triangle A_1A_2A_3 \cong \triangle O_1O_2O_3$。

3. 点A是相交两圆的两条外公切线的交点，点B是两圆的交点之一，点C和D分别为两圆与一条外公切线的切点，求证直线AB与⊙BCD相切.

（1990年全苏数学奥林匹克）

证 记直线AB与小圆的另一个交点为E.

∵ 点A是两圆的两条外公切线的交点，

∴ 点A是两圆的位似中心.

∴ $\overset{\frown}{CE}$ 与 $\overset{\frown}{DB}$ 是这一位似变换中的对应部分.

∴ $\overset{\frown}{CE} \overset{m}{=} \overset{\frown}{DB}$.

连结CB，DB，于是有

$$\angle ABC \overset{m}{=} \frac{1}{2}\overset{\frown}{CE} \overset{m}{=} \frac{1}{2}\overset{\frown}{DB} \overset{m}{=} \angle BDC.$$

∴ $\triangle ABC \backsim \triangle ADB$. ∴ $\frac{AC}{AB}=\frac{AB}{AD}$. ∴ $AB^2=AC\cdot AD$.

∴ AB与⊙BCD相切.

注 有了∠ABC=∠BDC，直接即得AB与⊙BDC切于点B.

4　在△ABC中，AB=AC，有一圆内切于△ABC的外接圆并且与AB，AC分别切于点P和Q，求证线段PQ中点是△ABC的内心．

（1978年IMO 4题）

证1　作过点A的直径AD，交小圆⊙O于点G，记PQ中点为H，连结PG，PO，BH，BD，于是OP⊥AB，DB⊥AB且AD为对称轴．

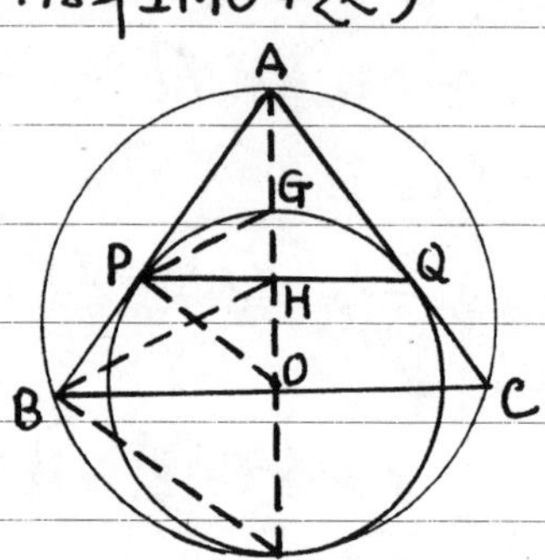

∴ PG平分∠APQ．

∴ G为△APQ的内心．

∵ △APH∽△AOP∽△ADB，

∴ AG：GH＝AP：PH＝AO：OP＝AO：OD＝AP：PB．

∴ PG∥BH．

∵ A为△APQ与△ABC的位似中心，

∴ BH与PG为这一位似变换之下的对应线段．

∵ G为△APQ的内心，

∴ H为△ABC的内心．

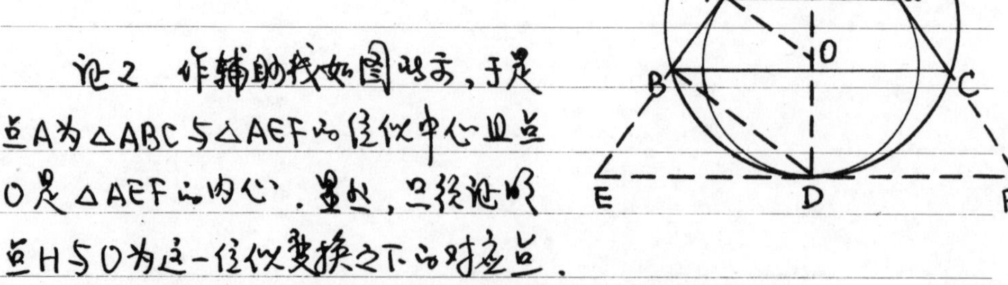

证2　作辅助线如图所示，于是点A为△ABC与△AEF的位似中心且点O是△AEF的内心．显然，只须证明点H与O为这一位似变换之下的对应点．

∵ △APH∽△AOP∽△ADB∽△AED，

$\therefore\ AH:AO=(AH:AP)(AP:AO)=(AD:AE)(AB:AD)$

$=AB:AE$，

即 $AH:AO$ 等于两个相似三角形的相似比.

$\therefore$ 点 H 为 $\triangle ABC$ 的内心.

5　设⊙O与∠P的两边分别切于点M，N．AB为⊙O的一条直径，$\{A、B\}\cap\{M,N\}=\varnothing$．过点B作⊙O的切线分别交PM，PN于点C和D，交PA于点E（如图）．求证BC=DE．（1984年全苏得堡）

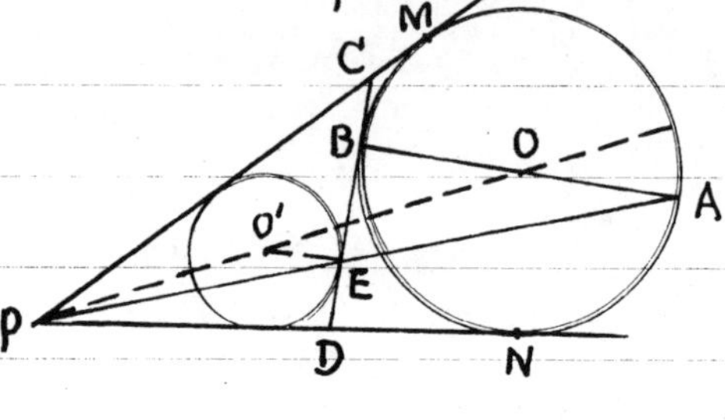

证　作△PCD的内切圆⊙O′，于是圆心O′在线段PO上且点P是⊙O与⊙O′的位似中心．设⊙O′与CD切于点E′，连结O′E′，于是O′E′⊥CD．

$\because AB\perp CD$，$\therefore O'E'\parallel OA$，$O'E':OA=PO':PO$．

∴点E′与A为这一位似变换下的对应点．

∴P，E′，A三点共线．∴点E′与E重合，即E为⊙O′与CD的切点．

由切线长定理知　$PD+EC=PC+DE$，

$PD+DB=PD+DN=PM=PC+CM=PC+CB$．

$\therefore EC-DB=DE-CB=(DC-EC)-(DC-DB)=-(EC-DB)$．

$\therefore EC-DB=0$，即$EC=DB$．

$\therefore DE=BC$．

证2　设⊙O′与PC．PD的切点分别为G、H，于是有$GM=HN$．

$\because GM=GC+CM=CE+CM=CD-DE+CB$，

$HN=HD+DN=DE+DB=DE+DC-BC$．

$\therefore CD-DE+BC=DE+DC-BC$，$\therefore 2BC=2DE$．$\therefore BC=DE$．

6. 设点H,M,O分别为△ABC的垂心、重心和外心,则H,M,O三点共线且HM=2MO(这条直线称为△ABC的欧拉线).

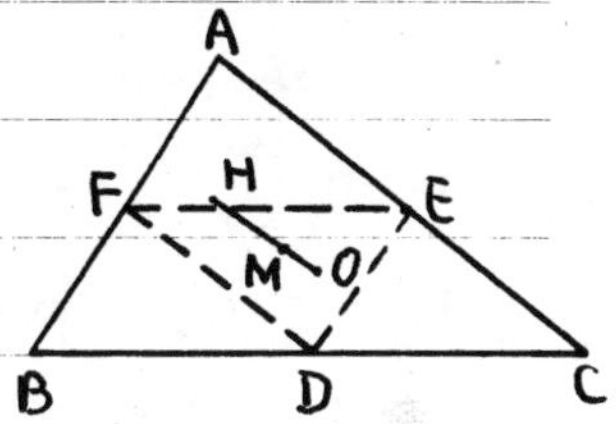

证 设点D,E,F分别为3边BC,CA,AB的中点,连结DE,EF,FD,于是重心M是△ABC和△DEF的位似中心且二者的相似比为2.

由于外心O是△ABC的3边的3条垂直平分线的交点,所以点O又是△DEF的垂心,从而点H和点O为这一位似变换之下的对应点,所以点H,M,O三点共线且HM=2MO.

7. 三角形3条边的3个中点，3条高的3个垂足，垂心与3个顶点连线的3个中点九点共圆.

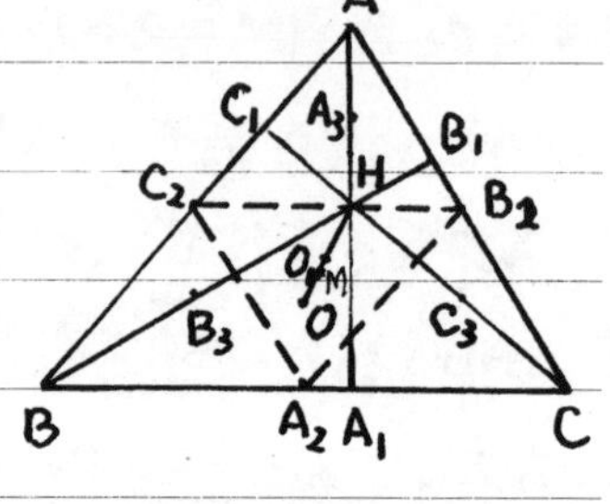

证 将$\triangle ABC$的3条高的3个垂足分别记为A_1,B_1,C_1；3条边的3个中点分别记为A_2,B_2,C_2；垂心到3个顶点的3条线段的3个中点分别记为A_3,B_3,C_3．$\triangle ABC$的垂心，重心，外心分别记为H,M,O．连结HO，并记其中点为O_1.

由上题证明知，$\triangle ABC$与$\triangle A_2B_2C_2$位似且位似中心为M．从而$\triangle A_2B_2C_2$的外心也在OH上，位于点M两侧且到点M的距离之比等于两个三角形的相似比2．所以$\triangle A_2B_2C_2$的外心即为线段OH中点O_1，且$\triangle A_2B_2C_2$的外接圆半径等于$\triangle ABC$的外接圆半径之半$\frac{R}{2}$.

显然，$\triangle A_3B_3C_3$与$\triangle ABC$同向位似且位似中心为H．所以$\triangle A_3B_3C_3$的外心为O_1且外接圆半径也是$\frac{R}{2}$.

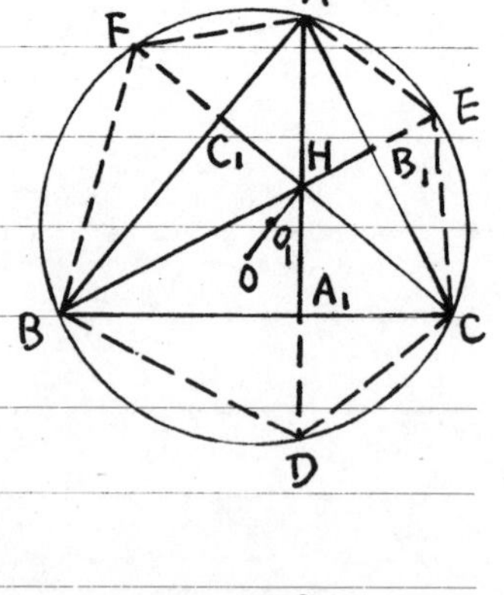

又因H为垂心，它关于$\triangle ABC$ 3条边的3个对称点D,E,F都在$\triangle ABC$的外接圆$\odot O$上．这时A_1,B_1,C_1分别为HD,HE,HF的中点．所以$\triangle DEF$与$\triangle A_1B_1C_1$同向位似．中心为H而相似比为2．从而$\triangle A_1B_1C_1$的外心为O_1且外接圆半径为$\frac{R}{2}$.

综上可知，$A_1,B_1,C_1,A_2,B_2,C_2,A_3,B_3,C_3$九点共圆.

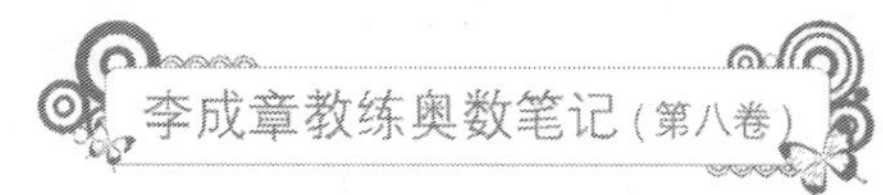

8　3个等圆交于一点O，并且都在一个三角形内，每个圆都与三角形的两边相切(如图)．求证这个三角形的内心、外心与点O三点共线．

(1981年IMO5题)

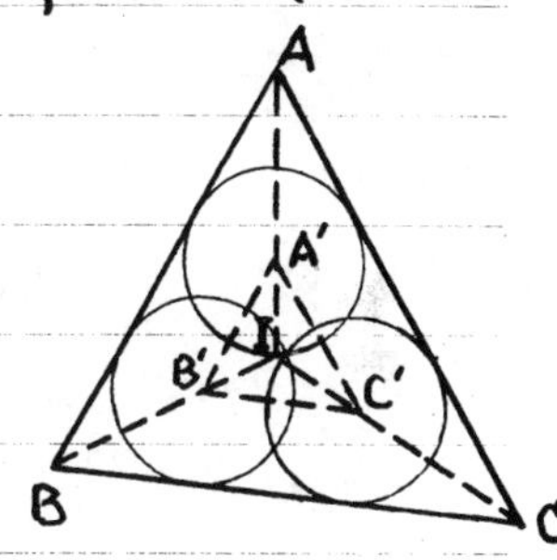

证　记$\triangle ABC$的外心为E，内心为I．3个圆的圆心分别为A'，B'，C'，于是AA'，BB'，CC'分别为$\triangle ABC$的3条内角平分线．所以3条线交于点I．连结$A'B'$，$B'C'$，$C'A'$，又有$A'B'\parallel AB$，$B'C'\parallel BC$，$C'A'\parallel CA$．所以$\triangle A'B'C'$与$\triangle ABC$位似且位似中心为I．

$\because OA'=OB'=OC'$，$\therefore$点O为$\triangle A'B'C'$的外心．

又$\because$ E为$\triangle ABC$的外心，

$\therefore$ O与E为这一位似变换之下的对应点．

$\therefore$ 连线OE必过位似中心I，即I，E，O三点共线．

9 设$\triangle A_1A_2A_3$为不等边三角形，它的3条边分别记为a_1,a_2,a_3，其中a_i是顶点A_i的对边，$i=1,2,3$。M_i为边a_i的中点，$\triangle A_1A_2A_3$的内切圆与边a_i切于点T_i，$i=1,2,3$。内心为I，T_i关于$\angle A_i$的平分线的对称点记为S_i，求证M_1S_1，M_2S_2，M_3S_3三线共点。

(1982年IMO 2题)

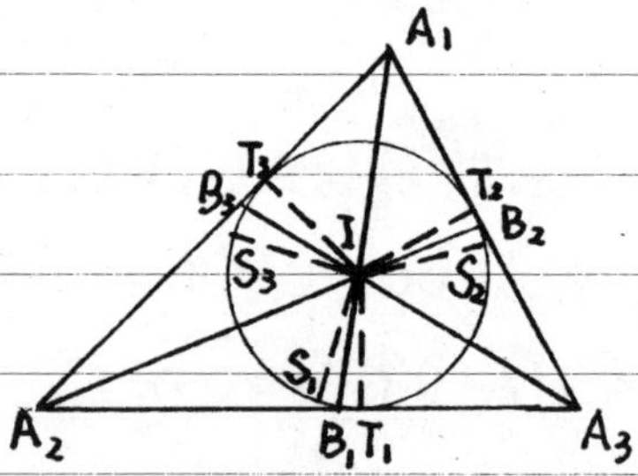

证 我们的目标是证明$\triangle M_1M_2M_3$与$\triangle S_1S_2S_3$位似。从而M_1S_1，M_2S_2，M_3S_3作为分别过位似变换下3组对应点的直线当然都过位似中心，所以三线共点。

$\because$ $M_1M_2 /\!/ A_2A_1$，$M_2M_3 /\!/ A_3A_2$，$M_3M_1 /\!/ A_1A_3$，

$\therefore$ $\triangle M_1M_2M_3$与$\triangle A_1A_2A_3$位似。

下面证明$S_1S_2 /\!/ A_2A_1$，$S_2S_3 /\!/ A_3A_2$，$S_3S_1 /\!/ A_1A_3$。注意，为清晰起见，图中未画出$\triangle M_1M_2M_3$。

$\because$ T_1，T_2关于A_1B_1的对称点分别为S_1，T_3。

$\therefore$ $\overset{\frown}{T_1T_2}=\overset{\frown}{T_3S_1}$。同理$\overset{\frown}{T_1T_2}=\overset{\frown}{T_3S_2}$。$\therefore$ $\overset{\frown}{T_3S_1}=\overset{\frown}{T_3S_2}$。

$\therefore$ $\triangle T_3S_1S_2$是等腰三角形。$\therefore$ $T_3I\perp S_1S_2$。$\because$ $T_3I\perp A_1A_2$，

$\therefore$ $S_1S_2 /\!/ A_2A_1$。同理$S_2S_3 /\!/ A_3A_2$，$S_3S_1 /\!/ A_1A_3$。

$\therefore$ $\triangle S_1S_2S_3$与$\triangle M_1M_2M_3$位似或全等。

$\because$ $\triangle A_1A_2A_3$为不等边三角形，$\triangle S_1S_2S_3$内接于$\triangle A_1A_2A_3$的内切圆，

$\therefore$ $\triangle A_1A_2A_3$的内切圆与九点圆不重合，内心与外心不重合，由欧拉公式知九点圆半径大于内切圆半径，$\therefore$ $\triangle S_1S_2S_3$与$\triangle M_1M_2M_3$位似。

$\therefore$ M_1S_1，M_2S_2，M_3S_3三线共点。

10　已知A为平面上两个半径不等的$\odot O_1$与$\odot O_2$的一个交点，两圆的两条外公切线分别为P_1P_2和Q_1Q_2，切点分别为P_1，P_2，Q_1，Q_2，M_1，M_2分别为P_1Q_1和P_2Q_2的中点，求证$\angle O_1AO_2=\angle M_1AM_2$.

（1983年IMO 2题）

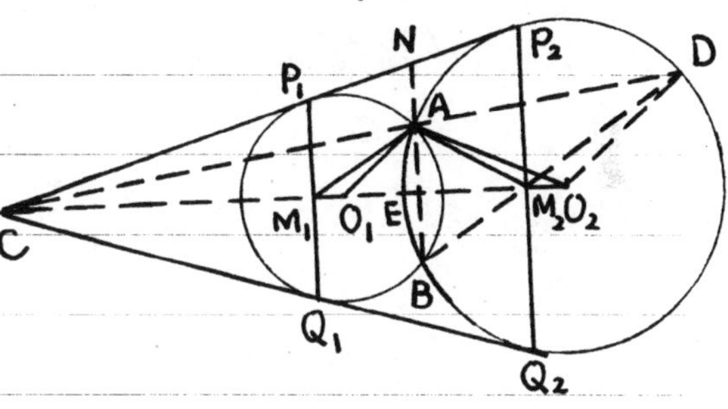

证　记$P_1P_2\cap Q_1Q_2=C$，于是C为两圆的位似中心．连结CA并延长交$\odot O_2$于点D．连结DO_2，DM_2，BM_2，连结BA并延长交P_1P_2于点N，于是

$$P_1N^2=NA\cdot NB=NP_2^2.\quad\therefore\ P_1N=NP_2.$$

$\because\ P_1Q_1\parallel NB\parallel P_2Q_2$，$\therefore\ M_1M_2$与AB互相垂直平分．$\therefore M_1A\parallel BM_2$.

又$\because\ M_1A$与M_2D是位似变换下的对应线段，$\therefore\ BM_2\parallel M_1A\parallel M_2D$.

$\therefore$ B，M_2，D三点共线．

$\therefore\ \angle ADM_2\overset{m}{=}\frac{1}{2}\overset{\frown}{AEB}=\angle AO_2M_2$.

$\therefore$ A，M_2，O_2，D四点共圆．

$\therefore\ \angle M_1AM_2=\angle AM_2D=\angle AO_2D=\angle O_1AO_2$.

11. 已知平面上有3个圆 C_1, C_2, C_3，其中 C_2 与 C_1 同心，AB为 $\odot C_1$ 的直径，C_3 以A为心，$\odot C_1$、$\odot C_2$ 和 $\odot C_3$ 的直径长分别为 $1, k, 2k$，此处 k 为定数且 $1<k<3$。考察过点B的所有这样的直线段XY，它的一端X在 $\odot C_2$ 上，另一端Y在 $\odot C_3$ 上。问当比值 XB/BY 为何值时，线段XY的长度取得最小值？（1987年美国数学奥林匹克4题）

解　记XY与 $\odot C_2$ 的另一交点为M。直线AB交 $\odot C_2$ 于点E，F，交 $\odot C_3$ 于点G，H，于是有

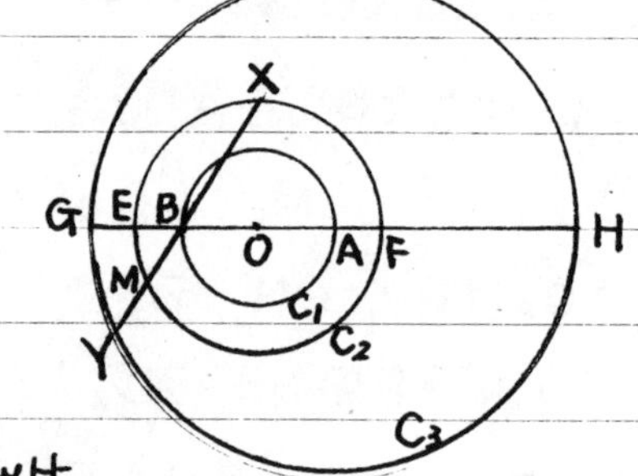

$$BE=\frac{k-1}{2}=\frac{1}{2}BG,$$

$$BF=\frac{k+1}{2}=\frac{1}{2}BH.$$ 23观察

$\therefore$ B为 $\odot C_2$ 与 $\odot C_3$ 的位似中心且相似比为 $\frac{1}{2}$。$\therefore BM=\frac{1}{2}BY$。

$\because BX\cdot BM=BE\cdot BF=\frac{k^2-1}{4}$，$\therefore BX\cdot BY=\frac{k^2-1}{2}$（常数）。

$\therefore$ 当 $BX=BY$ 时，线段XY的长度取最小值。

当XY变为EH时，$BX=BE<BH=BY$；当XY变为FG时，$BY=BG=k-1=\frac{k+1}{2}+\frac{k-3}{2}=BF-\frac{3-k}{2}<BF=BX$。由连续函数介值定理知 $BX=BY$ 确能实现。故知当 $BX=BY$，即二者比值为1时，线段XY的长度取得最小值。

12. 设C是半圆$\overset{\frown}{AB}$的中点，P为$\overset{\frown}{AB}$上的一个动点，在线段CP上取点Q，使得$PQ=\frac{1}{2}|PA-PB|$. 当点P沿半圆从点A动到点B时，求点Q的轨迹. （1989年加拿大IMO训练题）

解 连结AC，BC，在AP上取点M，使AM=BP，于是

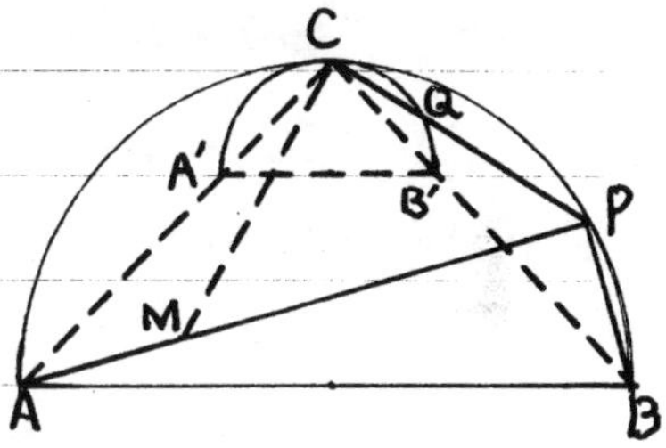

$\triangle ACM\cong\triangle BCP$.

$\therefore$ $\triangle CMP$为等腰直角三角形.

$\because$ $PM=PA-PB$，$PQ=\frac{1}{2}PM$，

$\therefore$ $CQ:CP=(CP-\frac{1}{2}PM):CP=1-\frac{\sqrt{2}}{2}$.

由对称性知，当点P在$\overset{\frown}{AC}$上时亦有同样的结果. 由位似的性质即知，所求的轨迹是以点C为位似中心，以$k=1-\frac{\sqrt{2}}{2}$为位似比与半圆$\overset{\frown}{ACB}$位似的半圆$\overset{\frown}{A'CB'}$（如图所示）.

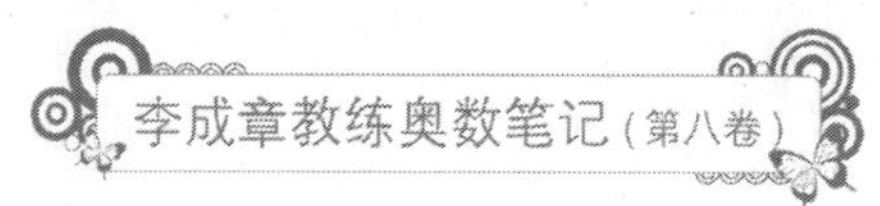

13 设C为半圆O的直径AB上一点，过C作CD⊥AB交半圆于点D．另一圆⊙O′内切半圆O于点P，切CD于点M，求证P，M，A三点共线．

（《叶教程》684页例7）

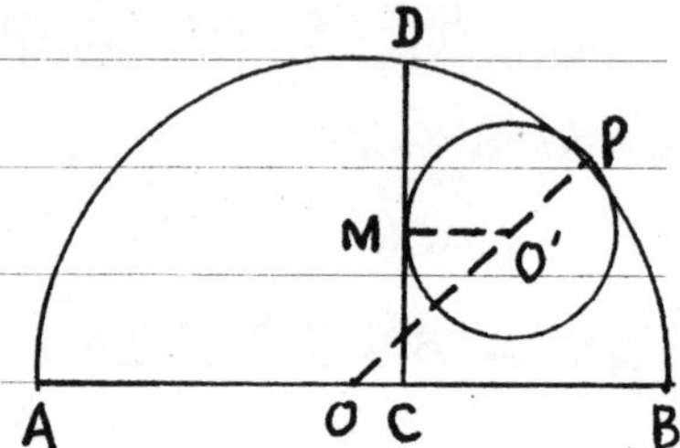

证 ∵⊙O与⊙O′内切于点P，

∴⊙O与⊙O′的位似中心是点P．

连结PO过点O′，连结O′M．于是有

$O'M \perp CD$．

∵ $AB \perp CD$，∴ $O'M \parallel OA$．

∴A和M为这一位似变换下的对应点，

∴P，M，A三点共线．

15题证3 连结KC，KB，CB．

∵ $\angle CAO + \angle CKO = 180°$，

$\angle CAO = \angle BMC + \angle MCA$

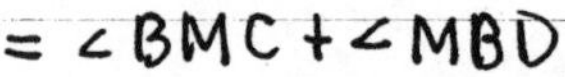

$= \angle BMC + \angle MBD$

$= \angle BMC + \angle ODB$

$= \angle BMC + \angle OKB$，

∴ $\angle CMB + \angle CKB = \angle CMB + \angle CKO + \angle OKB = 180°$．

∴C，M，B，K四点共圆．

∴ $\angle MKO = \angle CKO - \angle CKM = (180° - \angle CAO) - \angle CBM$

$= 180° - (\angle CAB + \angle CBA) = 90°$．

（2003．3．13）

14　设凸四边形 $ABCD$ 的对角线 AC 和 BD 互相垂直，垂足为 E．求证点 E 关于 AB，BC，CD，DA 的对称点四点共圆．

（《周王大全》280页例4）

证　以点 E 为位似中心，作位似比为 $\frac{1}{2}$ 的位似变换，于是把点 E 关于 AB，BC，CD，DA 的对称点分别变为点 E 在 AB，BC，CD，DA 上的射影 P，Q，R，S．显然，只须证明 P，Q，R，S 四点共圆．

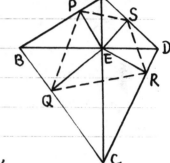

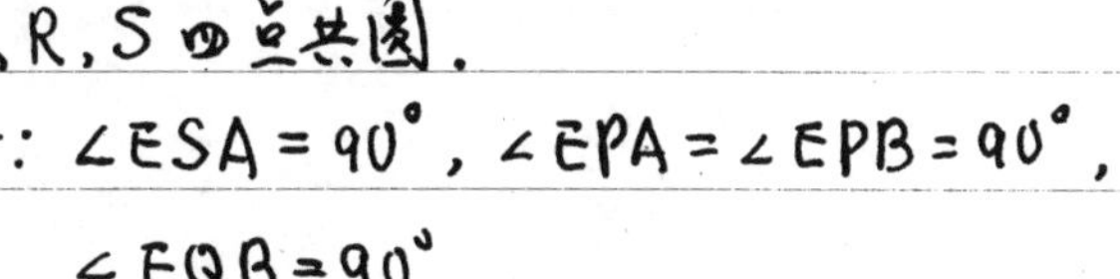

$\because \angle ESA=90^\circ$，$\angle EPA=\angle EPB=90^\circ$，

$\angle EQB=90^\circ$，

$\therefore A$，P，E，S 和 B，Q，E，P 都四点共圆．

$\therefore \angle ESP=\angle EAP$，$\angle EQP=\angle EBP$．

$\because AC\perp BD$，$\therefore \angle EAP+\angle EBP=90^\circ$．

$\therefore \angle ESP+\angle EQP=90^\circ$．同理 $\angle ESR+\angle EQR=90^\circ$．

$\therefore \angle PQR+\angle PSR=180^\circ$．

$\therefore P$，Q，R，S 四点共圆．

$$\therefore \frac{MA}{MB}=\frac{AC}{BD}\cdot\frac{\sin\angle MCA}{\sin\angle MDB}=\frac{R\sin\alpha}{R\sin\beta}\cdot\frac{\cos\beta}{\cos\alpha}=\frac{\tan\alpha}{\tan\beta}=\frac{PA}{QB}.$$

∴ M，P，Q 三点共线．（2003.3.7）

15 如图，设 AB 为半圆 O 的直径，一条直线与半圆交于点 C 和 D，且与直线 AB 交于点 M，△AOC 与△DOB 的外接圆除点 O 之外的另一个交点为 K，求证 ∠MKO = 90°．（1995 年俄罗斯数学奥林匹克）

证1 分别记△AOC 与△BOD 的外接圆为⊙O_1 与⊙O_2，OP 与 OQ 分别为⊙O_1 与⊙O_2 的直径，连结 PK，KQ，于是

∠PKO = 90° = ∠OKQ．

∴ P，K，Q 三点共线．

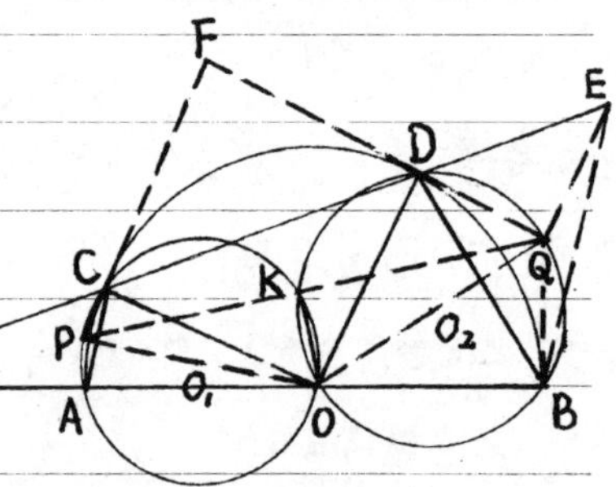

可见，为证 ∠MKO = 90°．只须证明 M，P，Q 三点共线．

∵ ∠OAP = 90°，∠OCP = 90°，

∴ PA，PC 都是⊙O 的切线．同理 QB，QD 都是⊙O 的切线．

延长 PC，QD 交于点 F，过点 Q 作 QE∥PC 交 MD 于点 E．连结 BE．

∵ FC = FD， ∴ ∠PCM = ∠FCD = ∠FDC = ∠QDE．

∵ QE∥PC， ∴ ∠QED = ∠PCM = ∠QDE．

∴ QD = QE．又∵ QB = QD， ∴ QB = QE．

∴ △PAC 和△QBE 都是等腰三角形．

∵ PA∥QB，PC∥QE， ∴ ∠APC = ∠BQE，AC∥BE．

∴ △PAC 与△QBE 位似且位似中心为 M．

∴ M，P，Q 三点共线． ∴ ∠MKO = ∠PKO = 90°．

证2 记 ∠AOC = 2α，∠BOD = 2β．于是 ∠ACM = 90° − β，∠BDM = 180° − (90° − α) = 90° + α．由正弦定理有

证3 在前页

$$\frac{MA}{AC}=\frac{\sin\angle MCA}{\sin M}，\quad \frac{MB}{BD}=\frac{\sin\angle MDB}{\sin M}.$$

16　在梯形ABCD中，AB∥DC，在两腰AD，BC上各有一点P和Q，使得∠APB＝∠CPD，∠AQB＝∠CQD．求证点P和Q到两条对角线的交点O的距离相等．（《全等和相似》12题，1994年俄罗斯数学奥林匹克）

证　分别作△PAB和△PCD的外接圆⊙O_1和⊙O_2，设两圆除P之外的另一个交点为Q'，连结PQ'，BQ'，CQ'．

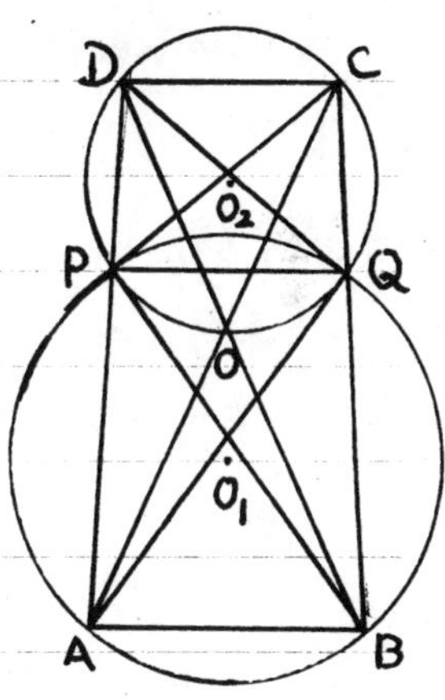

∵ AB∥DC，∴ ∠CDA＋∠DAB＝180°．

∵ $\angle CQ_1P+\angle CDP=180°$，

$\angle PQ_1B+\angle PAB=180°$，

∴ $\angle CQ_1P+\angle PQ_1B=180°$，即C，$Q_1$，B三点共线．

∵ ∠CPD＝∠APB，∴ $\angle CQ_1D=\angle CPD=\angle APB=\angle AQ_1B$．

又∵ ∠CQD＝∠AQB，∴ 点Q'与Q重合．

设⊙O_1与⊙O_2的半径分别为R_1与R_2，由正弦定理有

$$AB=2R_1\sin\angle APB,\quad CD=2R_2\sin\angle CPD.$$

∴ $AB:CD=R_1:R_2$．

又∵ O_1在AB上方而O_2在CD下方，二者方向相反，

∴ ⊙O_1与⊙O_2反向位似，位似中心为O．在这一位似变换之下，AB对应于CD．

∵ 在位似变换之下，两个圆心对应，∴ 点O在O_1O_2上．

∵ 直线O_1O_2为两圆的对称轴而P和Q为对称点，

∴ OP＝OQ．

17 $\odot O_1$，$\odot O_2$，$\odot O_3$均与$\odot O$外切，切点分别为A_1，B_1，C_1，并且三者还都分别与$\triangle ABC$的两条边相切（如图）．求证直线AA_1，BB_1，CC_1三线共点．（1994年俄罗斯数学奥林匹克）

先证如下的引理

引理　设H_1和H_2是平面上的两个位似变换，位似中心分别为O_1，O_2，位似比分别为k_1，k_2，$H=H_2H_1$是两个位似变换的复合，则当$k_2k_1=1$时，H是平移；当$k_2k_1\neq 1$时，H仍是位似变换，位似比为$k=k_2k_1$，位似中心在直线O_1O_2上．

引理的证　设$X_1=H_1(X)$，$Y_1=H_1(Y)$，$X_2=H_2(X_1)$，$Y_2=H_2(Y_1)$，于是有

$$\overrightarrow{X_1Y_1}=k_1\overrightarrow{XY},\quad \overrightarrow{X_2Y_2}=k_2\overrightarrow{X_1Y_1}.$$

$$\therefore\ \overrightarrow{X_2Y_2}=k_2k_1\overrightarrow{XY}.$$

$\therefore$ 当$k_2k_1=1$时，H是平移；当$k_2k_1\neq 1$时，H是位似比为k_2k_1的位似变换．

另一方面，记$H_2(O_1)=M$，于是由$H_1(O_1)=O_1$有

$$H(O_1)=H_2H_1(O_1)=H_2(O_1)=M.$$

若$M=O_1$，则O_1，O_2，O三点重合；若$M\neq O_1$，则O_2，O_1，M和O，O_1，M都三点共线，从而O_1，O_2，O，M四点共线．H的位似中心O当然位于直线O_1O_2上．

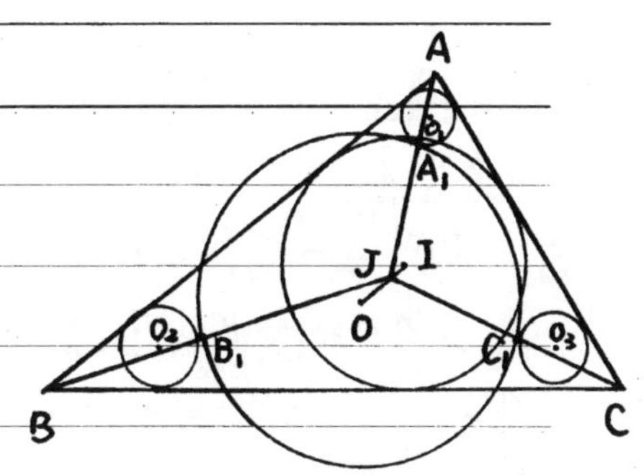

原题之证　设△ABC之内切圆为⊙I，半径为r，⊙O之半径为R．又设J为线段OI上一点，使得$OJ:JI=R:r$（当O与I重合时，O，J，I三点重合）．

考察将内切圆⊙I变为⊙O的反向位似变换H，于是H的位似中心为J．变换H可以视为把⊙I变成$⊙O_1$的位似变换H_1与把$⊙O_1$变为⊙O的反向位似变换G_1的复合．由引理知，H的位似中心在H_1的位似中心A和G_1的位似中心A_1的连线直线AA_1上．易见，H_1的位似比为正而G_1的位似比为负．H当然不能是平移而只能是位似．同理，J也在直线BB_1和CC_1上．所以AA_1，BB_1，CC_1三线共点J．

※证2　连结OI交直线AA_1于点J．

∵$⊙O_1$与⊙O切于点A_1，

∴O_1，A_1，O三点共线．连出这条线．

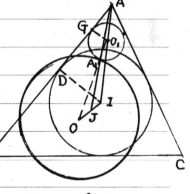

直线AA_1J与$△O_1OI$相截，由梅涅劳斯定理有

$$\frac{O_1A_1}{A_1O}\cdot\frac{OJ}{JI}\cdot\frac{IA}{AO_1}=1.$$

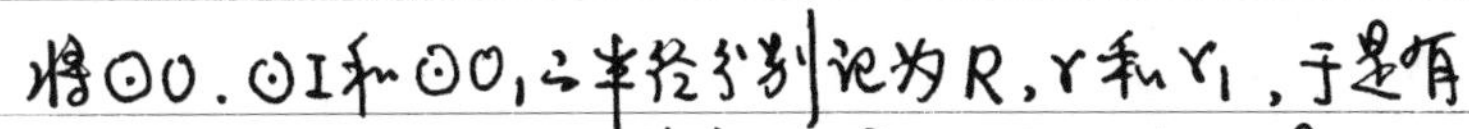

将⊙O、⊙I和$⊙O_1$之半径分别记为R，r和r_1，于是有

$$\frac{OJ}{JI}=\frac{A_1O}{O_1A_1}\cdot\frac{AO_1}{IA}=\frac{A_1O}{O_1A_1}\cdot\frac{O_1G}{ID}=\frac{R}{r_1}\cdot\frac{r_1}{r}=\frac{R}{r}.$$

若将BB_1、CC_1与OI之交点分别记为J′，J″，则同理有

$$\frac{OJ'}{J'I}=\frac{R}{r},\quad \frac{OJ''}{J''I}=\frac{R}{r}.$$

∴J′，J″，J三点重合．

即AA′，BB′，CC′三线共点J．　　（2003.3.7）

18. 设⊙O与⊙O′外切于点P，正△ABC内接于⊙O，分别过A，B，C三点各作一条⊙O′的切线，求证3条切线中，必有一条切线的长度等于另两条的长度之和.（1972年奥地利数学奥林匹克）

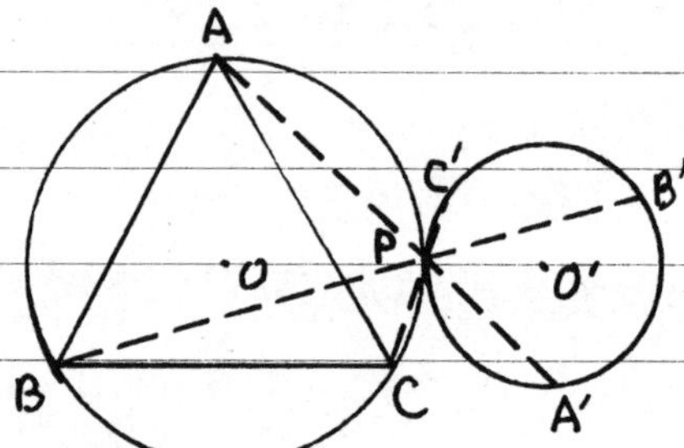

证 将分别过点A，B，C所作的⊙O′的切线长分别记为l_A，l_B，l_C. 连结AP，BP，CP并延长，分别交⊙O′于点A′，B′，C′.

由切割线定理有

$$l_A^2=AP\cdot AA',\quad l_B^2=BP\cdot BB',\quad l_C^2=CP\cdot CC'.$$

分别记⊙O与⊙O′之半径为R，R′. 因为⊙O与⊙O′反向位似且位似比为$-\frac{R}{R'}$，位似中心为点P，所以有

$$\frac{AP}{PA'}=\frac{R}{R'},\quad PA'=\frac{R'}{R}AP,\quad AA'=\left(1+\frac{R'}{R}\right)AP.$$

$$\therefore l_A=\sqrt{AP\cdot AA'}=AP\sqrt{1+\frac{R'}{R}}.$$

同理 $l_B=BP\sqrt{1+\frac{R'}{R}}$，$l_C=CP\sqrt{1+\frac{R'}{R}}$.

由托勒密定理有

$$AB\cdot CP+BC\cdot AP=AC\cdot BP,\quad \therefore CP+AP=BP.$$

$$\therefore l_B=l_A+l_C.$$

19　$\odot O_1$与$\odot O_2$都在$\odot O$内部且分别与$\odot O$切于不同的两点M和N，$\odot O_2$的圆心在$\odot O_1$上，过$\odot O_1$与$\odot O_2$的两个交点的直线交$\odot O$于两点A和B．直线MA，MB分别交$\odot O_1$于点C和D，求证CD与$\odot O_2$相切．

（1999年IMO 5题）

证　先证如下的引理：

引理　$\odot O$与$\odot O_1$内切于点E且$\odot O_1$在$\odot O$之内，$\odot O$的一条弦PQ切$\odot O_1$于点F，直线EF交$\odot O$于点E和G，则G为$\overset{\frown}{PQ}$中点且$GE\cdot GF=GP^2$．

引理之证　以点E为位似中心，将$\odot O_1$变成$\odot O$的位似变换，将点F变为点G．所以过点G所作$\odot O$的切线平行于PQ．所以$\overset{\frown}{PG}=\overset{\frown}{GQ}$即$G$为$\overset{\frown}{PQ}$中点．

$\therefore \angle GPQ \overset{m}{=} \frac{1}{2}\overset{\frown}{GQ}=\frac{1}{2}\overset{\frown}{PG}=\angle PEG$．

$\therefore \triangle GFP \backsim \triangle GPE$．$\therefore GP^2=GF\cdot GE$．

回到原题的证明　作$\odot O_1$与$\odot O_2$的两条公切线，切点分别为C'，D'，E，F，分别交$\odot O$于P，Q，T，S 4点（如图）．延长MC'，MD'分别交$\odot O$于点A'，B'．由引理之知A'为$\overset{\frown}{PQ}$中点，B'为$\overset{\frown}{ST}$中点．且A'，E，N三点共线，$A'C'\cdot A'M=A'P^2=A'E\cdot A'N$．即点$A'$关于$\odot O_1$，$\odot O_2$的幂相等．所以点$A'$在$\odot O_1$与$\odot O_2$之根轴$AB$上．所以点$A'$，$B'$，

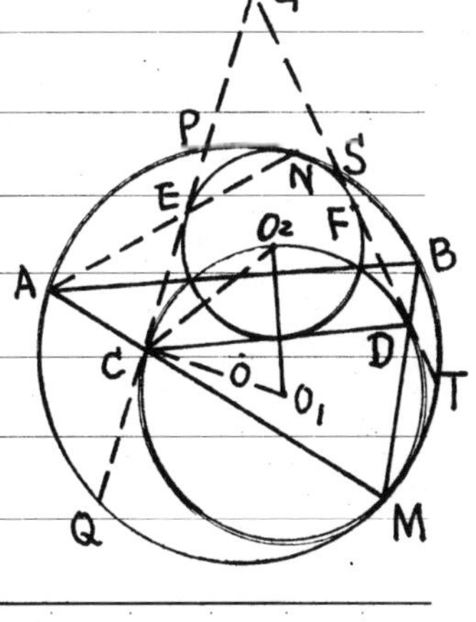

C'，D'分别重合于A，B，C，D．

在以M为位似中心，将$\odot O_1$变成$\odot O$的位似变换之下，将CD变成AB，所以$CD /\!/ AB$.

$\because O_1O_2 \perp AB$，$\therefore O_1O_2 \perp CD$. $\therefore O_2$为$\overset{\frown}{CO_2D}$的中点.

$\because$点C为PQ与$\odot O_1$的切点，

$\therefore \angle ECO_2 = \stackrel{m}{=} \frac{1}{2}\overset{\frown}{CO_2} = \frac{1}{2}\overset{\frown}{O_2D} \stackrel{m}{=} \angle DCO_2$.

即点O_2在$\angle ECD$的平分线上.

又$\because O_2$在$\angle G$的平分线上，$\therefore O_2$为$\triangle GCD$的内心.

$\therefore \odot O_2$为$\triangle GCD$的内切圆.

$\therefore CD$与$\odot O_2$相切.

注 $\because PQ$和ST为$\odot O_1$和$\odot O_2$的两条外公切线，

$\therefore$点G为$\odot O_2$和$\odot O_1$的位似中心.

$\therefore G, O_2, O_1$三点共线. $\therefore O_1O_2$平分$\angle G$.

$\because GC = GD$，$\therefore O_2O_1 \perp CD$. $\therefore \overset{\frown}{CO_2} = \overset{\frown}{O_2D}$.

20　⊙O的内接三角形△ABC的3边长分别为a、b、c，⊙O_1在⊙O内且与⊙O内切于点G，点G在$\overset{\frown}{BC}$上，分别过点A、B、C作⊙O_1的切线，3条切线长依次为α、β、γ，求证 $a\alpha=b\beta+c\gamma$.

(《广东省中学数学奥林匹克题库》1.4－1题)（《钱宗奥林数学(三)》17页例6）

证　连结GA、GB、GC，分别交⊙O_1于点A_1、B_1、C_1，于是⊙O_1与⊙O位似，位似中心为点G，位似比为两圆半径之比R_1/R．在这个位似变换之下，点A_1、B_1、C_1分别对应于点A、B、C．

$$\therefore \frac{GA_1}{GA}=\frac{GB_1}{GB}=\frac{GC_1}{GC}=\frac{R_1}{R}.$$

$$\therefore \frac{AA_1}{GA}=\frac{BB_1}{GB}=\frac{CC_1}{GC}=\frac{R-R_1}{R}.$$

$$\therefore \alpha^2=AA_1\cdot AG=\frac{R-R_1}{R}AG^2.\ \therefore \alpha=AG\sqrt{\frac{R-R_1}{R}}.$$

同理 $\beta=BG\sqrt{\dfrac{R-R_1}{R}}$，$\gamma=CG\sqrt{\dfrac{R-R_1}{R}}$.

在⊙O中对四边形ABGC应用托勒密定理有

$$a\cdot AG=b\cdot BG+c\cdot CG$$

$$\therefore a\alpha=a\cdot AG\sqrt{\frac{R-R_1}{R}}=(b\cdot BG+c\cdot CG)\sqrt{\frac{R-R_1}{R}}$$

$$=b\cdot\beta+c\cdot\gamma.$$

21　$\triangle A_1B_1C_1$是不等边锐角$\triangle ABC$的垂足三角形，A_2，B_2，C_2是$\triangle A_1B_1C_1$的内切圆与3边的切点，求证$\triangle A_2B_2C_2$与$\triangle ABC$的欧拉线重合．（1990年巴尔干数学奥林匹克）

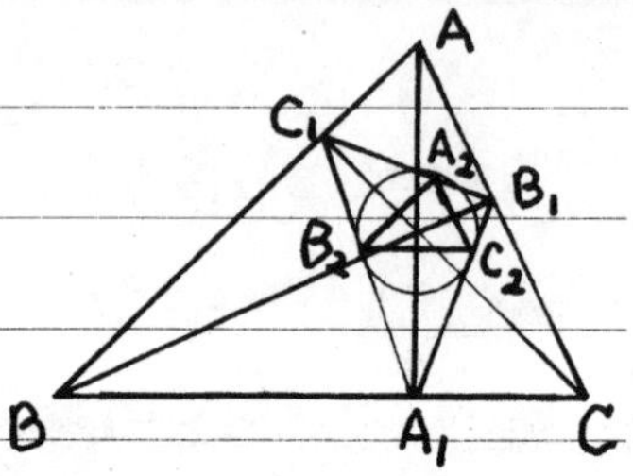

证　设H是$\triangle ABC$的垂心，于是H又是$\triangle A_1B_1C_1$的内心，从而又是$\triangle A_2B_2C_2$的外心．所以$\triangle ABC$和$\triangle A_2B_2C_2$的欧拉线都过点H．

$\because A_1B_2=A_1C_2$，$\therefore \triangle A_1B_2C_2$为等腰三角形．

$\because A_1A$是$\angle B_2A_1C_2$的平分线，$\therefore AA_1\perp B_2C_2$．

又$\because AA_1\perp BC$，$\therefore B_2C_2 /\!/ BC$．

同理　$A_2B_2 /\!/ AB$，$A_2C_2 /\!/ AC$．

$\therefore \triangle A_2B_2C_2$与$\triangle ABC$位似．

$\therefore \triangle A_2B_2C_2$与$\triangle ABC$的欧拉线或平行或重合．

$\because$两条欧拉线都过点H，

$\therefore$两条欧拉线重合．

22. 如图，$\odot O_1$与$\odot O_2$与$\triangle ABC$的三边所在的直线都相切，E，F，G，H都是切点，直线EG与FH交于点P，求证$PA\perp BC$.

（《构》2题）（1996年全国联赛二试3题）

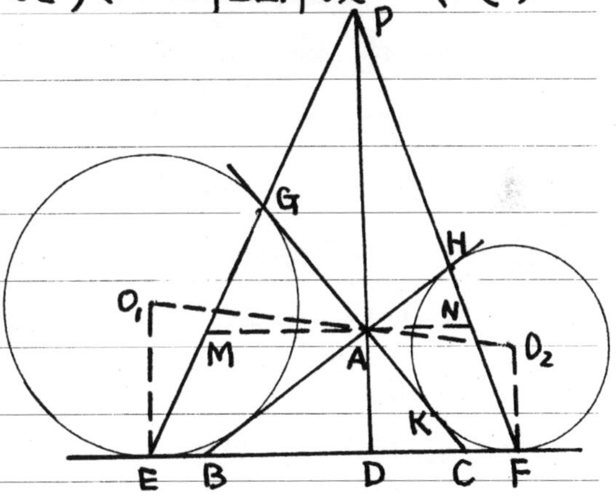

证 延长PA交BC于点D，连结O_1O_2过点A，连结O_1E，O_1G，O_2F，O_2H，过A作$MN\parallel BC$，分别交PE，PF于点M，N，于是

$$ED:DF=MA:AN.$$

$\because$ CE，CG为$\odot O_1$的两条切线，$MA\parallel EC$，

$\therefore GA:GC=MA:EC$. $\therefore GA=MA$.

若记GC与$\odot O_2$的切点为K，则同理有$AN=AH=AK$.

因为点A为$\odot O_1$与$\odot O_2$的反向位似中心，设位似比为k，于是

$$GA:AK=k=O_1A:AO_2.$$

$\therefore ED:DF=MA:AN=GA:AK=O_1A:AO_2$.

$\therefore AD\parallel O_1E\parallel O_2F$. $\therefore AD\perp BC$，即$PA\perp BC$.

23. 在面积为1平方米的正方形天花板上有一只蜘蛛和一只苍蝇。已知苍蝇在原地不动而蜘蛛可以在1秒钟内跳到连结它与天花板4个顶点的4条线段中任何一条的中点，求证蜘蛛在8秒钟内能接近苍蝇，使距离小于1厘米。（1989年全苏数学奥林匹克）

证 将正方形天花板划分成$2^8\times2^8$个小方格，每个小方格的边长为2^{-8}。记苍蝇的落点为A，A所在的小方格记为R_0。以天花板4个顶点中距R_0最近的一个顶点为位似中心，右图中的O_2，作位似系数为2的同向位似变换。显然，方格R_0的位似象R_1位于大正方形中，且R_1的边长为2^{-7}。再以天花板的4个顶点中距R_1最近的顶点为位似中心（图中的O_1），作位似系数为2的同向位似变换，于是R_1的象R_2位于大正方形中且R_2的边长为2^{-6}。这样继续下去，直到第8次变换后，得到的象R_8位于大正方形中且边长为1，所以R_8就是整个天花板的正方形。

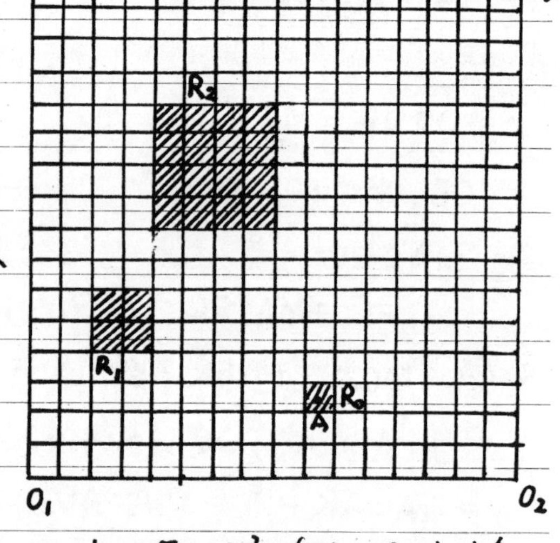

现在我们将上述过程逆转回去。从大正方形出发，在8次系数为$\frac{1}{2}$的同向位似中，变换象依次为

$$R_8\to R_7\to R_6\to R_5\text{——}R_4\text{——}R_3\text{——}R_2\text{——}R_1\text{——}R_0.$$

最后蜘蛛的位置落在R_0中，所以它与苍蝇的距离不大于$2^{-8}\sqrt{2}$，当然小于1厘米，而时间是8秒。

24　$\odot O_1$在$\odot O$内部且两圆切于点N，$\odot O$的两条弦BA，BC分别切$\odot O_1$于点K和M．设不包含点N的弧$\overset{\frown}{AB}$和$\overset{\frown}{BC}$的中点分别是Q和P，$\triangle BQK$和$\triangle BPM$的外接圆的第2个交点为D．求证四边形$BQDP$为平行四边形．　　（《培优教程》例9.59）

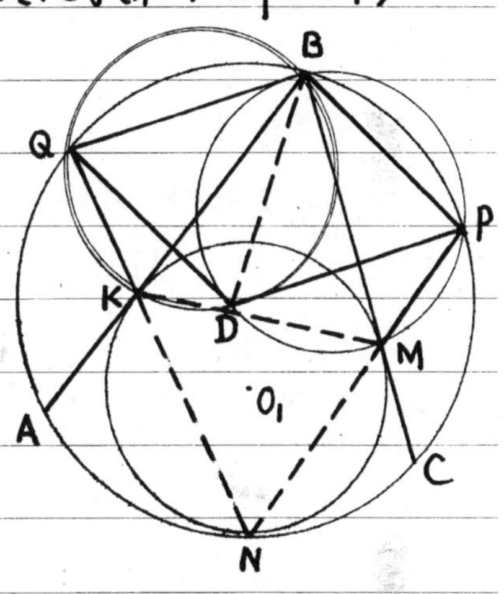

※证1　连结NK，NM并分别延长，交$\odot O$于点Q'和P'．由于$\odot O$与$\odot O_1$内切于点N，故二者以点N为位似中心同向位似．所以K和Q'为位似变换下的对应点．所以过点Q'作$\odot O$的切线平行于AB．从而Q'为$\overset{\frown}{AB}$中点．即点Q'与Q重合．同理点P'与P重合．连结BD，KM．

$\because$　$BK=BM$，$\angle BQK=180^\circ-\angle BPM$，$\therefore$ $\odot BQK=\odot BMP$．

$\therefore$ $\angle BQD=\angle BPD$．

$\because$ $\angle BKQ=\angle AKN=\angle KMN$，$\angle BMP=\angle CMN=\angle MKN$，

$$\begin{aligned}\therefore \angle QDP&=\angle QDB+\angle BDP=\angle QKB+\angle BMP\\&=\angle KMN+\angle MKN=180^\circ-\angle N=\angle QBP.\end{aligned}$$

$\therefore$ 四边形$BQDP$为平行四边形．

证2　像证1中一样地可以证明N，K，Q和N，M，P都三点共线，所以有

$$\angle BQN+\angle BPN=180^\circ.$$

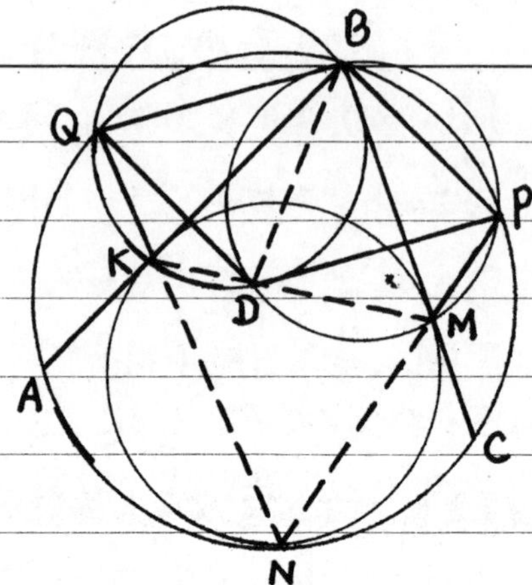

连结BD，KD，DM，于是有

$$\angle BDK+\angle BDM$$
$$=180^\circ-\angle BQK+180^\circ-\angle BPM$$
$$=180^\circ.$$

∴ K，D，M三点共线.

∵ $BK=BM$

∴ $\angle BQD=\angle BKD=\angle BMD=\angle BPD$.

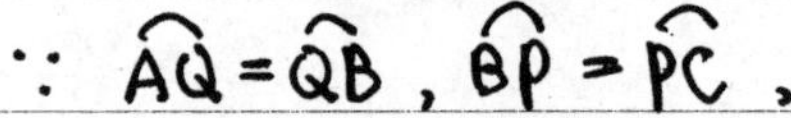

∵ $\overset{\frown}{AQ}=\overset{\frown}{QB}$，$\overset{\frown}{BP}=\overset{\frown}{PC}$，

$$\therefore \angle QDP=\angle QDB+\angle BDP=\angle QKB+\angle BMP$$
$$\overset{m}{=}\frac{1}{2}(\overset{\frown}{QB}+\overset{\frown}{AN})+\frac{1}{2}(\overset{\frown}{BP}+\overset{\frown}{CN})$$
$$=\frac{1}{2}(\overset{\frown}{QA}+\overset{\frown}{AN}+\overset{\frown}{NC}+\overset{\frown}{CP})=\frac{1}{2}\overset{\frown}{QNP}$$
$$\overset{m}{=}\angle QBP.$$

∴ 四边形BQDP为平行四边形.

位似变换的主要性质

(1) 在位似变换之下，位似中心是唯一的不动点，通过位似中心的任何一条直线都是不动线．因而对于任意点P和它的象点P'，都有O，P，P'三点共线．

(2) 3组对应点分别确定的3条直线共点，都通过位似中心．

(3) 在位似变换之下，对应线段互相平行．当位似比$k>0$时，对应线段同向平行；当$k<0$时，对应线段反向平行．

(4) 位似变换把任意图形变为它的相似图形．因此，位似变换保持夹角不变且保持对应线段的比值不变．

(5) 若两个三角形的3组对应边分别同向(或反向)平行，则这两个三角形位似．

(6) 位似变换把直线变成直线，把圆变成圆．

(7) 任何两个半径不等的圆都是位似图形．当二者有两条外公切线时，两条外公切线的交点即为同向位似中心；相离两圆的两条内公切线的交点是二者的反向位似中心；外切两圆的切点为二者的反向位似中心而内切两圆的切点则是同向位似中心．显然，两圆的位似中心总在连心线上．当一点内分连心线之比等于两圆半径之比时，这一点就是反向位似中心；当一点外分连心线之比等于两圆半径之比时，这一点就是同向位似中心．

25　$\triangle ABC$的内切圆与三边BC，CA，AB的切点分别为A_1，B_1，C_1，$\triangle ABC$的外接圆上的$\overset{\frown}{BC}$，$\overset{\frown}{CA}$，$\overset{\frown}{AB}$的中点分别为A_2，B_2，C_2，求证A_1A_2，B_1B_2，C_1C_2三线共点。　（《三线共点》9题）

证1　连结B_1C_1，C_1A_1，A_1B_1，B_2C_2，C_2A_2和A_2B_2并记C_2B_2与AB，AC的交点分别为D和E。

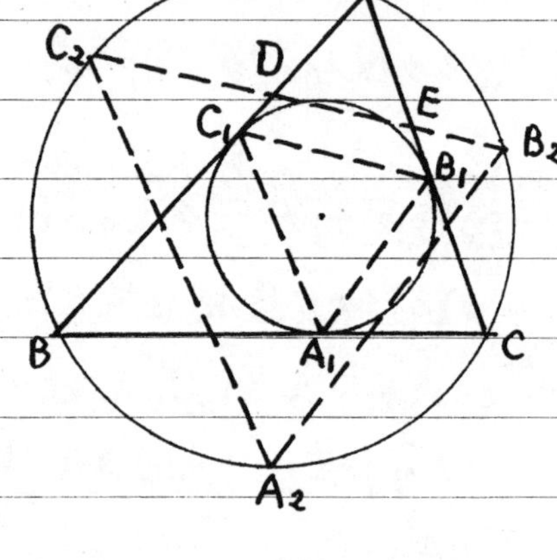

$\because C_2$，B_2分别为$\overset{\frown}{AB}$，$\overset{\frown}{AC}$的中点，

$$\therefore \angle ADE \overset{m}{=} \frac{1}{2}(\overset{\frown}{AB_2}+\overset{\frown}{BC_2})$$
$$=\frac{1}{2}(\overset{\frown}{CB_2}+\overset{\frown}{AC_2})$$
$$\overset{m}{=}\angle AED.$$

$\therefore \triangle ADE$为等腰三角形。

$\because \triangle AC_1B_1$为等腰三角形，$\therefore B_1C_1 \parallel B_2C_2$。

同理$C_1A_1 \parallel C_2A_2$，$A_1B_1 \parallel A_2B_2$。

$\therefore \triangle A_1B_1C_1$与$\triangle A_2B_2C_2$同向位似。

$\therefore A_1A_2$，B_1B_2，C_1C_2三线共点。

证2　$\angle ADE \overset{m}{=} \frac{1}{2}(\overset{\frown}{AB_2}+\overset{\frown}{BC_2})=\frac{1}{4}(\overset{\frown}{AC}+\overset{\frown}{AB})$

$\overset{m}{=}\frac{1}{2}(\angle B+\angle C)=90^\circ-\frac{1}{2}\angle A=\angle AC_1B_1$。

$\therefore B_1C_1 \parallel B_2C_2$。同理$C_1A_1 \parallel C_2A_2$，$A_1B_1 \parallel A_2B_2$。

（2004.8.16）

十四 旋转

1 在锐角△ABC中求一点P，使得它到3个顶点的距离之和最小.

解 将△APC绕点C旋转60°，得到△DQC，连结AD，PQ，于是△ACD和△PCQ都是等边三角形.

∴ PA+PB+PC=DQ+PB+PQ.

注意，上式右端为折线BPQD之长. 由于点D是以AC为一边的等边三角形的第3个顶点，它的位置与点P无关，故知当折线BPQD为一条直线时最短. 这时应有

∠CQD=120°，∠BPC=120°. ∴∠APC=120°，∠APB=120°.

即当点P对3边的张角都是120°时，PA+PB+PC最小. 这样的一点称为△ABC的费马点.

分别以AB，BC为弦，各作一条含120°角的弧，则两弧的交点即为费马点.

2　设 P 为等边△ABC 内任意一点，$AB=a$，求证 $PA+PB+PC<2a$.

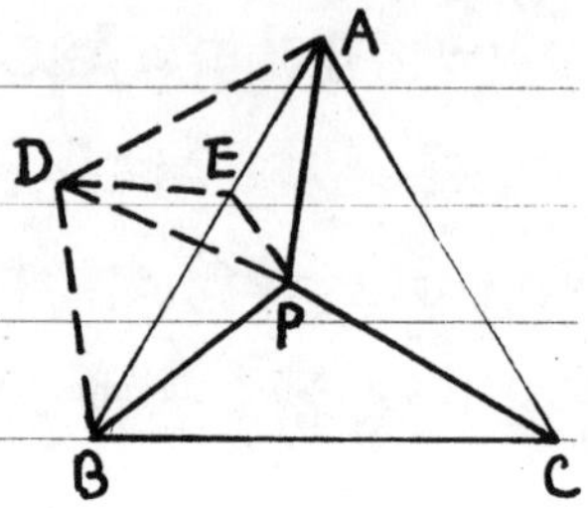

证　将△PBC 绕点 B 逆时针旋转 60°，得到△DBA，连结 DP，于是△DBP 为等边三角形．作△DBP 的外接圆交 BA 于点 E，连结 DE，EP，于是四边形 DBPE 为圆内接四边形，由托勒密定理有

$$DE\cdot BP+EP\cdot DB=BE\cdot DP.\quad \therefore DE+EP=BE.$$

$\because AD=PC,\ DP=PB,$

$$\begin{aligned}\therefore 2a&=2AB=2(AE+BE)=2(AE+DE+EP)\\&=(AE+ED)+(DE+EP)+(PE+EA)\\&>AD+DP+PA=PC+PB+PA.\end{aligned}$$

3 （拿破仑定理）分别以$\triangle ABC$的3边为一边，在形外作正三角形$\triangle A'BC$，$\triangle AB'C$和$\triangle ABC'$，三者的中心分别记为O_1，O_2，O_3，求证$\triangle O_1O_2O_3$为正三角形.

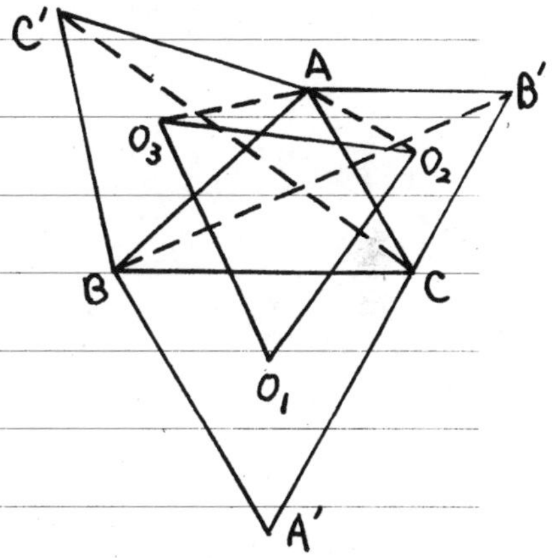

证1 连结CC'，BB'，AO_2，AO_3，并考察$\triangle AO_3O_2$与$\triangle ACC'$、$\triangle ABB'$的关系.

$\because \angle C'AO_3=\angle O_3AB=\angle CAO_2=\angle O_2AB'=30^\circ$，

$AB=AC'=\sqrt{3}AO_3$，

$AC=AB'=\sqrt{3}AO_2$.

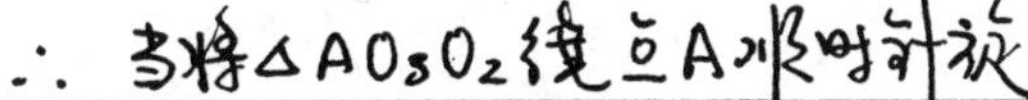
$\therefore$ 当将$\triangle AO_3O_2$绕点A顺时针旋

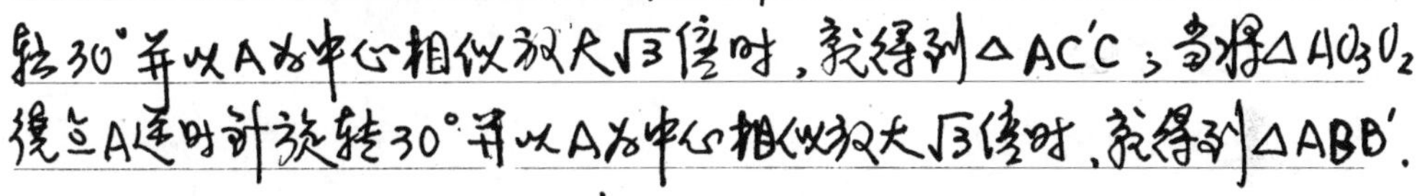
转30°并以A为中心相似放大$\sqrt{3}$倍时，就得到$\triangle AC'C$；当将$\triangle AO_3O_2$绕点A逆时针旋转30°并以A为中心相似放大$\sqrt{3}$倍时，就得到$\triangle ABB'$.

$\therefore BB'=\sqrt{3}O_3O_2=CC'$.

同理 $BB'=CC'=AA'$，$O_1O_2=\frac{\sqrt{3}}{3}BB'=O_3O_2=\frac{\sqrt{3}}{3}CC'=O_3O_1$.

$\therefore \triangle O_1O_2O_3$为正三角形.

证2 $\because AO_3=\frac{c}{\sqrt{3}}$，$AO_2=\frac{b}{\sqrt{3}}$，$\angle O_3AO_2=\angle BAC+60^\circ$，

$$\begin{aligned}\therefore O_2O_3^2&=AO_2^2+AO_3^2-2AO_2\cdot AO_3\cos(A+60^\circ)\\&=\frac{1}{3}\left\{b^2+c^2-2bc\left(\frac{1}{2}\cos A-\frac{\sqrt{3}}{2}\sin A\right)\right\}\\&=\frac{1}{3}\left\{b^2+c^2-bc\cos A+2\sqrt{3}S\right\}\end{aligned}$$

$\because \cos A=(b^2+c^2-a^2)/2bc$，$\therefore bc\cos A=\frac{1}{2}(b^2+c^2-a^2)$.

$\therefore O_2O_3^2=\frac{1}{3}\left\{\frac{1}{2}(a^2+b^2+c^2)+2\sqrt{3}S\right\}$.

由对称性即得 $O_2O_3=O_3O_1=O_1O_2$. $\therefore \triangle O_1O_2O_3$为正三角形.

4　在凸四边形$ABCD$中，$AC=BD$，分别以4条边AB，BC，CD，DA为一边，在形外作等边三角形$\triangle ABE$，$\triangle BCF$，$\triangle CDG$和$\triangle DAH$，它们的中心依次为O_1，O_2，O_3和O_4，求证$O_1O_3\perp O_2O_4$．

（1992年IMO预选题）

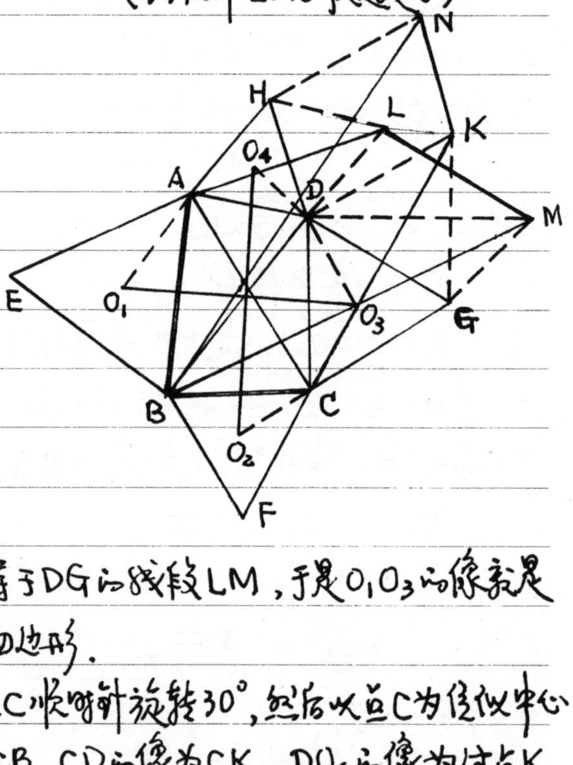

证1　分别取点K，L，使得四边形$DCGK$和$ADLH$都是菱形，连结O_1A，O_2C，O_3D，O_4D．

将四边形AO_1O_3D绕点A逆时针旋转30°，然后以点A为位似中心，放大$\sqrt{3}$倍，于是AO_1的像恰为AB，AD的像恰为AL，而DO_3的像则为由L出发，平行且等于DG的线段LM，于是O_1O_3的像就是BM，四边形$DGML$为平行四边形．

将四边形O_4O_2CD绕点C顺时针旋转30°，然后以点C为位似中心放大$\sqrt{3}$倍，于是CO_2的像为CB，CD的像为CK，DO_4的像为过点K的作平行且相等于DE的线段KN，于是O_2O_4的像为BN，四边形$HDKN$为平行四边形．

将平行四边形$GMLD$绕点D逆时针旋转60°，其像恰为▱$KNHD$．

$\therefore$　$DN=DM$，$\angle NDM=60^\circ$．

$\because$　$\angle ADO_3=\angle ALM$，

$\therefore \angle DLM=\angle ALM-30^\circ=\angle ADO_3-30^\circ=\angle ADC$.

$\because LM=DG=DC$，$LD=AD$，

$\therefore \triangle LDM\cong\triangle DAC$. $\therefore DN=DM=AC=DB$.

$\therefore B,M,N$ 都在以 D 为心，DB 为半径的圆上.

$\because \angle NDM=60^\circ$，$\therefore \angle NBM=30^\circ$.

$\because O_1O_3$ 与 BM 交角为 30°，O_2O_4 与 BN 交角为 30°，且两个角方向相反，

$\therefore O_1O_3$ 与 O_2O_4 的交角为 90°，即 $O_1O_3\perp O_2O_4$.

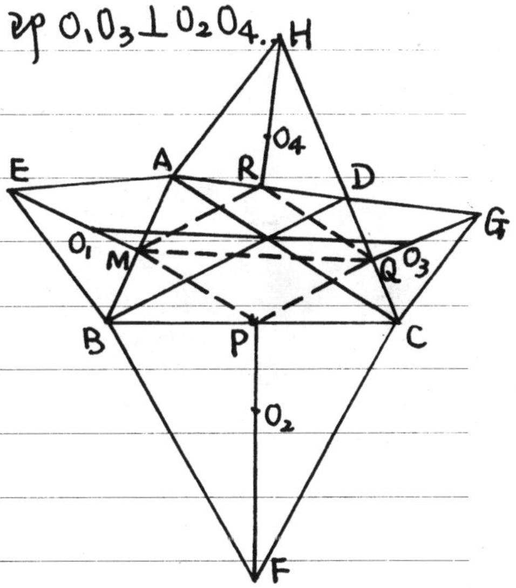

证2 将四边形 $ABCD$ 的4边中点依次记为 M,P,Q,R，连结 MP,PQ,QR,RM,MQ，于是四边形 $MPQR$ 为菱形. $\therefore MQ\perp PR$. 可见，为证 $O_1O_3\perp O_2O_4$，只须证明 $O_1O_3\parallel MQ$，$O_2O_4\parallel PR$. 而这又只须证明 $O_1O_3\parallel MQ$. 用向量观点来看，即证明 $\overrightarrow{O_1O_3}\parallel\overrightarrow{MQ}$.

$\because \overrightarrow{O_1O_3}=\overrightarrow{O_1M}+\overrightarrow{MQ}+\overrightarrow{QO_3}$，　　向量法

$\therefore$ 只须证明 $\overrightarrow{O_1M}+\overrightarrow{QO_3}\parallel\overrightarrow{MQ}$.　　①

分别将 $\overrightarrow{AM}$，$\overrightarrow{DQ}$ 逆时针旋转 90° 并乘以系数 $\frac{\sqrt{3}}{3}$，便得到向量 $\overrightarrow{O_1M}$ 和 $\overrightarrow{QO_3}$. 所以将 $\overrightarrow{AM}+\overrightarrow{DQ}$ 逆时针旋转 90° 并乘以 $\frac{\sqrt{3}}{3}$，便得到向量 $\overrightarrow{O_1M}+\overrightarrow{QO_3}$. 所以又只须证明

$\overrightarrow{AM}+\overrightarrow{DQ} \parallel \overrightarrow{RP}$. ②

由向量关系有

$$2\overrightarrow{PR}=(\overrightarrow{PB}+\overrightarrow{BA}+\overrightarrow{AR})+(\overrightarrow{PC}+\overrightarrow{CD}+\overrightarrow{DR})$$
$$=(\overrightarrow{PB}+\overrightarrow{PC})+(\overrightarrow{AR}+\overrightarrow{DR})+\overrightarrow{BA}+\overrightarrow{CD}$$
$$=\overrightarrow{BA}+\overrightarrow{CD}=2(\overrightarrow{MA}+\overrightarrow{QD})=-2(\overrightarrow{AM}+\overrightarrow{DQ}).$$

$\therefore \overrightarrow{AM}+\overrightarrow{DQ} \parallel \overrightarrow{RP}$，即②式成立.

$\therefore O_1O_3 \parallel MQ$.　　$\therefore O_1O_3 \perp O_2O_4$.

证3 (复数法) 见《2■》93页10题

5 分别以凸四边形ABCD的4条边为底边，在形外作4个两两都相似的等腰$\triangle ABP$，$\triangle BCQ$，$\triangle CDR$和$\triangle DAS$。已知四边形PQRS是矩形且$PQ\neq QR$，求证四边形ABCD是菱形。

（《钱米奥林数学(三)》19页例8）

引理 (i) 设直线l_1与l_2交于点O，交角为θ，S_i是以直线l_i为轴的对称变换，$i=1,2$，则复合变换$S_2\circ S_1$是以点O为心、旋转角为2θ的旋转变换。反之，以点O为中心，旋转角为2θ的旋转变换可以写成分别以过点O且夹角为θ的任何两条直线为轴的两个对称变换的复合。

(ii) 当$\alpha_1+\alpha_2\neq 2k\pi$时，两个旋转变换$R(O_1,\theta_1)$，$R(O_2,\theta_2)$的复合仍是一个旋转变换$R(O,\theta_1+\theta_2)$，其中点O满足条件$\angle OO_1O_2=\frac{1}{2}\alpha_1$，$\angle O_1O_2O=\frac{1}{2}\alpha_2$。

作两条直线l_1与l_2，使得l_1与O_1O_2，O_1O_2与l_2的夹角分别为$\frac{1}{2}\alpha_1$和$\frac{1}{2}\alpha_2$，并记两直线的交点为O。于是

$$R(O_1,\alpha_1)=S_{O_1O_2}\circ S_{l_1},\quad R(O_2,\alpha_2)=S_{l_2}\circ S_{O_1O_2}.$$

$$\begin{aligned}\therefore R(O_2,\alpha_2)\circ R(O_1,\alpha_1)&=S_{l_2}\circ S_{O_1O_2}\circ S_{O_1O_2}\circ S_{l_1}\\&=S_{l_2}\circ S_{l_1}=R(O,\alpha_1+\alpha_2).\end{aligned}$$

回到原题的证明 分别以PQ，RS为底边，在矩形内作底角为$\frac{\theta}{2}$的等腰三角形$\triangle EPQ$和$\triangle FRS$，其中θ为$\triangle ABP$的顶角度数，不妨设$\theta\neq 90^\circ$。注意，点C绕点Q旋转θ角后到点B，点B绕点P旋转θ角后到点A。由引理(ii)知，在复合旋转变换$R(E,2\theta)=R(P,\theta)\circ R(Q,\theta)$之下，点C变为点A，即点C绕点E旋转$2\theta$角之后到点A，且$\angle EPQ=$

$\angle EQP=\frac{1}{2}\theta$.

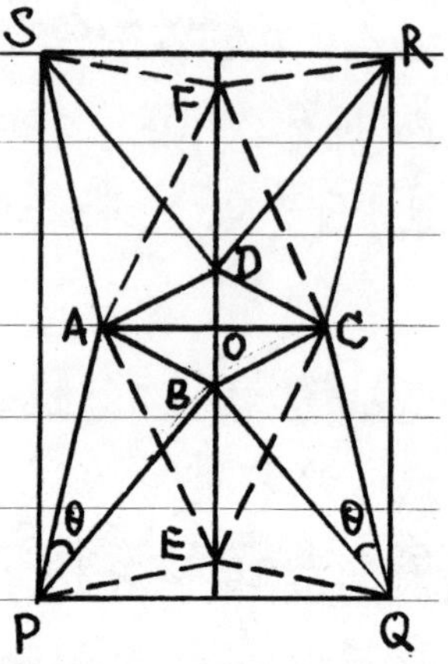

$\therefore EA=EC$.

同理 $FA=FC$.

$\because \angle AEC=2\theta=\angle AFC$,

$\therefore \triangle AEC\cong\triangle AFC$.

$\therefore$ 四边形 $AECF$ 为菱形.

$\because PQ=RS$,

$\therefore \triangle EPQ\cong\triangle FRS$.

$\therefore$ 直线 EF 为矩形 $PQRS$ 的对称轴，EF 垂直平分 AC 于矩形的两条对角线的交点 O.

同理 BD 也被矩形的另一条对称轴垂直平分于点 O.

$\therefore$ 四边形 $ABCD$ 为菱形.

证2 (复数法)

6 两圆交于两点A和B，过点A作直线CD分别交两圆于点C和D。M和N分别是不含点A的$\overset{\frown}{BC}$和$\overset{\frown}{BD}$的中点，K是线段CD的中点。求证$\angle MKN=90°$。

（《广东高中题集》4试12题）

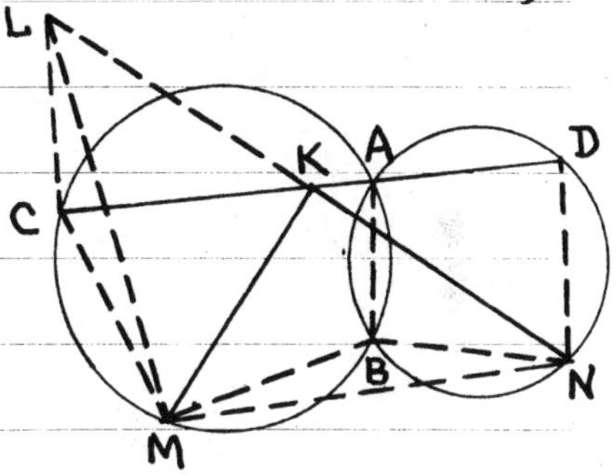

证 连结AB，BM，BN，MN，MC，ND。将$\triangle BMN$绕点M逆时针旋转$\angle\theta=\angle CMB$。$\because MC=MB$，所以MB落在MC上。记所得的三角形为$\triangle CML$。连结LN交CD于点K′。

$\because$直线LC与BN的夹角为θ，

$$\theta+\angle BND=\theta+\angle CAB=\angle CMB+\angle CAB=180°,$$

$\therefore LC \mathrel{\underline{\parallel}} DN$。 $\therefore \triangle LCK'\cong\triangle NDK'$。

$\therefore$ K′为CD中点，又为LN中点。 又$\because$ K为CD中点，$\therefore$ K′与K重合。

$\therefore$ MK为等腰$\triangle MNL$底边NL上的中线，当然又是高。

$\therefore MK\perp LN$。 $\therefore \angle MKN=90°$。

注 原图不变，也可视为将DN绕点K旋转180°。

7 分别以$\triangle ABC$的两边AC，BC为一边，向形外作$\triangle ACE$和$\triangle BCD$，使得$AE=BD$且$\angle BDC+\angle AEC=180°$，F是线段AB的内分点，使得$AF:FB=DC:CE$，求证$DE:(CD+CE)=EF:BC=FD:AC$。

（《广东高中题集》4页14题）

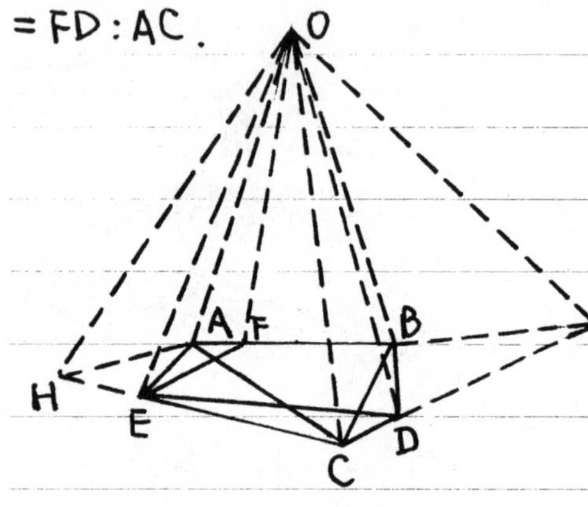

证 延长CD到G，使$DG=CE$，延长CE到H，使$EH=CD$，连结BG，AH。

$\because AE=BD$，

$\angle BDC+\angle AEC=180°$，

$\therefore \triangle BDC\cong\triangle AEH$，

$\triangle AEC\cong\triangle BDG$。

$\therefore \triangle AHC\cong\triangle BCG$。

记AB和HC的中垂线交于点O，连结OA，OB，OC，OD，OE，OF，OG，OH，于是

$OA=OB$，$OH=OC$。

$\because BC=AH$，$\therefore \triangle OHA\cong\triangle OCB$，$\therefore \angle AOH=\angle BOC$。

$\therefore \angle AOB=\angle HOC$。

$\because OH=OC$，$HC=CG$，

$\angle OHC=\angle OHA+\angle AHC=\angle OCB+\angle BCG=\angle OCG$，

$\therefore \triangle OHC\cong\triangle OCG$，$\therefore \angle HOC=\angle COG$，$OC=OG$。

可见，当将$\triangle AHC$绕点O旋转$\angle AOB$时，正好落在$\triangle BCG$上，且点D恰为点E的像。

∵ $\triangle OHC$，$\triangle OAB$ 和 $\triangle OED$ 都是顶角相等的等腰三角形，

∴ $\triangle OHC \backsim \triangle OAB \backsim \triangle OED$.

∵ $AF:FB=DC:CE=HE:EC$，

∴ $OH:OA=HC:AB=HE:AF$. ∴ $\triangle OHE \backsim \triangle OAF$.

∴ $\triangle OHA \backsim \triangle OEF$. ∴ $EF:BC=EF:AH=OE:OH$.

又∵ $\triangle OHC \backsim \triangle OED$，

∴ $DE:(CD+CE)=DE:HC=OE:OH$.

∴ $DE:(CD+CE)=EF:BC$.

8　在凸四边形 $ABCD$ 中取两点 E 和 F，使得 $AE=BE$，$CE=DE$，$\angle AEB=\angle CED$，$AF=DF$，$BF=CF$，$\angle AFD=\angle BFC$，求证 $\angle AFD+\angle AEB=\pi$．（2001年中国集训队选拔考试1题）

证　记 $AC\cap BD=G$，$\angle EAB=\angle ABE=\alpha$，$\angle FAD=\angle ADF=\beta$．连结 GE，GF．

$\because$ $AE=BE$，$CE=DE$，

$\angle AEB=\angle CED$，

$\therefore$ 当将 $\triangle BED$ 绕点 E 旋转 $\angle BEA$ 时，就重合于 $\triangle AEC$．

$\therefore$ $\angle GAE=\angle GBE$．$\therefore$ A，G，E，B 四点共圆．

$\because$ $AF=DF$，$BF=CF$，$\angle AFD=\angle BFC$，

$\therefore$ 当将 $\triangle AFC$ 绕点 F 旋转 $\angle AFD$ 时，就重合于 $\triangle DFB$．

$\therefore$ $\angle GAF=\angle GDF$．$\therefore$ A，D，F，G 四点共圆．

$\therefore$ $\angle AFD+\angle AEB=\angle AGD+\angle AGB=\pi$．

9　如图，△ABC，△CDE和△EHK都是正三角形，AD=DK，求证△BHD也是正三角形．（1981年全苏数学奥林匹克）

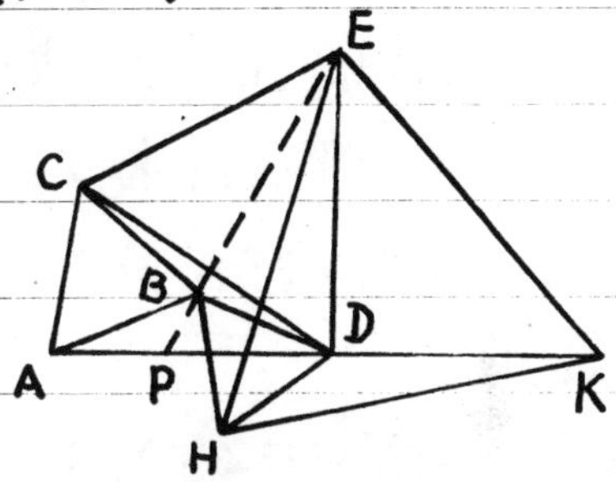

证　因为△ABC和△CDE都是正三角形，所以当将△CAD绕点C逆时针旋转60°时，就得到△CBE．

∴ BE=AD=DK，

BE与AD的夹角为60°．

延长EB交AD于点P，于是∠EPD=60°．再将△HBE绕点H顺时针旋转60°，于是HE转到HK且BE转到DK，点B变到点D．

∴ HB=HD且∠BHD=60°．

∴ △BHD为正三角形．

110　设D为正△ABC的边AB上任一点，分别以AD，DB为一边向形外作正△AED和正△DFB，又设△ABC，△AED和△DFB的中心分别为P，Q，R，求证△PQR为正三角形。

证1　将△PRB绕点P顺时针旋转120°，得到△PGA，这时点B落在点A。连结GQ。

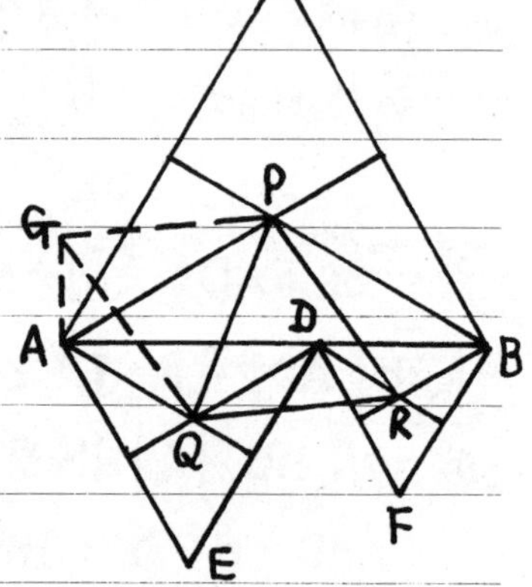

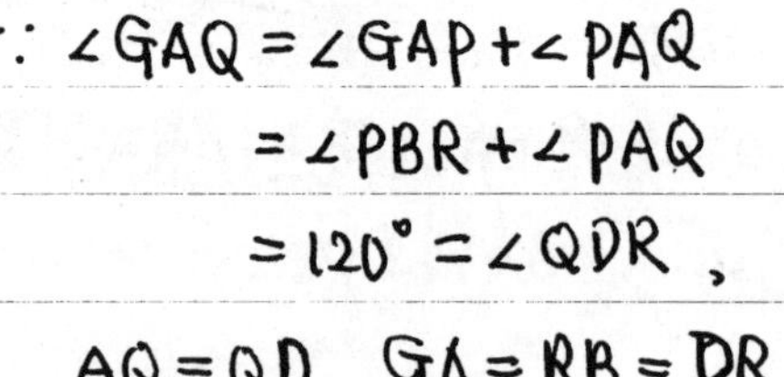

$$\because \angle GAQ = \angle GAP + \angle PAQ$$
$$= \angle PBR + \angle PAQ$$
$$= 120^\circ = \angle QDR,$$

$AQ = QD$，$GA = RB = DR$，

$\therefore \triangle GAQ \cong \triangle RDQ$．$\therefore GQ = QR$，$\angle AQG = \angle DQR$．

$\because \angle AQD = 120^\circ$，$\therefore \angle GQR = 120^\circ$．

又$\because PG = PR$，$\therefore \triangle PGQ \cong \triangle PRQ$．$\therefore$

$\therefore \angle PQR = \angle PQG = 60^\circ$．同理，$\angle PRQ = 60^\circ$．

$\therefore \triangle PQR$为正三角形．

证2　在AP上取点G，使得$AG = AQ$，连结GQ，则△AQG为正三角形．

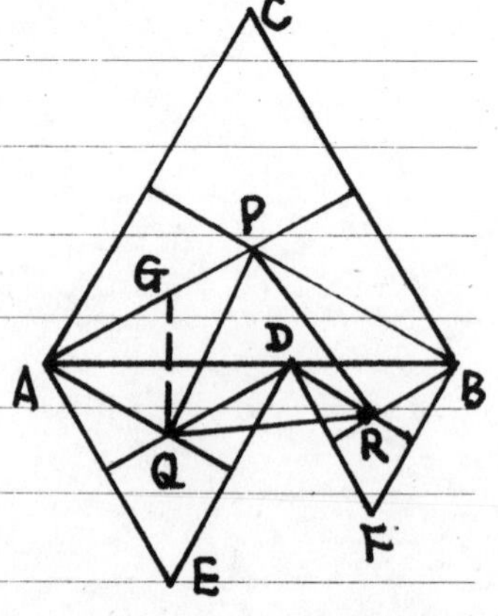

$\therefore GQ = AQ = DQ$．

$\because \triangle ABC \backsim \triangle AED \backsim \triangle DFB$

且相似比为$1 : a : (1-a)$，其中$a = \dfrac{AD}{AB}$．

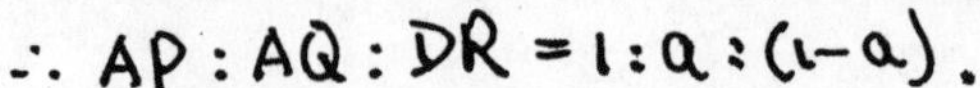

$\therefore AP : AQ : DR = 1 : a : (1-a)$．

若记 $AP=1$，则 $AQ=a$，$QD=1-a$.

$\therefore GP=AP-AG=1-a=QD$.

又 $\because \angle PGQ=120^\circ=\angle QDR$，$\therefore \triangle GQP\cong\triangle DQR$.

这表明将 $\triangle DQR$ 绕点 Q 逆时针旋转 60° 即得到 $\triangle GQP$.

$\therefore \angle PQR=60^\circ$. 同理 $\angle PRQ=60^\circ$.

$\therefore \triangle PQR$ 为正三角形.

证3 延长 AQ 与 BR 交于点 G，连结 PG. 于是四边形 $AGBP$ 为一个内角为 60° 的菱形.

$\therefore PA=PG=AG$.

记 $AD:AB=a$，于是

$\triangle ABC\backsim\triangle AED\backsim\triangle DFB$

且相似比为 $1:a:(1-a)$.

$\therefore AP:AQ:BR=1:a:(1-a)$.

记 $AP=1$，于是 $AQ=a$，$BR=1-a=QG$.

又 $\because \angle PGQ=60^\circ=\angle PBR$，$\therefore \triangle PQG\cong\triangle PRB$.

这表明将 $\triangle GQP$ 绕点 P 逆时针旋转 60° 即得到 $\triangle BRP$.

$\therefore \angle QPR=60^\circ$，$PQ=PR$.

$\therefore \triangle PQR$ 为正三角形.

证4 延长 RD 交 AP 于点 G，连结 GQ. 于是四边形 $GAQD$ 为菱形且 $\angle GAQ=60^\circ$，四边形 $PGRB$ 为平行四边形.

$\therefore GQ=AQ$，$GR=PB=PA$，$\angle RGQ=60^\circ=\angle PAQ$.

$\therefore \triangle PAQ\cong\triangle RGQ$ 且 $\angle GQA=60^\circ$.

所以，当将$\triangle PAQ$绕点Q顺时针旋转60°时，即得到$\triangle RGQ$.

$\therefore PQ=RQ$ 且 $\angle PQR=60^\circ$.

$\therefore \triangle PQR$为正三角形.

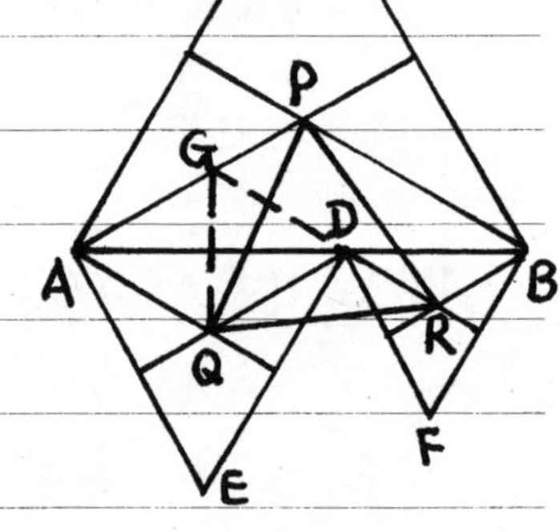

证5　连结CD.

$\because \dfrac{AC}{AP}=\dfrac{BC}{BP}=\dfrac{\sqrt{3}}{3}=\dfrac{AD}{AQ}$

$=\dfrac{DB}{BR}$,

$\angle CAB=60^\circ=\angle PAQ=\angle CBA$

$=\angle PBR$,

$\therefore \triangle ADC\backsim\triangle AQP$.

$\triangle BCD\backsim\triangle BPR$.

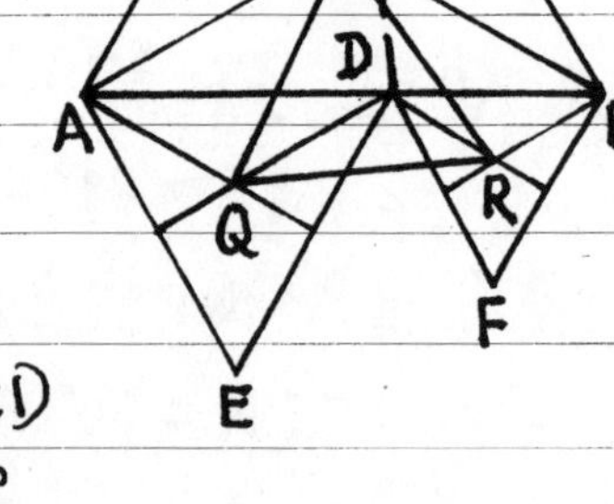

$\therefore \dfrac{QP}{DC}=\dfrac{AQ}{AD}=\dfrac{BR}{DB}=\dfrac{PR}{CD}$.

$\therefore QP=PR$.

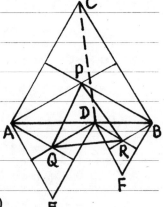

同时　$\angle APQ+\angle BPR=\angle ACD+\angle BCD$

$=\angle ACB=60^\circ$.

$\therefore \angle QPR=\angle APB-\angle APQ-\angle BPR=60^\circ$.

$\therefore \triangle PQR$为正三角形.

证6 延长RD交AP于点Q'，延长QD交PB于点R'，于是Q'，R'分别为点Q，R关于直线AB的对称点，

所以四边形$AQDQ'$和$DRBR'$都是有一个内角为60°的菱形。

连结QQ'，RR'，$Q'R'$。

$\because Q'P \parallel QR'$，$Q'R \parallel PR'$，

$\angle QQ'P = 120° = \angle Q'PR' = \angle PR'R$，

$\therefore$ 四边形$Q'QR'P$和$PQ'RR'$都是等腰梯形。

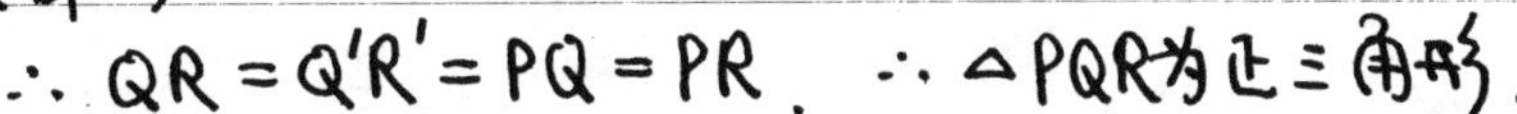

$\therefore QR = Q'R' = PQ = PR$，$\therefore \triangle PQR$为正三角形。

证7 在AQ上取两点S，T，使得$AS = BR$，$AT = \frac{1}{2}AP$，连结PS，PT，于是$\angle ATP = 90°$且$\triangle PAS \cong \triangle PBR$。

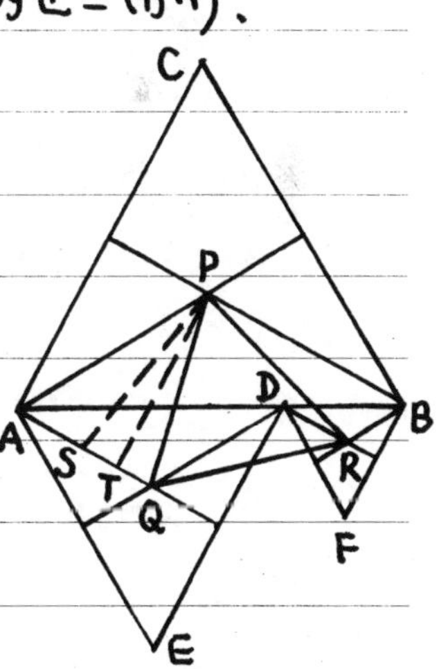

记$AD = aAB$，于是

$\triangle ABC \backsim \triangle AED \backsim \triangle DFB$

且相似比为$1 : a : (1-a)$。

$\therefore AP = AQ + BR = AQ + AS = 2AT$。

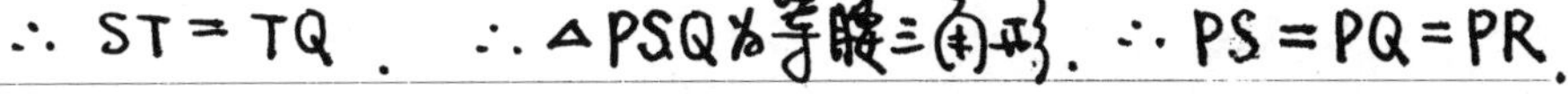

$\therefore ST = TQ$。$\therefore \triangle PSQ$为等腰三角形。$\therefore PS = PQ = PR$。

$\therefore \angle SPT = \angle TPQ$。$\therefore \angle APQ + \angle BPR = \angle APQ + \angle APS = 2\angle APT = 60°$。

$\therefore \angle QPR = 60°$。$\therefore \triangle PQR$为正三角形。

11 设$\triangle ABC$的3边长分别为$BC=a$，$CA=b$，$AB=c$，且a,b,c互不相等，AD，BE，CF分别为$\triangle ABC$的3条内角平分线，且使$DE=DF$，求证(i) $\frac{a}{b+c}=\frac{b}{c+a}+\frac{c}{a+b}$；(ii) $\angle BAC>90^\circ$。

（2003年女子数学奥林匹克）

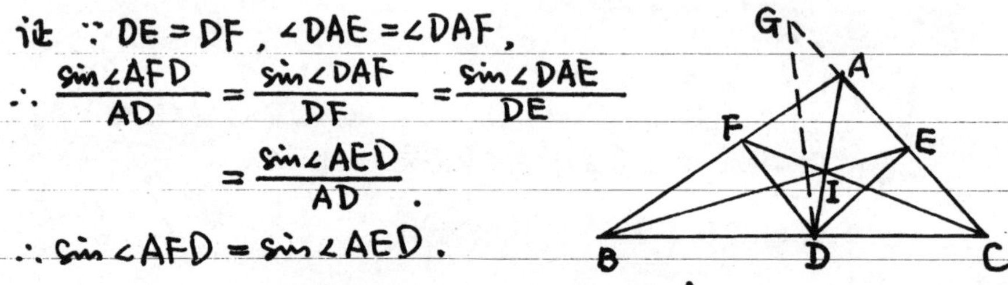

证 $\because DE=DF$，$\angle DAE=\angle DAF$，

$$\therefore \frac{\sin\angle AFD}{AD}=\frac{\sin\angle DAF}{DF}=\frac{\sin\angle DAE}{DE}=\frac{\sin\angle AED}{AD}.$$

$\therefore \sin\angle AFD=\sin\angle AED$.

$\therefore \angle AFD=\angle AED$或$\angle AFD+\angle AED=180^\circ$.

若$\angle AFD=\angle AED$，则$\triangle AFD\cong\triangle AED$. $\therefore AF=AE$.

$\therefore \triangle AFI\cong\triangle AEI$. $\therefore \angle AFI=\angle AEI$. $\therefore \triangle AFC\cong\triangle AEB$.

$\therefore AC=AB$，矛盾. $\therefore \angle AFD+\angle AED=180^\circ$.

$\therefore A,F,D,E$四点共圆.

$\therefore \angle BFD=\angle AED$，$\angle BDF+\angle CDE=\angle BAC$.

由内角平分线定理及合比定理易得

$$BF=\frac{ac}{a+b},\ CE=\frac{ab}{a+c},\ CD=\frac{ab}{b+c}.$$

可见，为证(i)，只须证明$BF+CE=\frac{a^2}{b+c}$. 将$\triangle FBD$绕点D顺时针旋转$\angle FDE$，于是DF落在DE上且FB与CE成一条直线，点B旋转到点G，BD旋转到GD. 于是

$$\triangle DCG\backsim\triangle ACB.\quad \therefore \frac{GC}{BC}=\frac{DC}{AC}.\quad \therefore GC=\frac{a^2}{b+c}.$$

$$\therefore \frac{a^2}{b+c}=GC=GE+EC=BF+EC=\frac{ac}{a+b}+\frac{ab}{a+c}.$$

$$\therefore \frac{a}{b+c}=\frac{c}{a+b}+\frac{b}{c+a}，即(i)成立.$$

由(i)有

$$a(a+b)(a+c)=c(b+c)(a+c)+b(b+c)(b+a),$$

$$a^3+a^2b+a^2c+abc=c^3+c^2a+c^2b+abc+b^3+b^2a+b^2c+abc$$

$$a^2(a+b+c)=c^2(a+b+c)+b^2(a+b+c)+abc.$$

$\therefore a^2>b^2+c^2.$

$\therefore \angle BAC>90°.$

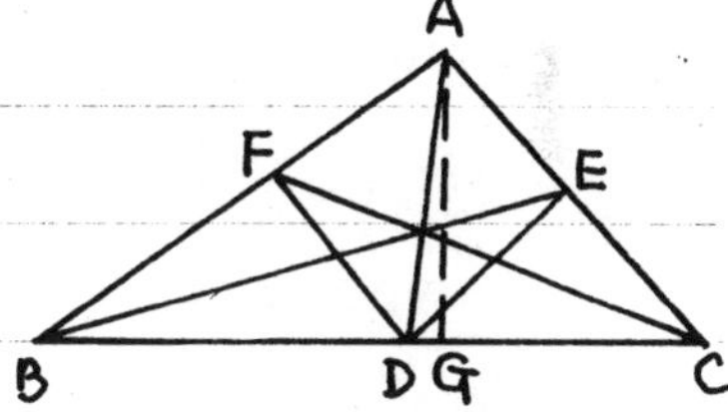

证2 只证

$$BF+CE=\frac{a^2}{b+c}. \quad (*)$$

$\because$ A.F.D.E四点共圆，$\therefore \angle BDF+\angle CDE=\angle BAC$.

在BC上取点G，使得$\angle BAG=\angle BDF$，于是

A,F,D,G四点共圆，$\therefore$ A,F,D,G,E五点共圆.

$$\therefore BF=\frac{BD\cdot BG}{BA}, \quad CE=\frac{CD\cdot CG}{AC}.$$

$$\therefore BF+CE=\frac{BD}{BA}BG+\frac{CD}{AC}CG=\frac{CD}{AC}(BG+GC)$$

$$=\frac{CD\cdot BC}{AC}=\frac{ab}{b+c}\cdot\frac{a}{b}=\frac{a^2}{b+c}.$$ 即(*)式成立.

12　设△ABC是一个正三角形，直线l∥BC且分别交两边AB，AC于点D和E，M为线段BE的中点，O为△ADE的外心，求△CMO的各角.　　（第25届澳大利亚数学奥林匹克）

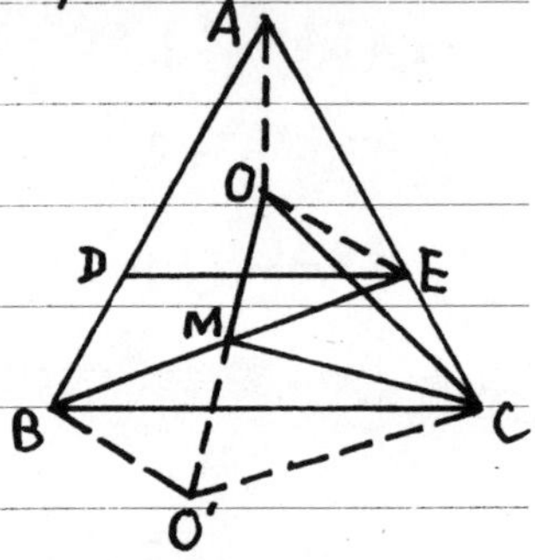

解　将△AOC绕点C逆时针旋转60°，于是点A落在点B上，并得到△BO′C.于是△COO′为正三角形.

∵ 直线BO′与直线AO的夹角为60°，

$\angle AOE=120^\circ$，

∴ $BO' \mathrel{\underset{=}{\parallel}} OE$.

∴ 以O，B，O′，E为顶点的四边形为平行四边形.

∴ $OO'\cap BE=M$.

∵ $CO=CO'$，$MO=MO'$，∴ $CM\perp OO'$．即$\angle CMO=90^\circ$.

∴ $\angle COM=60^\circ$，$\angle OCM=30^\circ$.

13 设E，F分别是正方形ABCD的边BC，CD上的点，AE，AF分别交对角线BD于P，Q两点，且BE+DF=EF，求证P，E，C，F，Q五点共圆。

（1988年加拿大集训队训练题）

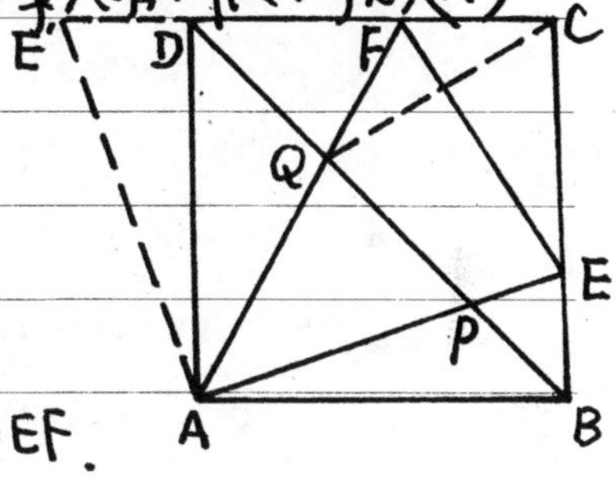

证 将△ABE绕点A逆时针旋转90°，于是AB落在AD上且E′，D，C三点共线。于是

AB=AD，AE=AE′，E′F=E′D+DF
=BE+DF=EF。

∴△AFE′≌△AFE。∴∠AFE=∠AFE′，∠EAF=45°。

∵∠FDB=45°=∠EAF，∠DQF=∠AQP，

∴∠APQ=∠DFQ=∠AFE′=∠AFE=∠QFE。

∴F、Q、P，E四点共圆。

连结QC，则QC与QA关于BD对称。

∴∠QCE=∠QAB=∠QAP+∠PAB=45°+∠PAB
=∠PBA+∠PAB=180°-∠APB=180°-∠QPE。

∴C，Q，P，E四点共圆。

∴P，E，C，F，Q五点共圆。

14　在$\triangle A_1A_2A_3$外作$\triangle A_1A_2O_3$，$\triangle A_1A_3O_2$和$\triangle A_2A_3O_1$，其中$O_3A_1=O_3A_2$，$O_2A_1=O_2A_3$．$\angle O_1A_3A_2=\frac{1}{2}\angle A_1O_3A_2=\alpha$，$\angle O_1A_2A_3=\frac{1}{2}\angle A_1O_2A_3=\beta(\alpha+\beta<90^\circ)$．求证$O_1A_1\perp O_2O_3$．

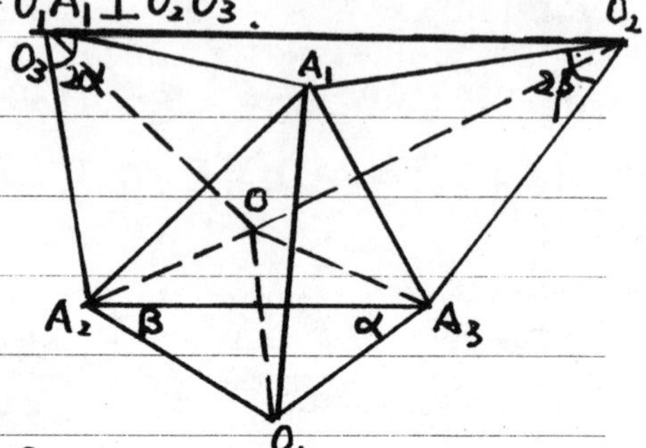

证　取$\triangle O_1A_2A_3$的外心O，连结OA_2，OA_3，OO_1，OO_2，OO_3．

$\because \angle O_1A_3A_2=\alpha$，$\angle O_1A_2A_3=\beta$，

$\therefore \angle O_1OA_2=2\alpha$，$\angle O_1OA_3=2\beta$．

又$\because OA_2=OO_1$，$O_3A_1=O_3A_2$，

$\angle A_1O_3A_2=2\alpha$，$\angle A_1O_2A_3=2\beta$，

$\therefore \triangle A_1O_3A_2\backsim\triangle O_1OA_2$，$\triangle A_1O_2A_3\backsim\triangle O_1OA_3$．

$\therefore \frac{O_3A_2}{OA_2}=\frac{A_1A_2}{A_2O_1}$，$\angle A_1A_2O_3=\angle O_1A_2O$．

$\therefore \triangle O_3A_2O\backsim\triangle A_1A_2O_1$．$\therefore \frac{O_3O}{A_1O_1}=\frac{OA_2}{O_1A_2}$．

同理$\frac{O_2O}{A_1O_1}=\frac{OA_3}{O_1A_3}$．$\because OA_2=OA_3$，$\therefore \frac{O_3O}{O_2O}=\frac{O_1A_3}{O_1A_2}$．

又$\because \angle O_3OO_2=360^\circ-\angle O_3OA_2-\angle A_2OA_3-\angle O_2OA_3$

$=360^\circ-\angle A_2O_1A_3-\angle A_2OA_3$

$=360^\circ-(180^\circ-\alpha-\beta)-2(\alpha+\beta)$

$=180^\circ-(\alpha+\beta)=\angle A_2O_1A_3$，

$\therefore \triangle A_2O_1A_3\backsim\triangle O_2OO_3$．$\therefore \angle O_2O_3O=\angle A_2A_3O_1=\alpha$．

又$\because \angle O_3A_2A_1=\angle OA_2O_1$，$\therefore$当将$\triangle O_3A_2A_1$绕点$A_2$逆时针旋转$90^\circ-\alpha$时，边$A_1A_2$，$A_2O_1$分别落在$O_3A_2$和$OA_2$上，所以这时边$A_1O_1$的像与$O_3O$平行，所以边$A_1O_1$与$O_3O$夹角为$90^\circ-\alpha$．又因$\angle O_2O_3O=\alpha$，$\therefore O_1A_1\perp O_2O_3$．

28　四边形ABCD内接于圆，两组对边所在的直线分别交于点E和F，求证∠AED和∠AFB的平分线互相垂直.

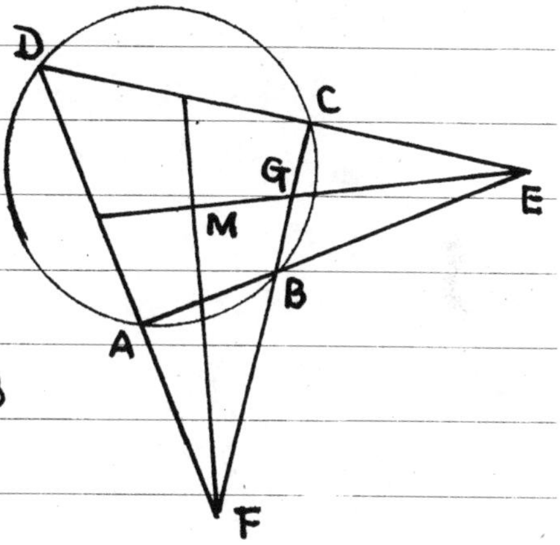

证　记两条角平分线的交点为M，$EM\cap BC=G$，于是

$$\begin{aligned}\angle FME&=180^\circ-\angle MFG-\angle MGF\\&=180^\circ-\angle MFG-\angle GBE-\angle GEB\\&=180^\circ-\frac{1}{2}\angle AFB-\angle D-\frac{1}{2}\angle AED\\&\overset{m}{=}180^\circ-\frac{1}{4}(\overset{\frown}{DC}-\overset{\frown}{AB})-\frac{1}{2}(\overset{\frown}{AB}+\overset{\frown}{BC})-\frac{1}{4}(\overset{\frown}{AD}-\overset{\frown}{BC})\\&=180^\circ-\frac{1}{4}(\overset{\frown}{AB}+\overset{\frown}{BC}+\overset{\frown}{CD}+\overset{\frown}{DA})=90^\circ.\end{aligned}$$

$\therefore FM\perp EM$.

27. 设锐角△ABC的外心为O，△BOC的外心为T，M为边BC的中点. 在边AB，AC上分别取点D和E，使得$\angle ADM=\angle AEM=\angle BAC$，求证 $AT\perp DE$. （2004年俄罗斯数学奥林匹克）

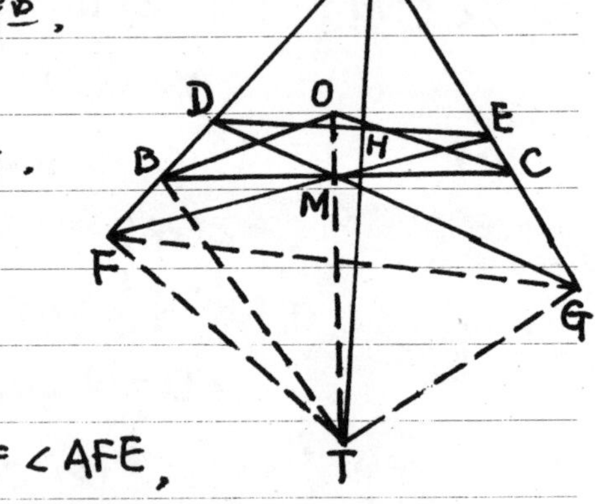

证1 ∵ O为△ABC的外心，

T为△BOC的外心，M为BC中点，

∴ O，M，T三点共线.

记直线$AB\cap EM=F$，$AC\cap DM=G$.

连结FT，TG，BT，FG.

$$\because \angle BTO=2\angle BCO$$
$$=180^\circ-\angle BOC$$
$$=180^\circ-2\angle BAC=\angle AFE,$$

∴ B，F，T，M四点共圆. ∴ $\angle BFT=180^\circ-\angle BMT=90^\circ$.

同理 $\angle CGT=90^\circ$. ∴ A，F，T，G四点共圆.

又 ∵ $\angle FDG=180^\circ-\angle ADM=180^\circ-\angle AEM=\angle FEG$，

∴ D，F，G，E四点共圆.

∴ $\angle TAG+\angle AED=\angle TFG+\angle AFG=\angle AFT=90^\circ$.

∴ $AT\perp DE$.

证2 过点T作$TH\perp DE$于点H，于是D，F，T，H；H，T，G，E和D，F，G，E都四点共圆且直线TH，GE，DF恰为两两之间的3条根轴. 由根心定理知3线共点，即TH过点A. ∴ $AT\perp DE$.

26　四边形$ABCD$内接于$\odot O$，其边AB与CD所在的直线交于点P，AD与BC所在的直线交于点Q，过点Q作$\odot O$的切线QE，切点为E，求证$PE\perp OQ$.

证　连结PQ，在PQ上取点F，使得$\angle CFQ=\angle ADC$，连结CF，于是C，F，Q，D四点共圆，C，B，P，F也四点共圆.

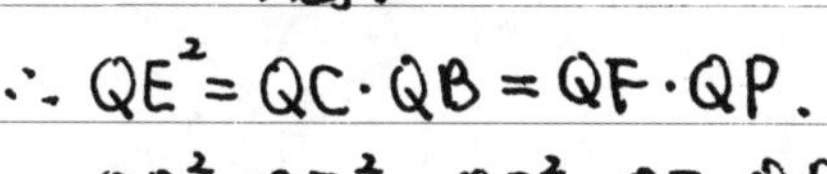

$\therefore QE^2=QC\cdot QB=QF\cdot QP$.

$$\therefore QP^2-QE^2=QP^2-QF\cdot QP=QP\cdot PF.$$

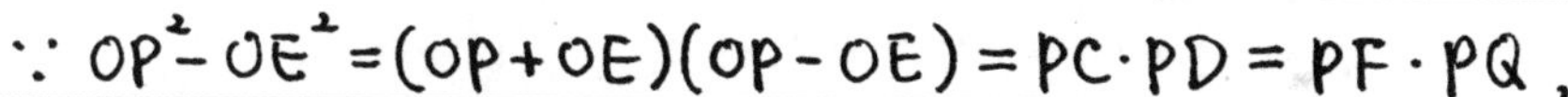

$\because OP^2-OE^2=(OP+OE)(OP-OE)=PC\cdot PD=PF\cdot PQ$，

$\therefore QP^2-QE^2=OP^2-OE^2$.

$\therefore PE\perp OQ$.

25　如图，两个半径不等的圆交于两点A和B，两条公切线ST，MN与两圆的切点分别为S，T，M，N．求证△AMN，△AST，△BMN，△BST的垂心是一个矩形的4个顶点．（第19届巴尔干数学奥林匹克）

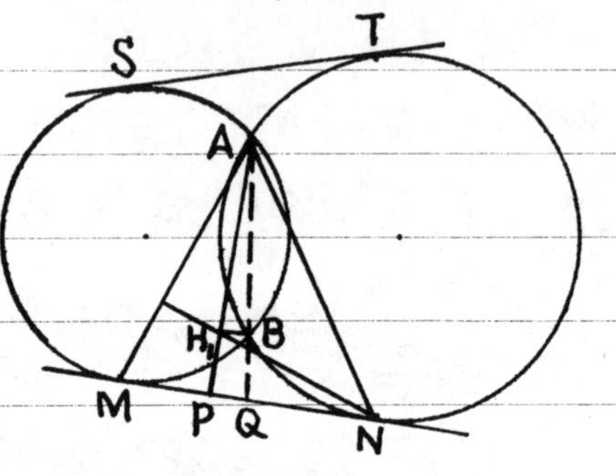

证　分别记△AMN，△AST，△BMN，△BST的垂心为H_1，H_2，H_3，H_4，记$AH_1\cap MN=P$，$AB\cap MN=Q$，连结H_1B．由对称性知$H_1H_4\parallel AB\parallel H_2H_3$且四边形$H_1H_2H_3H_4$为等腰梯形（或矩形）．

设AH_1延长后交△AMN的外接圆于点D，于是$PD=PH_1$．从而有

$$PM\cdot PN=PD\cdot PA=PH_1\cdot PA.$$

$$\begin{aligned}\therefore AH_1\cdot AP&=(AP-PH_1)AP=AP^2-AP\cdot PH_1=AP^2-PM\cdot PN\\&=AQ^2-PQ^2-(QM-PQ)(QN+PQ)\\&=AQ^2-PQ^2-QM^2+PQ^2=AQ^2-QM^2\\&=AQ^2-QA\cdot QB=AQ(AQ-QB)=AQ\cdot AB.\end{aligned}$$

$\therefore$ H_1，P，Q，B四点共圆．$\because$ $H_1P\perp MN$，$\therefore$ $H_1B\perp AB$．

同理$H_2B\perp AB$．$\therefore$ $H_1H_2\perp AB$．

$\therefore$ 四边形$H_1H_2H_3H_4$为矩形．　（《中等数学》2004-1-29）

十五 垂直

1. 两圆交于两点 A 和 B，过点 A 引直线分别交两圆于点 C 和 D，将 $\overset{\frown}{BC}$ 和 $\overset{\frown}{BD}$（不含点 A）的中点分别记为 M 和 N，K 为 CD 中点，求证 $\angle MKN=90^{\circ}$。 （2003年中国集训队训练题）

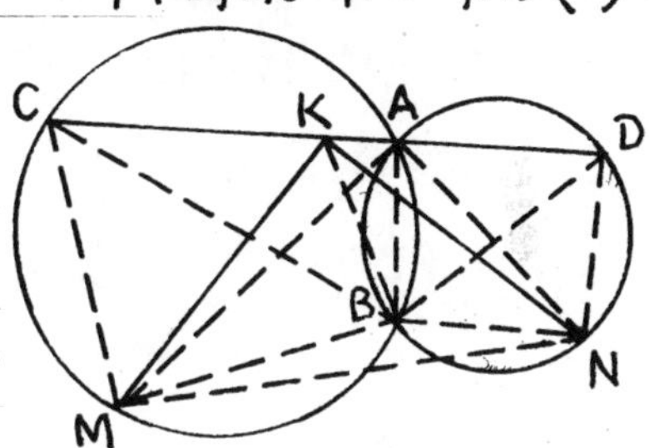

证1 连辅助线如图所示，对圆内接四边形 CMBA 应用托勒密定理有

$$AM\cdot BC=AC\cdot BM+AB\cdot CM.$$

$\because$ M 为 $\overset{\frown}{BC}$ 中点，

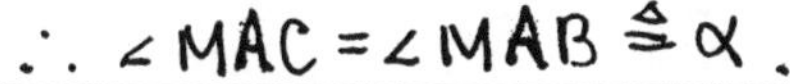

$\therefore \angle MAC=\angle MAB\triangleq\alpha$.

由正弦定理有

$$BM=CM=2R\sin\alpha,\quad BC=2R\sin 2\alpha.$$

$\therefore AM\,2\cos\alpha=AC+AB$. 同理 $AN\cdot 2\cos\angle NAB=AB+AD$.

在 $\triangle MAK$ 和 $\triangle NAK$ 中应用余弦定理有

$$\begin{aligned}KM^2+KN^2&=(AM^2+AK^2-2AM\cdot AK\cos\alpha)+(AN^2+AK^2\\&\qquad-2AN\cdot AK\cos\angle NAK)\\&=AM^2+AN^2+2AK(AK-AM\cos\alpha+AN\cos\angle NAD)\\&=AM^2+AN^2+\ AK(AC-AD-(AC+AB)+(AB+AD))\\&=AM^2+AN^2.\end{aligned}$$

$\because$ M，N 分别为 $\overset{\frown}{BC}$，$\overset{\frown}{BD}$ 中点，

$\therefore \angle MAB=\frac{1}{2}\angle CAB$，$\angle NAB=\frac{1}{2}\angle DAB$.

$\therefore \angle MAN=90^{\circ}$. $\quad\therefore AM^2+AN^2=MN^2$.

$\therefore KM^2+KN^2=MN^2$. $\quad\therefore \angle MKN=90^{\circ}$（逆勾股定理）.

证2　连辅助线如图所示，其中P和Q分别为BC，BD中点，于是有

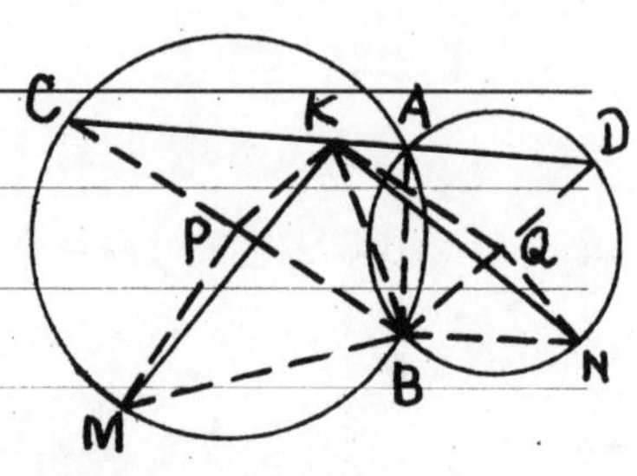

$PK \parallel BD$，$QK \parallel BC$.

$\therefore$ 四边形KPBQ为平行四边形.

$\because$ M，N分别为$\overset{\frown}{BC}$，$\overset{\frown}{BD}$中点，

$\therefore MP \perp BC$，$NQ \perp BD$． $\therefore \angle MPK = \angle NQK$．　①

$\because \angle PBM = \frac{1}{2}\angle BAC = \frac{1}{2}(180^\circ - \angle BAD) = 90^\circ - \angle DBN$

$= \angle QNB$，

$\therefore \triangle MBP \backsim \triangle BNQ$． $\therefore \frac{BP}{NQ} = \frac{PM}{QB}$．

$\because PK = QB$，$PB = KQ$，$\therefore \frac{KQ}{NQ} = \frac{PM}{PK}$．　②

由①和②知　$\triangle KPM \backsim \triangle NQK$． $\therefore \angle NKQ = \angle PMK$．

$\because \angle MPB = 90^\circ$

$\therefore 90^\circ = \angle KPB + \angle PKM + \angle PMK$

$= 180^\circ - \angle PKQ + \angle PKM + \angle QKN$

$= 180^\circ - (\angle PKQ - \angle PKM - \angle QKN) = 180^\circ - \angle MKN$．

$\therefore \angle MKN = 90^\circ$．

《2003年数学奥林匹克试题集锦》

证3　延长NK到点L，使得LK=KN，连结CL，CM，ML，MN，MB，BN，DN和AB并延长到E．于是

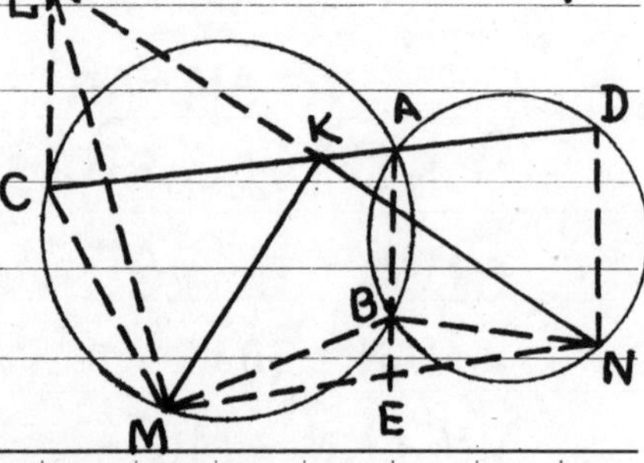

$\triangle KLC \cong \triangle KND$.

$\therefore LC = ND = NB$．

$\because \overset{\frown}{CM} = \overset{\frown}{MB}$，$\therefore CM = BM$．　接下页下方．

2. 凸四边形ABCD的两条对角线交于点O，$\triangle AOB$和$\triangle COD$的重心分别为M_1和M_2，$\triangle BOC$和$\triangle AOD$的垂心分别为H_1和H_2，求证$M_1M_2\perp H_1H_2$.（《根轴》或《坐标法》7题）（1972年全苏数学奥林匹克）

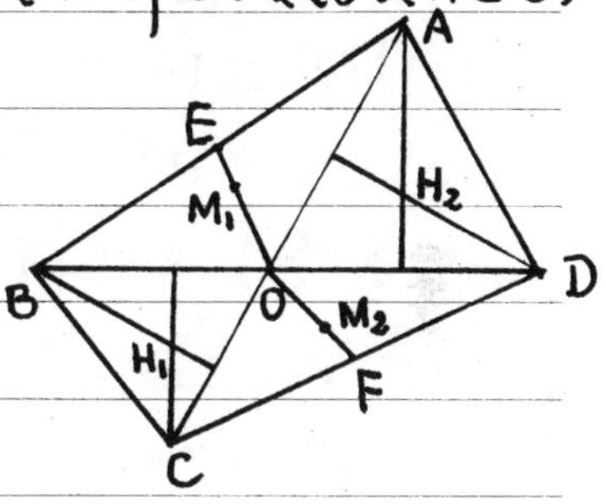

证 显然，为证$M_1M_2\perp H_1H_2$，只须证明$\overrightarrow{M_1M_2}\cdot\overrightarrow{H_1H_2}=0$.

分别记AB和CD的中点为E，F，于是$\overrightarrow{M_1M_2}=\frac{2}{3}\overrightarrow{EF}$. 所以有

$$\begin{aligned}\overrightarrow{M_1M_2}\cdot\overrightarrow{H_1H_2}&=\frac{2}{3}\overrightarrow{EF}\cdot\overrightarrow{H_1H_2}\\&=\frac{2}{3}(\overrightarrow{EO}+\overrightarrow{OF})\cdot\overrightarrow{H_1H_2}\\&=\frac{1}{3}(\overrightarrow{BO}+\overrightarrow{AO}+\overrightarrow{OC}+\overrightarrow{OD})\cdot\overrightarrow{H_1H_2}\\&=\frac{1}{3}(\overrightarrow{AC}+\overrightarrow{BD})\cdot\overrightarrow{H_1H_2}\\&=\frac{1}{3}\overrightarrow{AC}\cdot\overrightarrow{H_1H_2}+\frac{1}{3}\overrightarrow{BD}\cdot\overrightarrow{H_1H_2}\\&=\frac{1}{3}\overrightarrow{AC}\cdot\overrightarrow{H_1H_2}+\frac{1}{3}\overrightarrow{BD}\cdot(\overrightarrow{H_1C}+\overrightarrow{CA}+\overrightarrow{AH_2})\\&=\frac{1}{3}\overrightarrow{AC}\cdot\overrightarrow{H_1H_2}+\frac{1}{3}\overrightarrow{BD}\cdot\overrightarrow{CA}\\&=\frac{1}{3}\overrightarrow{AC}\cdot\overrightarrow{H_1H_2}+\frac{1}{3}(\overrightarrow{BH_1}+\overrightarrow{H_1H_2}+\overrightarrow{H_2D})\cdot\overrightarrow{CA}\\&=\frac{1}{3}\overrightarrow{AC}\cdot\overrightarrow{H_1H_2}+\frac{1}{3}\overrightarrow{H_1H_2}\cdot\overrightarrow{CA}=0.\end{aligned}$$

证2 坐标法

证3 根轴

证4 复数

$\therefore M_1M_2\perp H_1H_2$.

又$\because \angle LCM=\angle LCK+\angle ACM=\angle D+\angle MBE=\angle EBN+\angle MBE=\angle MBN$，

$\therefore \triangle LCM\cong\triangle NBM$. $\therefore ML=MN$.

$\because$ MK为等腰$\triangle MNL$的底边上的中线，$\therefore MK\perp LN$.

$\therefore \angle MKN=90^\circ$. （2005.1.1）

3. 如图，在$\triangle ABC$中，O为外心，3条高AD，BE，CF交于点H，直线ED和AB交于点M，直线FD和AC交于点N，求证

(1) $OB\perp DF$，$OC\perp DE$；

(2) $OH\perp MN$．（《坐标法》11题）

（《根轴》2题）（2001年全国高中联赛二试1题）

证 (1) 为证$OB\perp DF$，只须证明$\angle OBD+\angle FDB=90^\circ$．因

$\because A, F, D, C$四点共圆，$\therefore \angle FDB=\angle A$．

$\because O$为外心，$\therefore \angle BOC=2\angle A$且$OB=OC$．

$\therefore \angle OBD=\frac{1}{2}(180^\circ-\angle BOC)=90^\circ-\angle A$．

$\therefore \angle OBD+\angle FDB=90^\circ$．$\therefore OB\perp FD$．同理$OC\perp DE$．

(2) 为证$OH\perp MN$，只须证明$\overrightarrow{OH}\cdot\overrightarrow{MN}=0$．

$$\begin{aligned}\overrightarrow{OH}\cdot\overrightarrow{MN}&=(\overrightarrow{OC}+\overrightarrow{CH})(\overrightarrow{MF}+\overrightarrow{FN})=\overrightarrow{OC}\cdot\overrightarrow{MN}+\overrightarrow{CH}\cdot\overrightarrow{FN}\\&=\overrightarrow{OC}\cdot\overrightarrow{MN}+\overrightarrow{CH}\cdot(\overrightarrow{FA}+\overrightarrow{AN})=\overrightarrow{OC}\cdot\overrightarrow{MN}+\overrightarrow{CH}\cdot\overrightarrow{AN}\\&=\overrightarrow{OC}\cdot\overrightarrow{MN}+(\overrightarrow{CB}+\overrightarrow{BH})\cdot\overrightarrow{AN}=\overrightarrow{OC}\cdot\overrightarrow{MN}+\overrightarrow{CB}\cdot\overrightarrow{AN}\\&=\overrightarrow{OC}\cdot\overrightarrow{MN}+\overrightarrow{CB}\cdot(\overrightarrow{AD}+\overrightarrow{DN})=\overrightarrow{OC}\cdot\overrightarrow{MN}+\overrightarrow{CB}\cdot\overrightarrow{DN}\\&=\overrightarrow{OC}\cdot\overrightarrow{MN}+(\overrightarrow{CO}+\overrightarrow{OB})\cdot\overrightarrow{DN}=\overrightarrow{OC}\cdot\overrightarrow{MN}+\overrightarrow{CO}\cdot\overrightarrow{DN}\\&=\overrightarrow{OC}\cdot\overrightarrow{MN}+\overrightarrow{CO}\cdot(\overrightarrow{DM}+\overrightarrow{MN})=\overrightarrow{OC}\cdot\overrightarrow{MN}+\overrightarrow{CO}\cdot\overrightarrow{MN}\\&=0.\end{aligned}$$

$\therefore OH\perp MN$．

证2 根轴；证3 角元塞瓦定理；证4 坐标法；证5 蝴蝶定理．

4　在$\triangle ABC$中，$\angle C=30^\circ$，外心和内心分别是O和I，在边AC和BC上分别取点D和E，使得$AD=BE=AB$，求证$OI\perp DE$且$OI=DE$。

（1988年中国集训队选拔考试3题）

证　连结AI并延长，交$\odot O$于点M，于是M为$\overset{\frown}{BC}$的中点．连结OM，OB，BM，BD，BI，记$\odot O$半径为r。

∵ $\angle C=30^\circ$，∴ $AB=AD=r$．

∴ $AB=AD=OB=OM$．

∵ $\angle BOM=2\angle BAM=\angle A$，

∴ $\triangle ABD\cong\triangle OBM$．∴ $BM=BD$．

∵ I为内心，∴ $IM=BM=BD$．　①

∵ $AM\perp BD$，$OM\perp BC$，∴ $\angle DBE=\angle IMO$　②

又∵ $BE=AB=r=OM$，

∴ $\triangle DBE\cong\triangle IMO$．∴ $OI=DE$．

又∵ $IM\perp BD$，$OM\perp BE$，∴ $OI\perp DE$．

证2　复数法

5　四边形ABCD内接于圆，$\triangle BCD$，$\triangle CDA$，$\triangle DAB$和$\triangle ABC$的内心依次为I_1，I_2，I_3和I_4，求证四边形$I_1I_2I_3I_4$为矩形.

（1986年中国集训队选拔考试1题）

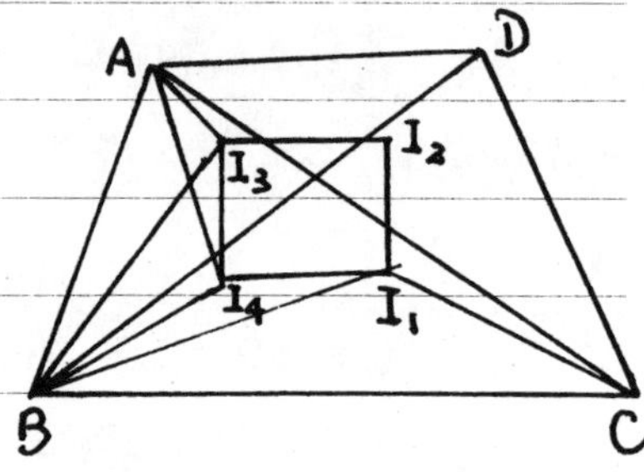

证1　连结AI_3，AI_4，BI_3，BI_4，于是

$\angle BAI_3=\frac{1}{2}\angle BAD$，

$\angle BAI_4=\frac{1}{2}\angle BAC$.

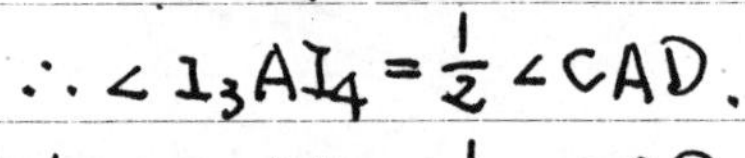

$\therefore\ \angle I_3AI_4=\frac{1}{2}\angle CAD$.

同理 $\angle I_3BI_4=\frac{1}{2}\angle CBD$.

$\because$ 四边形ABCD内接于圆，$\therefore\ \angle CAD=\angle CBD$.

$\therefore\ \angle I_3AI_4=\angle I_3BI_4$. $\therefore$ A，B，I_4，I_3四点共圆.

同理 B，C，I_1，I_4四点共圆.

$\therefore\ \angle BI_4I_3=180^\circ-\frac{1}{2}\angle BAD$，$\angle BI_4I_1=180^\circ-\frac{1}{2}\angle BCD$.

$$\therefore\ \angle I_3I_4I_1=360^\circ-\angle BI_4I_3-\angle BI_4I_1$$
$$=\frac{1}{2}(\angle BAD+\angle BCD)=90^\circ.$$

同理 $\angle I_4I_1I_2=\angle I_1I_2I_3=\angle I_2I_3I_4=90^\circ$.

$\therefore$ 四边形$I_1I_2I_3I_4$为矩形.

证2　将$\overset{\frown}{BC}$，$\overset{\frown}{CD}$，$\overset{\frown}{DA}$，$\overset{\frown}{AB}$的中点依次记为M，N，M′，N′，于是$\{A,I_4,M\}$，$\{D,I_1,M\}$，$\{B,I_3,M'\}$，$\{C,I_2,M'\}$都三点共线.分别连出这4条线.再连结MM′，NN′，于是MM′平分$\angle AMD$，MM′平分$\angle BM'C$.

引理　设$\triangle ABC$内心为I_4，$\angle BAC$的平分线AI_4交$\triangle ABC$

Date

的外接圆于点M，则有$MB=MI_4=MC$.

回到原题的证明　由引理知

$MI_4=MB=MC=MI_1$.

$\therefore \triangle MI_1I_4$为等腰三角形.

$\therefore MM'\perp I_4I_1$. 同理$MM'\perp I_3I_2$.

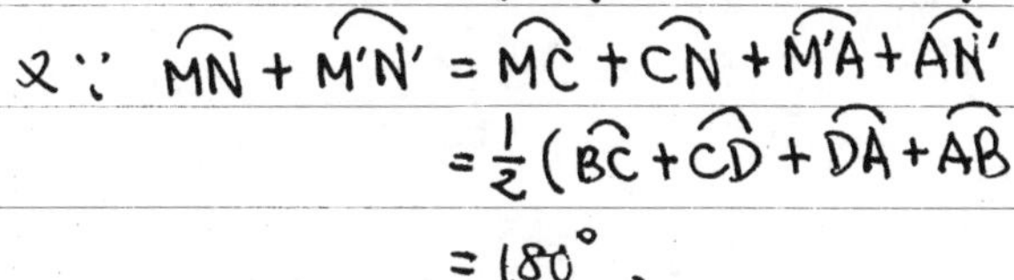

又$\because \overset{\frown}{MN}+\overset{\frown}{M'N'}=\overset{\frown}{MC}+\overset{\frown}{CN}+\overset{\frown}{M'A}+\overset{\frown}{AN'}$

$=\frac{1}{2}(\overset{\frown}{BC}+\overset{\frown}{CD}+\overset{\frown}{DA}+\overset{\frown}{AB})$

$=180^\circ$,

$\therefore MM'\perp NN'$.

又$\because I_3I_4\perp NN'$, $I_1I_2\perp NN'$.

$\therefore$四边形$I_1I_2I_3I_4$的4个角都是直角，当然是矩形.

1　计算两条线的夹角为90°；

2　证明第1条线垂直于第2条线的平行线或第1条线平行于第2条线的垂线；

3　坐标法——证明两条线的斜率互为负倒数；

4　向量法——证明两条线上各取1个向量的内积为0；

5　两圆的根轴垂直于连心线；

6　勾股定理逆定理或勾股定理组合的逆定理；

7　过三角形一个顶点及垂心的直线垂直于对边；

8　两个相似三角形(包括全等)两组对应边分别垂直且两个三角形同向，第3组对应边也垂直；

9　同一法.　10. 菱形对角线互相垂直.　11. 复数法.

6　已知平面上的3个正方形 $AB_1C_1D_1$，$ABCD$，$A_2B_2CD_2$ 如图所示，M 为 B_1B_2 中点，求证 $BM\perp D_1D_2$ 且 $D_1D_2=2BM$.

（1981年全俄数学奥林匹克）

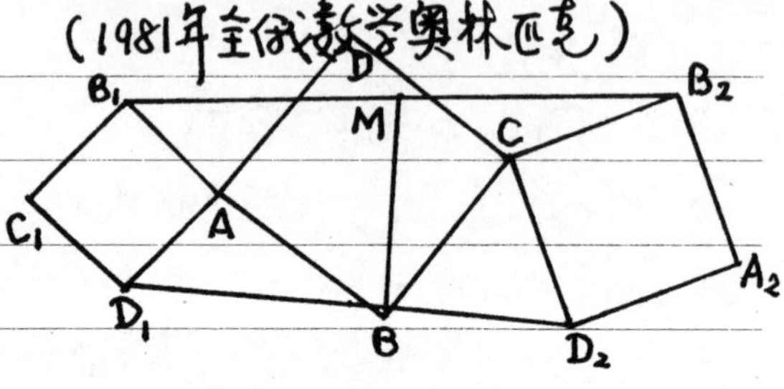

证　取以 B 为原点的复平面，并用原字母表示复数.

$\because$ M 为 B_1B_2 中点，

$\therefore$ $2M=B_1+B_2$.

$\because$ 四边形 $ABCD$，$AB_1C_1D_1$ 和 $A_2B_2CD_2$ 都是正方形，

$\therefore$ $B_1-A=(D_1-A)(-i)$，$B_2-C=(D_2-C)i$，$A=Ci$.

$$\begin{aligned}\therefore\ 2M=B_1+B_2&=(B_1-A)+(B_2-C)+A+C\\&=(D_1-A)(-i)+(D_2-C)i+A+C\\&=(D_2-D_1)i+A(1+i)+C(1-i)\\&=(D_2-D_1)i+Ci(1+i)+C(1-i)\\&=(D_2-D_1)i+C(i-1+1-i)=(D_2-D_1)i.\end{aligned}$$

$\therefore$ $D_1D_2=2BM$ 且 $D_1D_2\perp BM$.

7 $\triangle ABC$的内切圆与边AB，AC的切点分别为M，N，$\angle ABC$的平分线交直线MN于点P．求证$\angle BPC=90^\circ$．

（前苏《平面几何问题集》2-25题）

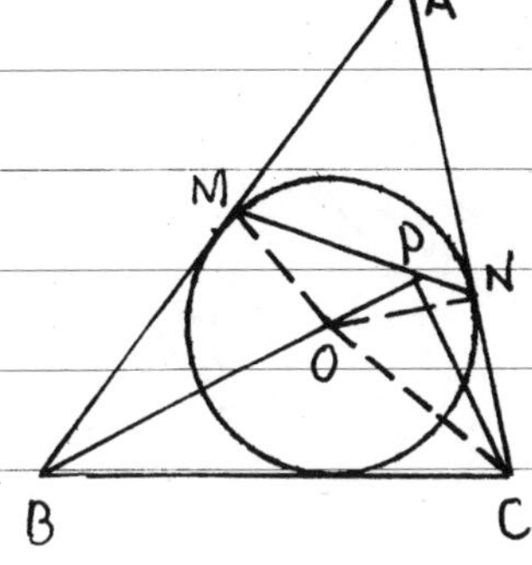

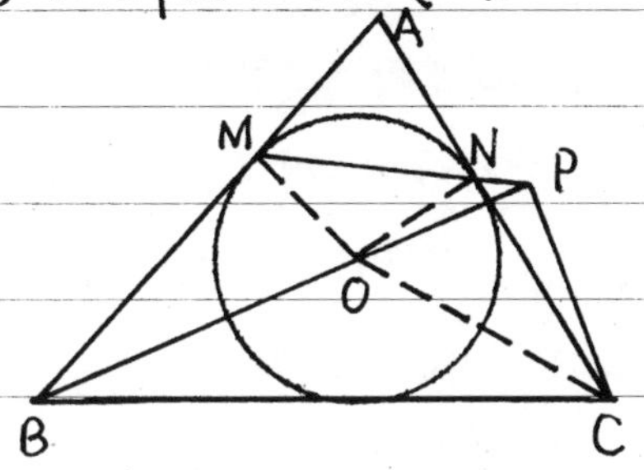

证 连结OM，ON，OC，于是$OM\perp AB$，$ON\perp AC$．

$\therefore \angle MON=180^\circ-\angle A$，$\angle AMN=90^\circ-\frac{1}{2}\angle A$．

$\therefore \angle MPO=\angle AMN-\angle MBP=90^\circ-\frac{1}{2}\angle A-\frac{1}{2}\angle B=\frac{1}{2}\angle C$．

当点P在$\triangle ABC$内时，$\angle MPO=\angle NCO$，

当点P在$\triangle ABC$外时，$\angle MPO=\angle NPO=\angle NCO$．

$\therefore P,O,C,N(N,O,C,P)$四点共圆．

$\therefore \angle BPC=\angle OPC=\angle ONC=90^\circ$．

8. 如图，PC和PBA分别为⊙O的切线与割线，CD为⊙O的直径，直线DB与OP交于点E，求证 AC⊥CE.（《中等数学》93－6）

证 连结DA并延长，交PO延长线于点F，过B作BG∥PF，交CD于点N，交AF于点G．过O作OM⊥AB于点M，于是M为AB中点，连结MN，MC，CB.

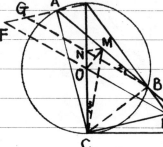

$\because \angle OCP=90^\circ=\angle OMP$，

$\therefore$ O，C，P，M四点共圆.

$\therefore \angle 3=\angle 1=\angle 2$．$\therefore$ N，C，B，M四点共圆.

$\therefore \angle BCM=\angle BNM$.

$\therefore \angle AMN=\angle BCN=\angle BCD=\angle BAD$.

$\therefore MN\parallel DA$.

$\because$ M为AB中点，$\therefore$ N为BG中点.

$\because BG\parallel EF$，$\therefore$ O为EF中点.

$\therefore$ 四边形DFCE为平行四边形．$\therefore CE\parallel FD$.

$\because \angle CAD=90^\circ$，即$AC\perp FD$，$\therefore AC\perp CE$.

上接右页

$\because O_1O_2$垂直平分PQ于点F，E为O_1O_2中点，

$\therefore EF\perp PQ$.

$\because EF\parallel OQ$，$\therefore OQ\perp PQ$，即$\angle OQP=90^\circ$.

9. 四边形ABCD内接于⊙O，对角线AC，BD交于点P，△ABP和△CDP的外接圆交于点P和另一点Q，且O，P，Q三点互不重合，求证$\angle OQP=90^\circ$。（1992年中国数学奥林匹克第4题）

证1　连结AO，AQ，DO，DQ。

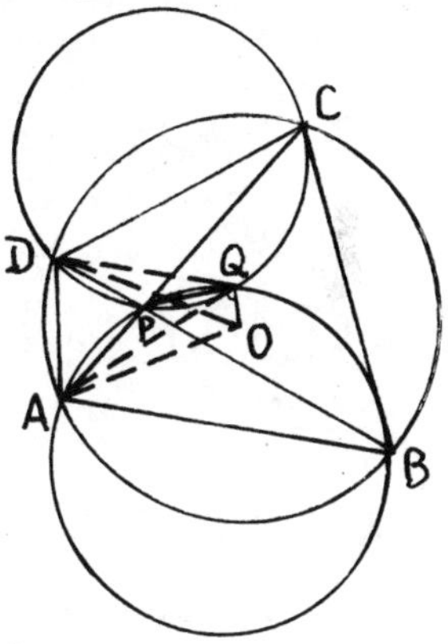

$$\because \angle AQD=\angle AQP+\angle PQD=\angle ABP+\angle PCD=2\angle ABD=\angle AOD,$$

∴ A，O，Q，D四点共圆。

$$\therefore \angle AQO=\angle ADO=90^\circ-\frac{1}{2}\angle AOD=90^\circ-\angle ABD.$$

$$\because \angle AQP=\angle ABP=\angle ABD,$$

$$\therefore \angle OQP=\angle AQO+\angle AQP=\angle AQO+\angle ABD=90^\circ.$$

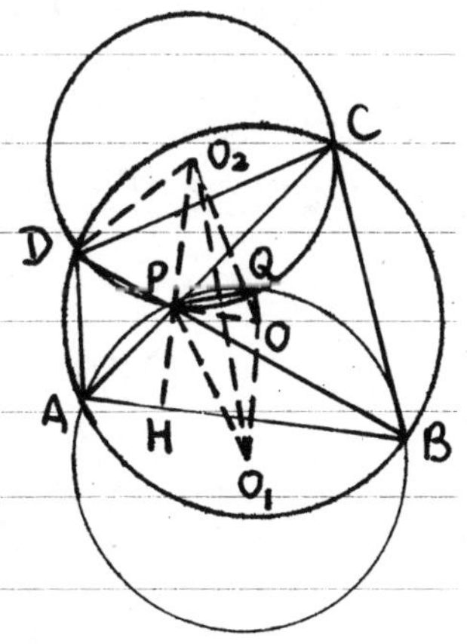

证2　如图，O_1，O_2分别是△ABP和△CDP的外心，连结O_2P并延长交AB于点H，连结O_2D，O_1O_2，O_1P，OO_1和OO_2。于是

$$\angle BPH=\angle O_2PD=90^\circ-\frac{1}{2}\angle DO_2P=90^\circ-\angle DCP=90^\circ-\angle ABP.$$

∴ $\angle PHB=90^\circ$，即$O_2H\perp AB$。

∵ $OO_1\perp AB$，∴ $OO_1 \parallel O_2P$。

同理$OO_2\parallel O_1P$。∴ 四边形O_1OO_2P为平行四边形。

设E为OP中点，F为PQ中点，于是$EF\parallel OQ$。（下转左页）

10　平面上给定3个圆$\odot O$，$\odot O_1$和$\odot O_2$，$\odot O_1$与$\odot O_2$交于点O和M，$\odot O$与$\odot O_1$的交点为C和D，$\odot O_2$和$\odot O$的交点为A和B，直线AD与CB交于点$E\neq M$．求证$\angle EMO=90^\circ$．

（1992年独联体数学奥林匹克十年级）

证　连结OA，OC，OD，AB，AC，BD，BM，CD，DM，过O作$OF\perp CD$于点F，于是F为CD的中点．

为证$\angle OME=90^\circ$，只须证明$\angle OMD+\angle DME=90^\circ$．因为$\angle OMD=\angle OCD$，$\angle OCD+\angle COK=90^\circ$，所以又只须证明$\angle DME=\angle COK=\frac{1}{2}\angle COD=\angle CAD=\angle DBE$．为此，又只须证明D，B，M，E四点共圆．

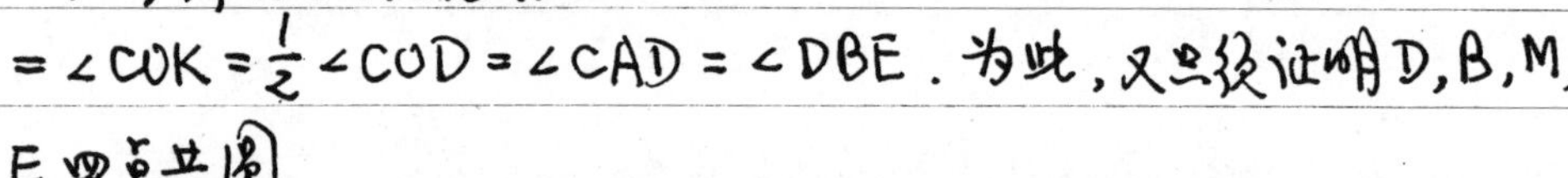

下面来证明$\angle DEB=\angle DMB$．对此，我们有

$$\begin{aligned}\angle DEB&=\angle DBC-\angle BDE=\angle DBC-\angle ACB\\&=\angle ADC+\angle ACD-\angle ACB=\angle ADC-\angle DCB\\&=\angle ADO+\angle ODC-\angle DCB=\angle OAD+OCD-\angle DCB\\&=\angle OCD+\angle OAD-\angle DAB=\angle OCD+\angle OAB\\&=\angle OMD+\angle OMB=\angle DMB.\end{aligned}$$

$\therefore$ D，B，M，E四点共圆．

11　设锐角△ABC的外心为O，经过A，O，C 3点的圆的圆心为K且与边AB，BC分别交于点M和N，已知点L与K关于直线MN对称，求证 $BL\perp AC$．（2000年全俄数学奥林匹克）

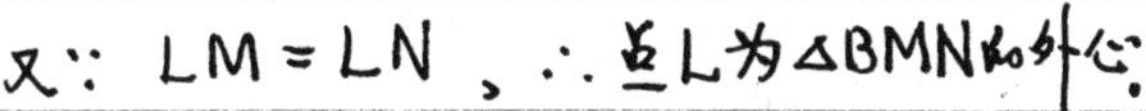

证1　记$\angle ABC=\alpha$，$\angle BAC=\beta$，于是

$\angle AOC=2\alpha$，$\overset{\frown}{ADC}=4\alpha$．

$\because\ \angle ABC\overset{m}{=}\frac{1}{2}(\overset{\frown}{ADC}-\overset{\frown}{MON})$，

$\therefore\ \alpha=\frac{1}{2}(4\alpha-\overset{\frown}{MON})$．

$\therefore\ \overset{\frown}{MON}=2\alpha$，$\angle MKN=2\alpha$．

$\therefore\ \angle MLN=2\alpha=2\angle ABC$．

又$\because$ $LM=LN$，$\therefore$ 点L为△BMN的外心．

$\because\ \angle BNM=\angle BAC=\beta$，$LM=LB$．

$\therefore\ \angle ABL=\frac{1}{2}(\pi-\angle BLM)=\frac{1}{2}(\pi-2\beta)=\frac{\pi}{2}-\beta$．

$\therefore\ \angle ABL+\angle BAC=\frac{\pi}{2}-\beta+\beta=\frac{\pi}{2}$．

$\therefore\ BL\perp AC$．

证2　$\because\ \angle AOB=2\angle ACB$，$\therefore\ \angle ABO=90^\circ-\angle ACB$．

$\because\ \angle BMN=\angle ACB$，$\therefore\ \angle MBO+\angle BMN=\frac{\pi}{2}$．$\therefore\ BO\perp MN$

又$\because$ $LK\perp MN$，$\therefore\ BO\parallel LK$．

$\because\ \angle AOC=2\angle B$，$\therefore\ \overset{\frown}{ADC}\overset{m}{=}4\angle B$．

又$\because$ $\overset{\frown}{AMN}\overset{m}{=}2\angle C$，$\overset{\frown}{MNC}\overset{m}{=}2\angle A$，$\therefore\ \overset{\frown}{MON}\overset{m}{=}2\angle B$．

$\therefore\ \angle MLN=\angle K=2\angle B$．记⊙K半径为$r$，于是

$LK=2r\cos B=2r\sin(90^\circ-B)=2r\sin\angle ACO=OA=OB$

$\therefore$ 四边形BOKL为平行四边形．$\because\ OK\perp AC$，$\therefore\ BL\perp AC$．

证6 ∵ F, D, E, G 和 B, F, P, G 都四点共圆.

∴ $\angle DBP+\angle BDE=\angle FGP+\angle BGF=\angle BGP=90^\circ$.

∴ $BP\perp DE$.

12. 在凸五边形 ABCDE 中，$AB=BC$，$\angle BCD=\angle EAB=90^\circ$，P 为形内一点，使得 $AP\perp BE$，$CP\perp BD$，求证 $BP\perp DE$.

（《葛奥林匹克指导》123页1题）

证1 连结 FG，延长 BP 交 DE 于 H.

由射影定理有

$BC^2=BF\cdot BD$，$AB^2=BG\cdot BE$.

∵ $AB=BC$，∴ $BF\cdot BD=BG\cdot BE$.

∴ F, D, E, G 四点共圆. ∴ $\angle BFG=\angle DEB$.

∵ $\angle BFP=90^\circ=\angle BGP$，∴ B, F, P, G 四点共圆.

∴ $\angle BFG=\angle BPG$. ∴ $\angle BPG=\angle DEB$.

∴ P, H, E, G 四点共圆. ∴ $\angle PHE=\angle BGP=90^\circ$.

※ 证2 过点 P 作 $PH\perp DE$ 于点 H.

∵ $\angle PFD=\angle PGE=\angle PHD=\angle PHE=90^\circ$，

∴ F, D, H, P 和 P, H, E, G 都四点共圆.

又∵ F, D, E, G 四点共圆（见证1），

∴ 上述3个圆两两之间的3条公共弦恰为 PH, FD 和 EG.

由根心定理知，3条公共弦所在的3条直线，即3条根轴交于一点.

∵ 直线 DF 与 EG 交于点 B，∴ 直线 PH 也过点 B.

∵ $PH\perp DE$，∴ $BP\perp DE$.

※ 证3 记 $CP\perp BD$ 于点 F，$AP\perp BE$ 于点 G，$CP\cap BE=K$，

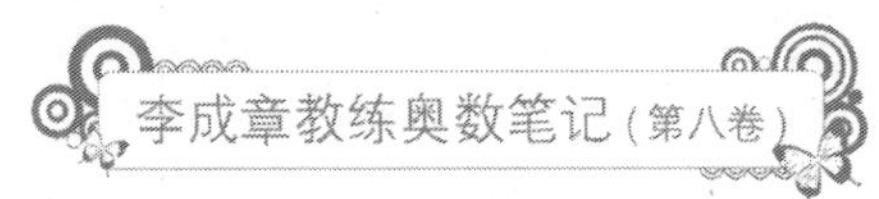

$AP\cap BD=H$. 连结 HK. 由射影定理有

$BF\cdot BD=BC^2=AB^2=BG\cdot BE$.

$\therefore BF:BG=BE:BD$.

$\because \triangle BGH\backsim\triangle BFK$, $\therefore BF:BG=BK:BH$.

$\therefore BK:BH=BE:BD$. $\therefore HK\parallel DE$.

$\because KF\perp BH$, $HG\perp BK$, $\therefore$ 点 P 为 $\triangle BHK$ 的垂心.

$\therefore BP\perp HK$. $\therefore BP\perp DE$.

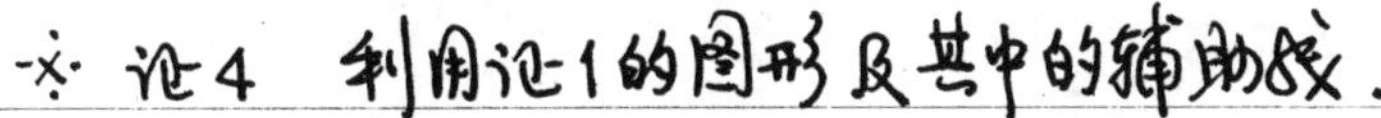
※ 证4 利用证1的图形及其中的辅助线.

$\because AB=BC$, $\angle BCD=\angle BFC=90^\circ=\angle BAE=\angle BGA$,

$\therefore BF\cdot BD=BC^2=AB^2=BG\cdot BE$.

$\therefore F,D,E,G$ 四点共圆. $\therefore \angle BFG=\angle BED$.

$\because \angle BFP=90^\circ=\angle BGP$, $\therefore B,F,P,G$ 四点共圆.

$\therefore \angle GFP=\angle GBP=\angle EBH$.

$\therefore \angle EBH+\angle BEH=\angle GFP+\angle BFG=\angle BFP=90^\circ$.

$\therefore \angle BHE=90^\circ$, 即 $BP\perp DE$.

证5 连结 PD,PE. $\because \angle BCD=\angle BAE$ 且 $CP\perp BD$, $PA\perp BE$,

$$\therefore BD^2-BE^2=(BD^2-BC^2)-(BE^2-BA^2)=CD^2-AE^2$$
$$=(CD^2-CB^2)-(AE^2-AB^2)$$
$$=(PD^2-PB^2)-(PE^2-PB^2)=PD^2-PE^2.$$

$\therefore BP\perp DE$. (2005.1.1)

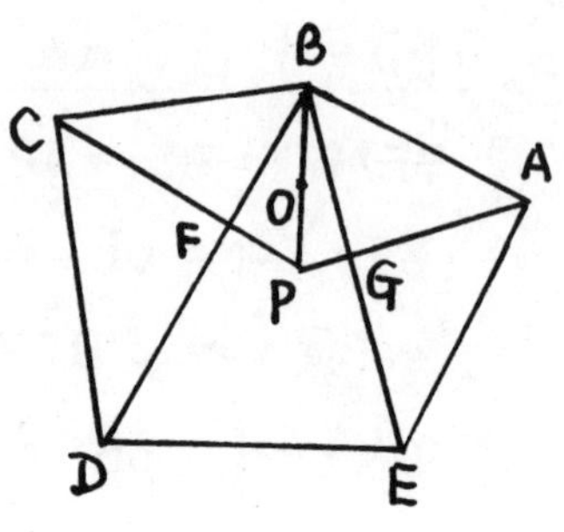

※ 证7 ∵ $\angle BFP=90^\circ=\angle BGP$,

∴ B, F, P, G 四点共圆且 BP 中点 O 为此圆的圆心.

又∵ $BA=BC$, $\angle BCD=90^\circ=\angle BAE$,

∴ 以 B 为心, BC 为半径的⊙B 过点 A, 且 DC 和 EA 都是⊙B 的切线, 切点分别为 C 和 A.

∵ $DC^2=DB\cdot DF$ (射影定理),

∴ 点 D 在⊙O 与⊙B 的根轴上, 同理, 点 E 在⊙O 与⊙B 的根轴上.

∴ DE 为⊙O 与⊙B 的根轴. ∴ $BO\perp DE$, 即 $BP\perp DE$.

证4 过 C 作 $CH\perp MN$ 于点 H，于是 C、D、M、H；C、H、N、E 和 D、M、N、E 都四点共圆，且 CH、DM、NE 是3条根轴，由根心定理知三线共点，即 CH 过点 O. $\therefore OC\perp MN$. 2005.1.7

13 在 $\angle AOB$ 内部取一点 C，过 C 作 $CD\perp OA$ 于点 D，作 $CE\perp OB$ 于点 E，再过 D 作 $DN\perp OB$ 于点 N，过 E 作 $EM\perp OA$ 于点 M，求证 $OC\perp MN$.

（1958年莫斯科数学奥林匹克八年级）

证 延长 EC 交 OA 于点 Q，延长 DC 交 OB 于点 P，连结 PQ、DE.

$\because PD\perp OQ$，$QE\perp OP$，

$\therefore C$ 为 $\triangle OPQ$ 的垂心.

$\therefore OC\perp PQ$.

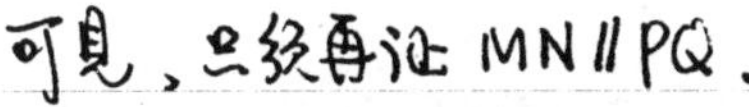
可见，只须再证 $MN\parallel PQ$.

$\because \angle PDQ=90^\circ=\angle PEQ$，$\angle DNE=90^\circ=\angle DME$，

$\therefore D,E,P,Q$ 和 D,M,N,E 都四点共圆.

$\therefore \angle OMN=\angle NED=\angle DQP$.

$\therefore MN\parallel QP$. $\therefore OC\perp MN$.

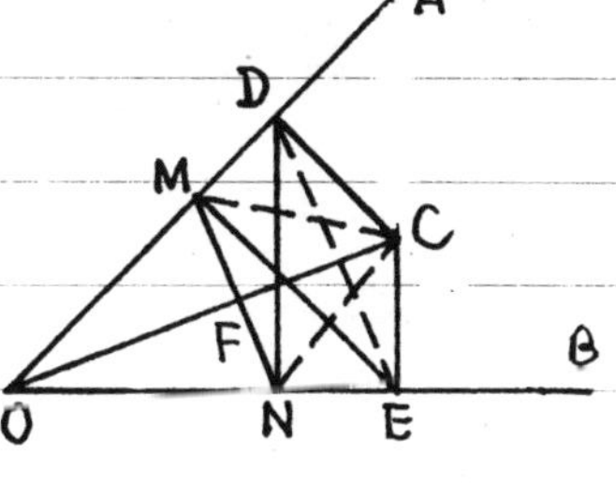

※证2 连结 DE、CM、CN，于是由勾股定理有

$$OD^2+DC^2=OC^2=OE^2+EC^2.$$

$$ON^2+DN^2+DC^2=OM^2+ME^2+EC^2.$$

$$\therefore ON^2-OM^2=ME^2+EC^2-DN^2-DC^2$$

$$=DE^2-DM^2+EC^2-DE^2+NE^2-DC^2$$

$$=EC^2+NE^2-(DM^2+DC^2)=CN^2-CM^2.$$

$\therefore OC\perp MN$. （2005.1.7）

14. 在$\triangle ABC$中，$AB>AC$，K，M分别为边AB，AC的中点，O为内心，直线KM与CO交于点P，过点P作$PQ\perp KM$，交过点M所作OB的平行线于点Q，求证$QO\perp AC$．（2003年协作体训练题）

证 过内心O作$OR\perp AC$于点R，连结AO，AP，PR，QR．

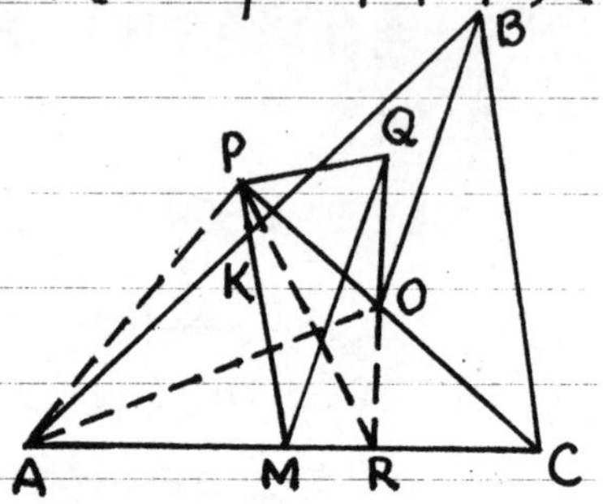

$\because PM\parallel BC$，PC平分$\angle ACB$，

$\therefore \angle MPC=\angle PCB=\angle PCA$．

$\therefore PM=MC=MA$．

$\therefore \angle APC=90^\circ$．

$\therefore$ P，A，R，O四点共圆．

$\therefore \angle PRA=\angle POA=\frac{1}{2}(\angle BAC+\angle ACB)$．

$\because KM\parallel BC$，$QM\parallel BO$，$\therefore \angle PMQ=\angle OBC=\frac{1}{2}\angle ABC$．

$\because \angle MPQ=90^\circ$，$\therefore \angle PQM=90^\circ-\angle PMQ=\frac{1}{2}(\angle BAC+\angle ACB)$

$=\angle PRM$．

$\therefore$ P，M，R，Q四点共圆．$\therefore \angle QRM=180^\circ-\angle QPM=90^\circ$．

$\therefore$ Q，O，R三点共线．

$\therefore QO\perp AC$．

※13题证3 $\because \angle DME=90^\circ=\angle DNE$，$\angle CDO=90^\circ=\angle CEO$，

$\therefore$ D，M，N，E和D，O，E，C都四点共圆．

$\therefore \angle MOC+\angle OMN=\angle DEC+\angle DEO=\angle CEO=90^\circ$．

$\therefore \angle OFM=90^\circ$，即$OC\perp MN$ （2005.1.7）

15. 设AB为半圆O的直径，一条直线与半圆交于点C和D，与直线AB交于点M，△AOC与△DOB的外接圆除点O之外的另一个交点为K，求证∠MKO＝90°．（1995年俄罗斯数学奥林匹克）

证　连结BC，CK，KB．

∵ $\angle CAO+\angle CKO=180^\circ$，

$\angle CAO=\angle BMC+\angle MCA$

$=\angle BMC+\angle MBD$

$=\angle BMC+\angle OBD$

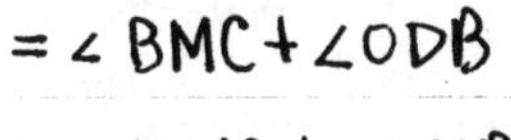

$=\angle BMC+\angle ODB$

$=\angle BMC+\angle OKB$，

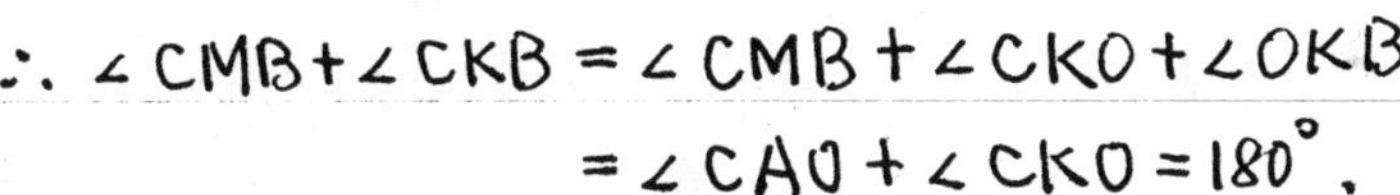

∴ $\angle CMB+\angle CKB=\angle CMB+\angle CKO+\angle OKB$

$=\angle CAO+\angle CKO=180^\circ$．

∴ C，M，B，K四点共圆．

∴ $\angle MKO=\angle CKO-\angle CKM=\angle CAM-\angle CBM$

$=\angle ACB=90^\circ$．

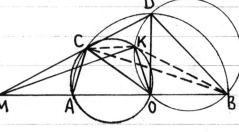

注　若将C，D两点位置互换，证明照样可行．

连结BC，CK，KB．于是有

$\angle CMB=\angle CAB-\angle ACM=\angle CAO-\angle ACD$

$=\angle CKO-\angle ABD=\angle CKO-\angle OBD$

$=\angle CKO-\angle ODB=\angle CKO-\angle OKB=\angle CKB$．

∴ C，K，M，B四点共圆．

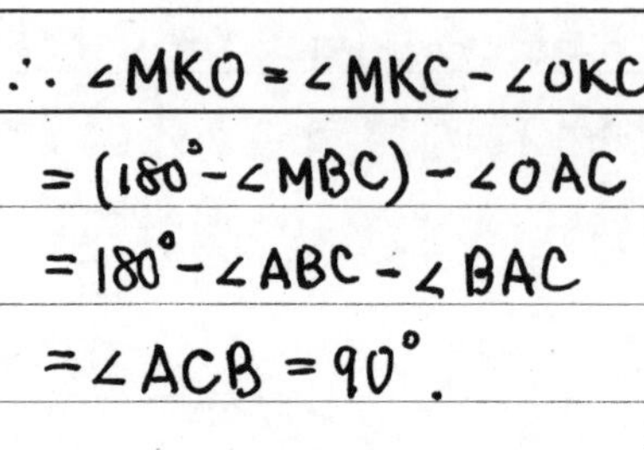

$\therefore \angle MKO=\angle MKC-\angle OKC$

$=(180^\circ-\angle MBC)-\angle OAC$

$=180^\circ-\angle ABC-\angle BAC$

$=\angle ACB=90^\circ.$

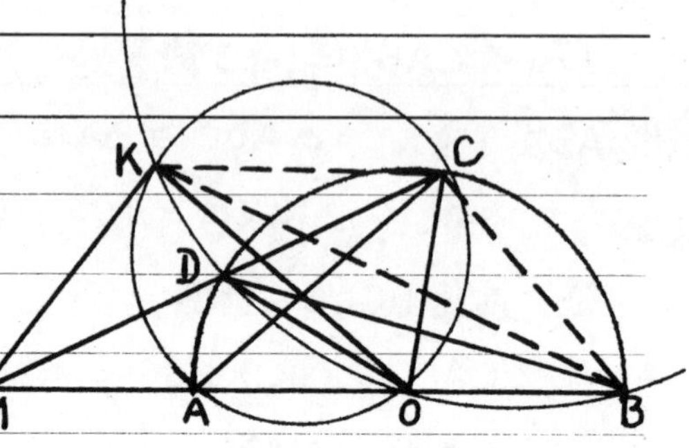

※ 证2 将$\triangle AOC$和$\triangle BOD$的外心分别记为O_1和O_2，在$\odot O_1$与$\odot O_2$中分别作过点O的直径OP与OQ，连结PK，KQ，于是P，K，Q三点共线．连结O_1O_2，于是$O_1O_2\parallel PQ$．可见，只须证明M，P，Q三点共线．

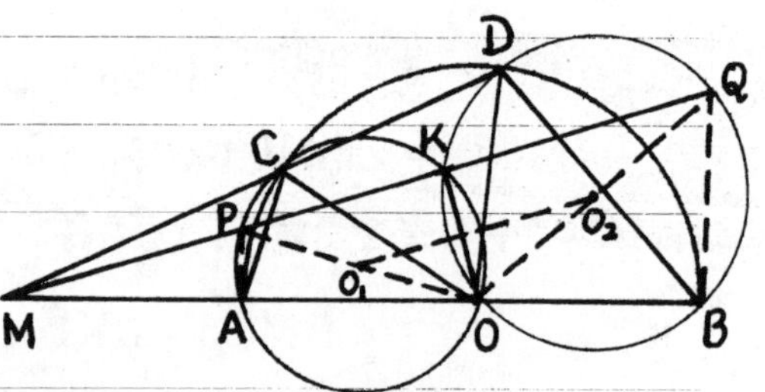

记$\angle AOC=2\alpha$，$\angle BOD=2\beta$，于是$\angle ACM=\angle OBD=90^\circ-\beta$，$\angle BDM=180^\circ-\angle CAB=180^\circ-(90^\circ-\alpha)=90^\circ+\alpha$．由正弦定理有

$$\frac{MA}{AC}=\frac{\sin\angle MCA}{\sin\angle AMC},\qquad \frac{MB}{BD}=\frac{\sin\angle MDB}{\sin\angle BMD}.$$

$$\therefore \frac{MA}{MB}=\frac{AC}{BD}\cdot\frac{\sin\angle MCA}{\sin\angle MDB}=\frac{R\sin\alpha}{R\sin\beta}\cdot\frac{\cos\beta}{\cos\alpha}=\frac{\tan\alpha}{\tan\beta}=\frac{PA}{QB}.$$

$\therefore M$，P，Q三点共线．（《大辞典》4-25题）

16　在△ABC中，$\angle BAC=40^\circ$，$\angle ABC=60^\circ$，在边AC和AB上分别取点D和E，使得$\angle CBD=40^\circ$，$\angle BCE=70^\circ$，$BD\cap CE=F$，求证$AF\perp BC$。　（1998年加拿大数学奥林匹克）

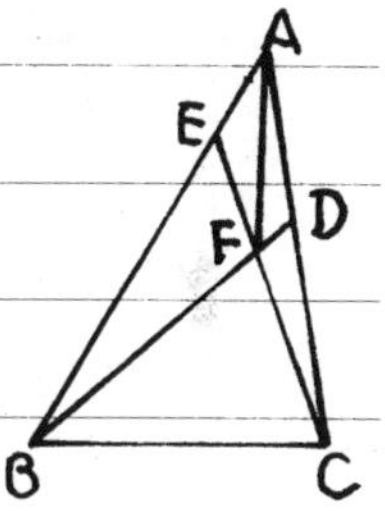

证　∵ $\angle ABC=60^\circ$，$\angle ACB=80^\circ$，

$\angle CBD=40^\circ$，$\angle BCE=70^\circ$，

∴ $\angle ABD=20^\circ$，$\angle ACE=10^\circ$。设$\angle BAF=x$，

于是由角元塞瓦定理有

$$1=\frac{\sin\angle BAF}{\sin\angle FAC}\cdot\frac{\sin\angle ACE}{\sin\angle ECB}\cdot\frac{\sin\angle CBD}{\sin\angle DBA}$$

$$=\frac{\sin x}{\sin(40^\circ-x)}\cdot\frac{\sin 10^\circ}{\sin 70^\circ}\cdot\frac{\sin 40^\circ}{\sin 20^\circ}=\frac{\sin x}{\sin(40^\circ-x)}\cdot\frac{\sin 10^\circ\sin 40^\circ}{\cos 20^\circ\sin 20^\circ}$$

$$=\frac{\sin x}{\sin(40^\circ-x)}\cdot\frac{\sin 10^\circ}{\frac{1}{2}}=\frac{\sin x}{\sin(40^\circ-x)}\cdot\frac{\sin 10^\circ}{\sin 30^\circ}.$$

$$\therefore\ \frac{\sin x}{\sin(40^\circ-x)}=\frac{\sin 30^\circ}{\sin(40^\circ-30^\circ)}.$$

∵ 在$0^\circ<x<40^\circ$范围内，函数$\frac{\sin x}{\sin(40^\circ-x)}$严格递增，

∴ $x=30^\circ$，即$\angle BAF=30^\circ$。

∴ $\angle ABC+\angle BAF=90^\circ$。∴ $AF\perp BC$。

（上接右页）

∴ $EM\cdot MD=FM\cdot MC$，∴ $EM:FM=MC:MD$。

∵ $\angle GEH=90^\circ=\angle GFH$，∴ E，F，G，H四点共圆。

∴ $EM\cdot MG=FM\cdot MH$，∴ $EM:FM=MH:MG$。

∴ $MC:MD=MH:MG$，∴ $GH\parallel DC\parallel AB$，∴ $KM\perp AB$。

17　K为矩形ABCD的CD边外的一点，连线KA，KB均与边CD相交，过点D作DE⊥KB于点E，过点C作CF⊥KA于点F，BE∩CF=M. 求证 KM⊥AB.　　（1991年全俄数学奥林匹克）

证1　过点K作$KP \underline{\underline{\parallel}} AD$，连结PD，PC. 于是四边形DAKP和PKBC都是平行四边形.

∴ PD∥KA，PC∥KB.

∵ DE⊥KB，CF⊥KA，

∴ DE⊥PC，CF⊥PD.

∴ 点M为△PDC的垂心. 连结PM，

于是 PM⊥DC.

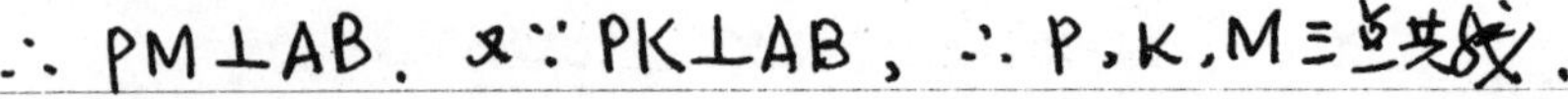
∴ PM⊥AB. 又∵ PK⊥AB，∴ P，K，M三点共线.

∴ KM⊥AB.

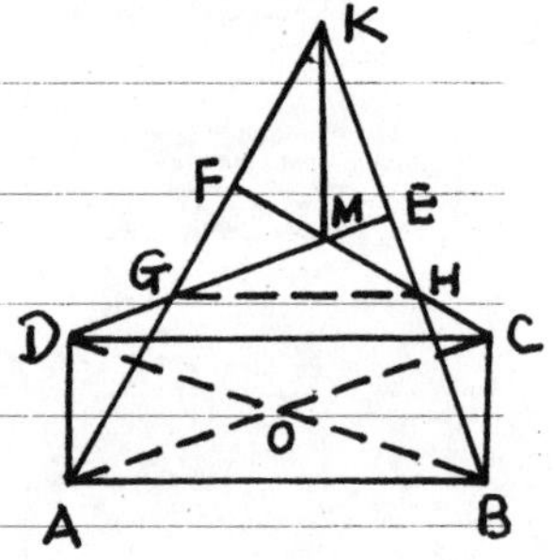

※证2　记DE∩KA=G，CF∩KB=H，连结GH. 显然，M为△KGH的垂心.

∴ KM⊥GH.

可见，为证KM⊥AB，只须证明GH∥AB或证明GH∥DC.

连结AC，BD，并记AC与BD交点为O.

∵ ∠DCB = 90° = ∠DEB，∴ D，B，C，E四点共圆且以DB为直径.

同理A，C，F，D四点共圆且以AC为直径.

∴ A，B，C，E，F，D六点共圆且圆心为O.　（转左页下方）

证2 角元塞瓦定理的逆定理.

18 在凸五边形ABCDE中,$\angle AED=\angle ABC=90^\circ$,$\angle BAC=\angle EAD$,$BD\cap CE=F$.求证 $AF\perp BE$.(1982年IMO预选题)

证 过A作 $AH\perp BE$ 于点H,延长后分别交BD,CE于点F′和F″.过点C作 $CG\perp BE$ 于点G,于是有

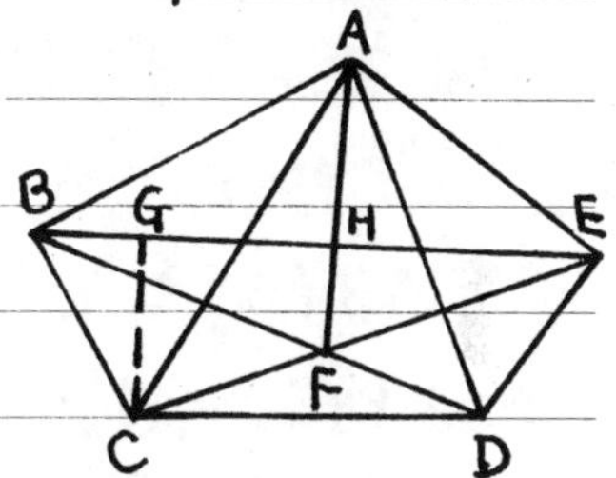

$$\triangle CBG\backsim\triangle BAH,$$
$$\triangle ECG\backsim\triangle EF''H.$$

$\therefore\ CG:BH=BG:AH=BC:AB$;$HF'':CG=EH:EG$.

$$\therefore\ HF''=\frac{CG\cdot EH}{EG}=\frac{EH}{BE-BG}\cdot CG=\frac{EH}{BE-\frac{AH\cdot BC}{AB}}\cdot\frac{BH\cdot BC}{AB}.\quad①$$

同理
$$HF'=\frac{BH}{BE-\frac{AH\cdot DE}{AE}}\cdot\frac{EH\cdot DE}{AE}.\quad②$$

比较①和②可知,为证 $HF'=HF''$,只须再证 $BC:AB=DE:AE$.

$\because\ \angle ABC=\angle AED=90^\circ$,$\angle BAC=\angle EAD$,

$\therefore\ \triangle ABC\backsim\triangle AED$. $\therefore\ BC:AB=DE:AE$.

$\therefore\ HF'=HF''$. $\therefore$ 点F′与F″重合,即为点F.

$\therefore\ AF\perp BE$. (《几何卷》4·24)

将⊙O和⊙O′的半径分别记为r和r′,由正弦定理有

$$\frac{CO}{CO'}=\frac{\sin\angle 3}{\sin\angle 1}=\frac{\sin\angle 4}{\sin\angle 2}=\frac{AQ/2r'}{AP/2r}=\frac{r}{r'}=\frac{OM}{O'N}.$$

$\therefore\ OO'/\!/MN$. $\because\ AB\perp OO'$,$\therefore\ AB\perp MN$.

19　⊙O与⊙O′交于两点A和B，过A作一条直线分别交⊙O和⊙O′于点P和Q，使得PA＝AQ．M和N分别为$\overset{\frown}{PB}$和$\overset{\frown}{BQ}$（不含点A的部分）的中点，求证MN⊥AB．　　（《长沙一中奥赛》193页例14）

证1　连结AM，AN，BP，BQ．

记 $AM\cap BP=C$．

∵ M为$\overset{\frown}{PB}$中点，

∴ $\angle PAC=\angle MAB$．

又∵ $\angle P=\angle AMB$，

∴ $\triangle ACP\backsim\triangle ABM$．∴ $AP:AM=AC:AB$．

∴ $AP\cdot AB=AM\cdot AC$．

∵ $\triangle ACP\backsim\triangle BCM$，∴ $\triangle BCM\backsim\triangle ABM$．

∴ $BM:AM=MC:MB$．∴ $BM^2=AM\cdot MC$．

∴ $BM^2+PA\cdot AB=AM\cdot MC+AM\cdot AC=AM(MC+CA)=AM^2$．

$AM^2-BM^2=PA\cdot AB$．　　题)；

同理 $AN^2-BN^2=QA\cdot AB$．

∵ $PA=AQ$，∴ $AM^2-BM^2=AN^2-BN^2$．∴ $MN\perp AB$．

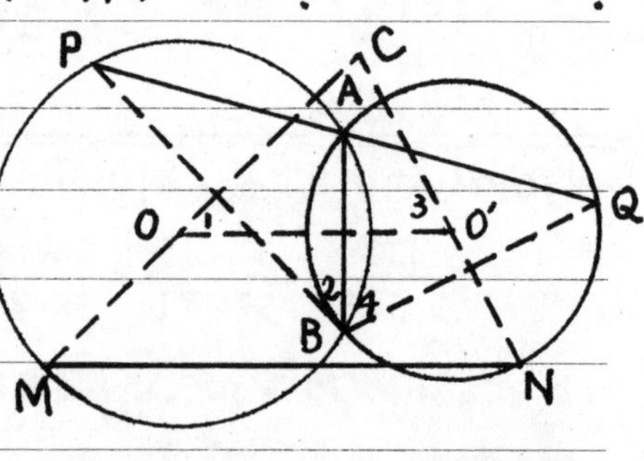

证2　连结BP，BQ，OO′，再连结MO，NO′并延长交于点C．

∵ M，N分别为$\overset{\frown}{PB}$，$\overset{\frown}{BQ}$中点，

∴ $MC\perp PB$，$NC\perp BQ$．

又∵ $OO'\perp AB$，∴ $\angle 1=\angle 2$，$\angle 3=\angle 4$．　（转左页下方）

证5 以O为心，OB为半径作反演变换，于是B为不动点．∵ $OC^2=OE\cdot OD$， 268
得以D的反点为E．于是直线DBF的反形为⊙OEB，射线OA是自反的．从而直线
~~DBF与OFA的交点F的反点即为⊙OEB与射线OA的交点A 从而有~~

$OB^2=OF\cdot OA$ ∴ $DB\perp OA$（最后一步也可改用反演的保角性）．

20．如图，$\angle OBA=90^\circ=\angle OCD$，$OB=OC$，$AC\perp OD$，求证 $DB\perp OA$（《中等数学》2004-2-43）

证1 延长AC交OD于点E，过B作BF⊥OA于点F．由射影定理有

$$OB^2=OF\cdot OA,\ OC^2=OE\cdot OD.$$

∵ $OB=OC$，∴ $OF\cdot OA=OE\cdot OD$．

∴ D，E，F，A四点共圆．

连结DF，于是 $\angle DFA=\angle DEA=90^\circ$，

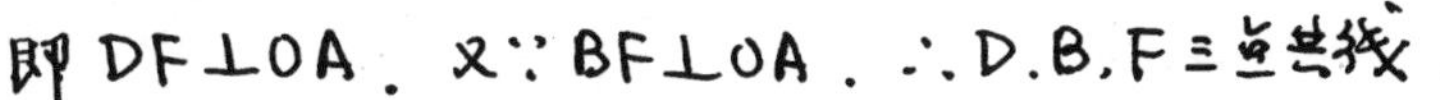

即 $DF\perp OA$．又∵ $BF\perp OA$．∴ D，B，F三点共线．

∴ $DB\perp OA$．

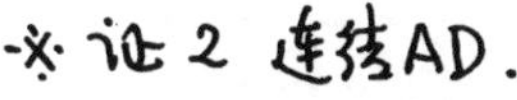

※证2 连结AD．

∵ $AC\perp OD$，

∴ $AD^2-OA^2=CD^2-OC^2$．

∵ $\angle OBA=\angle OCD=90^\circ$，

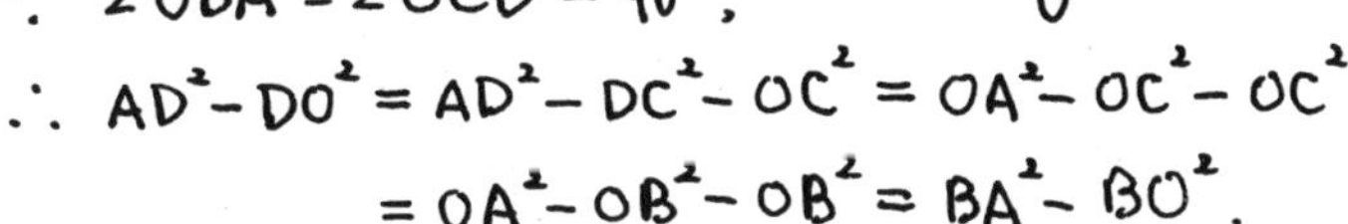

$$\therefore AD^2-DO^2=AD^2-DC^2-OC^2=OA^2-OC^2-OC^2$$
$$=OA^2-OB^2-OB^2=BA^2-BO^2.$$

∴ $DB\perp OA$．

※证3 连结BC，（延长AC交OD于点E，于是O，A，B，E四点共圆）关于△OAB和△OCD分别应用角元塞瓦定理即可证得

$\angle CAO=\angle BDO$．

∵ $AC\perp OD$，∴ $DB\perp OA$．

证4（向量法）
$$\overrightarrow{DB}\cdot\overrightarrow{OA}=(\overrightarrow{DO}+\overrightarrow{OB})(\overrightarrow{OB}+\overrightarrow{BA})$$
$$=\overrightarrow{DO}\cdot\overrightarrow{OA}+OB^2$$
$$=\overrightarrow{DO}\cdot(\overrightarrow{OC}+\overrightarrow{CA})+OC^2$$
$$=\overrightarrow{DO}\cdot\overrightarrow{OC}+\overrightarrow{OC}\cdot\overrightarrow{OC}=\overrightarrow{OC}\cdot(\overrightarrow{DO}+\overrightarrow{OC})$$
$$=\overrightarrow{OC}\cdot\overrightarrow{DC}=0$$
∴ $DB\perp OA$．

（2008.3.15）

21　AB是⊙O的非直径的弦，过AB中点P作两条弦A_1B_1和A_2B_2，过点A_1，B_1分别作⊙O的两条切线交于点C_1，过点A_2，B_2分别作⊙O的两条切线交于点C_2，求证$OP\perp C_1C_2$.（《长沙·一中奥赛》197页例22）

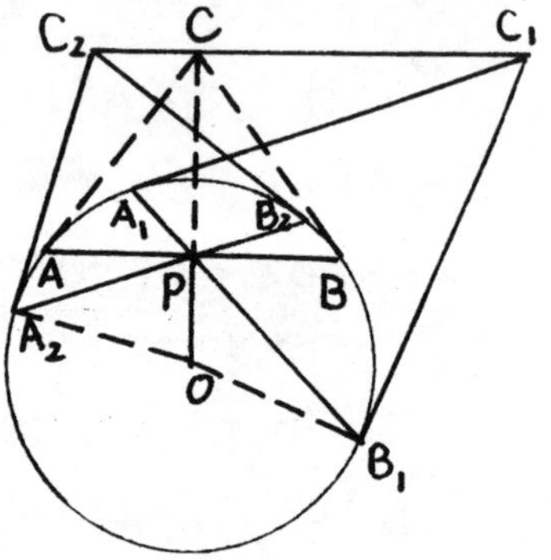

证　过点A，B分别作⊙O的两条切线交于点C，连结CC_1，CC_2，CP.

∵ P为AB中点，∴ C，P，O三点共线.

∵ CA，CB，C_1A_1，C_1B_1，C_2A_2，C_2B_2都是⊙O的切线，

∴ {A，O，B，C}，{A_1，O，B_1，C_1}和{A_2，O，B_2，C_2}都四点共圆.

∴ $OP\cdot PC=AP\cdot PB=A_1P\cdot PB_1=A_2P\cdot PB_2$.

∴ A_1，O，B_1，C　和A_2，O，B_2，C　都四点共圆.

∴ A_1，O，B_1，C_1，C和A_2，O，B_2，C，C_2都五点共圆.

∵ $OB_1\perp B_1C_1$，$OA_2\perp A_2C_2$，即$\angle OB_1C_1=90^\circ=\angle OA_2C_2$，

∴ $\angle C_2CO=90^\circ=\angle OCC_1$. ∴ C_2，C，C_1三点共线.

∴ $OP\perp C_1C_2$.

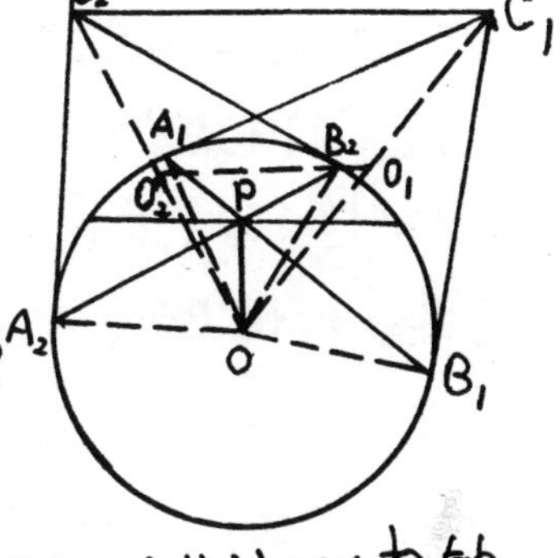

证2 连接OA_1，OA_2，OB_1，OB_2，OC_1，OC_2，于是

$\angle OA_1C_1=\angle OB_1C_1=90^\circ$，

$\angle OA_2C_2=\angle OB_2C_2=90^\circ$.

$\therefore A_1, O, B_1, C_1$和$A_2, O, B_2, C_2$都四点共圆，且$OC_1$和$OC_2$的中点$O_1$，$O_2$分别为两圆的圆心，于是$O_1O_2 \parallel C_1C_2$.

$\because A_1B_1$，A_2B_2分别作为$\odot O_1$和$\odot O_2$与$\odot O$的公共弦即为根轴，

$\therefore A_1B_1$与A_2B_2交点P为$\odot O$，$\odot O_1$，$\odot O_2$的根心.

$\therefore OP$为$\odot O_1$与$\odot O_2$的根轴.

$\therefore OP\perp O_1O_2$. $\therefore OP\perp C_1C_2$.

22　AM是△ABC的BC边上的中线．以AM为直径作⊙O分别交AB，AC于点D和E，分别过点D和E作⊙O的切线交于点P，求证PM⊥BC．

（《广东初中数学习题集》3页10题）

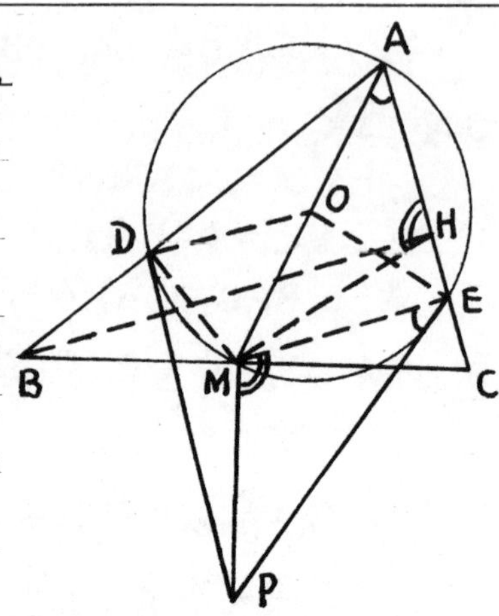

证　设过D和E所作的两条切线分别交BC的中垂线于点P′和P″．连结MD，ME，OD，OE．过B作BH⊥AC于点H，连结MH．

$\because MB=MH$，$\therefore \angle MBH=\angle MHB$．又$\because BH /\!/ ME$，

$\therefore \angle AHM=90^\circ+\angle MHB=90^\circ+\angle HBC=90^\circ+\angle EMC$

$=\angle EMP''$．

又$\because \angle MEP''=\angle MAH$，$\therefore \triangle AMH\backsim\triangle EP''M$．

$\therefore MP''=\dfrac{MH\cdot ME}{AH}=\dfrac{1}{4}BC\cdot\dfrac{BH}{AH}=\dfrac{1}{4}BC\tan A$．

同理 $MP'=\dfrac{1}{4}BC\tan A$．

$\therefore MP'=MP''$．$\therefore$点P′与P″重合，即为点P．

$\therefore PM\perp BC$．

23 AB是半圆⊙O的直径，分别过A和B作弦AC和BD交于点E，分别过点C和D作⊙O的两条切线交于点P，求证PE⊥AB.（《长沙一中奥赛》202页例29）

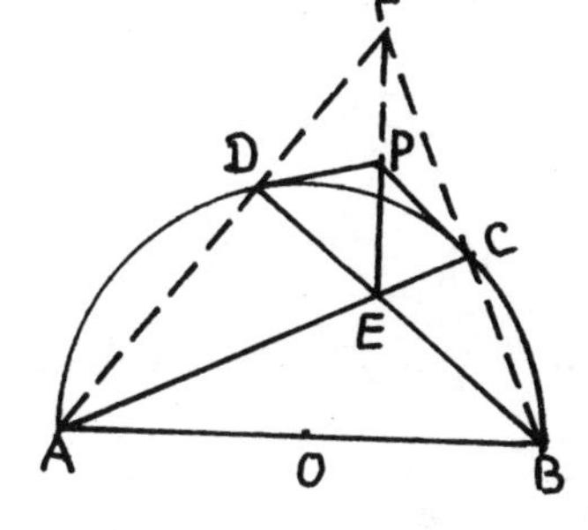

证 连结AD和BC并延长交于点F.

∵ AB为⊙O的直径，∴∠ACB = ∠ADB = 90°.

∴ 点E为△ABF的垂心. ∴ FE⊥AB.

设DP∩FE = P′，CP∩FE = P″，于是只须证明P′与P″重合.

∵ DP′为⊙O的切线，∴∠P′DE = ∠DAB.

∵ FE⊥AB，∠FDE = 90°，∴∠FDP′ = ∠DFP′.

∴ DP′为直角△FDE的斜边上的中线，P′为EF中点.

同理 P″为EF中点.

∴ 点P′与P″重合，即为点P.

∴ PE⊥AB.

证2 将△FAB的角元塞瓦定理换成△FDC的角元塞瓦定理的逆定理即知CP，DP，EF三线共点，从而点P在EF上. ∵EF⊥AB，∴PE⊥AB

24　$\triangle ABC$内接于$\odot O$，$\angle ACB=60^\circ$，N为$\overset{\frown}{AB}$的中点，H是垂心，求证$CN\perp OH$.　（1994年保加利亚数学奥林匹克）

证　若$\triangle ABC$为直角三角形，不妨设$\angle A$为直角，于是垂心H与A重合，这时CN为等边$\triangle AOC$的$\angle C$的平分线，当然有$CN\perp OH$.

设$\triangle ABC$为锐角三角形，连结AH并延长，交$\odot O$于点D，连结OC，OD，ON，CH，NH，CD，于是$AD\perp BC$，$CH\perp AB$.

又$\because$ N为$\overset{\frown}{AB}$中点，$\therefore ON\perp AB$，$\therefore ON\parallel CH$.

$\because \angle ACB=60^\circ$，$\therefore \angle CAD=30^\circ$，$\therefore \angle COD=60^\circ$.

$\therefore \triangle ODC$为等边三角形.

又$\because \angle CHD=\angle B=\angle CDH$，$\therefore OC=CD=CH=ON$.

$\therefore$ 四边形NOCH为菱形.

$\therefore CN\perp OH$.

证2　$\because$ N为$\overset{\frown}{AB}$中点，$\therefore ON\perp AB$.

又$\because CH\perp AB$，$\therefore ON\parallel CH$.

$\because \angle ACB=60^\circ$，$\therefore \angle CAD=30^\circ$，$\therefore CH=CD=r=ON$

$\therefore$ 四边形NOCH为平行四边形.

又$\because ON=OC$，$\therefore$ 四边形NOCH为菱形，$\therefore CN\perp OH$.

《位似》26 如图，在$\triangle ABC$的内部有4个半径相等的$\odot O_1$、$\odot O_2$、$\odot O_3$和$\odot O_4$，其中$\odot O_1$、$\odot O_2$、$\odot O_3$均与$\triangle ABC$的两条边相切，且与$\odot O_4$外切。求证$\triangle ABC$的内心、外心和O_4三点共线。（2003年德国数学奥林匹克）

证 设I和O分别为$\triangle ABC$的内心和外心，连结O_1O_2、O_2O_3、O_3O_1，于是有

$O_1O_2 \parallel AB$，$O_2O_3 \parallel BC$，

$O_3O_1 \parallel CA$。

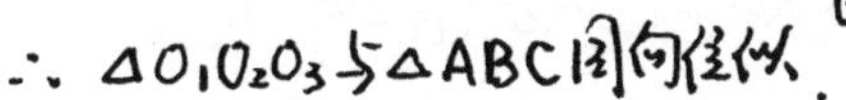

$\therefore \triangle O_1O_2O_3$与$\triangle ABC$同向位似。

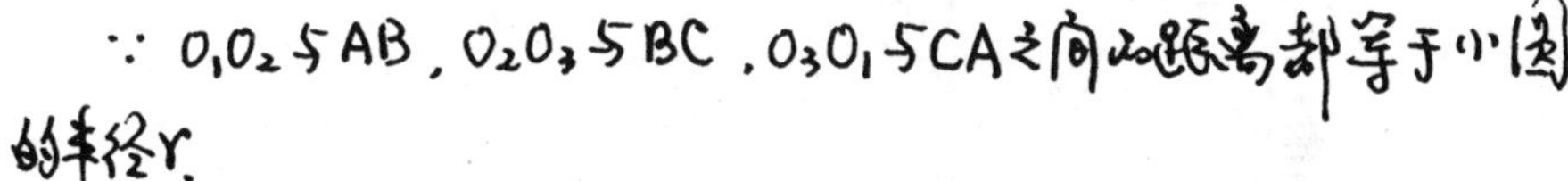

$\because O_1O_2$与AB，O_2O_3与BC，O_3O_1与CA之间的距离都等于小圆的半径r，

$\therefore \triangle O_1O_2O_3$与$\triangle ABC$的位似中心就是二者的公共内心$I$。

$\because O_1O_4 = O_2O_4 = O_3O_4 = 2r$，

$\therefore O_4$为$\triangle O_1O_2O_3$的外心，O_4与O为位似变换下的对应点。

$\therefore I$、O、O_4三点共线。

《旋转》15题

15 如图，在四边形ABCD中，$\angle ABC=30^\circ$，$\angle ADC=60^\circ$，$AD=DC$，求证 $BD^2=AB^2+BC^2$。（《中等数学》2005-6-4）

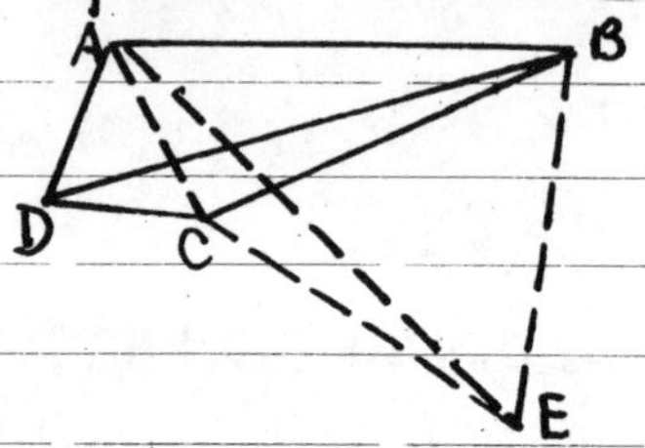

证 连结AC，

$\because AD=DC$，$\angle ADC=60^\circ$，

$\therefore \triangle ADC$为等边三角形。

将$\triangle BCD$绕点C顺时针旋转60°，得到$\triangle ECA$，连结BE，于是$\triangle CBE$为等边三角形。

$\because \angle ABC=30^\circ$，$\angle CBE=60^\circ$，

$\therefore \angle ABE=90^\circ$。

$\therefore BD^2=AE^2=AB^2+BE^2=AB^2+BC^2$。

《旋转》16题

16 在△ABC中，$\angle A=2\angle B=4\angle C$，求证 $\frac{1}{a}+\frac{1}{b}=\frac{1}{c}$

证1 设$\angle C=\alpha$，于是$\angle B=2\alpha$，$\angle A=4\alpha$，$7\alpha=180^\circ$。将△ABC绕点A旋转到$\triangle AB'C'$，使得点B恰好在边$B'C'$上。

$\because AB'=AB$，$\angle B'=\angle ABC=2\alpha$，

$\therefore \angle ABB'=\angle AB'B=2\alpha$，$\angle B'AB=3\alpha$。

又$\because \angle BAC=4\alpha$，$\therefore B'$，A，C三点共线。

$\because \angle B'AC'=\angle BAC=4\alpha$，$\angle B'AB=3\alpha$，

$\therefore \angle BAC'=\alpha=\angle C=\angle C'$。$\therefore BC'=BA=c$，$BB'=a-c$。

$\because \triangle ABC\backsim\triangle BB'C$，$\therefore AB:BB'=AC:BC$。

$\therefore c:(a-c)=b:a$。$ac=ab-bc$，$ab=ac+bc$。

证2 在证1中，$\angle B'BA=2\alpha=\angle ABC$且$B'$，A，C共线。故由平分角线定理有

$$\frac{BB'}{BC}=\frac{B'A}{AC}，\frac{a-c}{a}=\frac{c}{b}，ac=ab-bc。$$

$\therefore ab=ac+bc$，$\frac{1}{c}=\frac{1}{b}+\frac{1}{a}$。

证3 用旋转法作辅助线如证1中图形所示，连结CC'。因为$\angle C'=\angle C$，所以A，B，C'，C四点共圆。由托勒密定理有

$$AC'\cdot BC=AB\cdot CC'+BC'\cdot AC。 \quad ①$$

$\because \angle BAC'=\alpha$，$\therefore \angle BCC'=\alpha$。$\because \angle CBC'=3\alpha$，$\therefore \angle CC'B=3\alpha$。

$\therefore CC'=CB=a$。由①有$ab=ac+bc$。

证4 将$\triangle ABC$绕点C旋转一个角度到$\triangle A'B'C$，使得点A'位于边BC上。

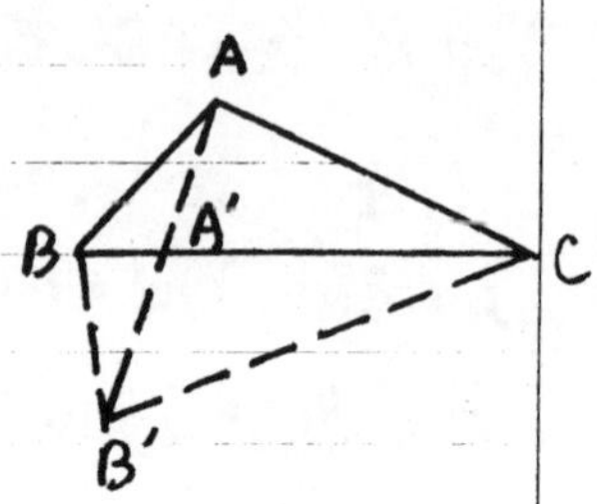

记$\angle C=\alpha$，于是$\angle B=2\alpha$，$\angle A=4\alpha$，$7\alpha=180^\circ$。

$\because \angle ABC=\angle A'B'C=2\alpha$，

$\therefore$ A，B，B'，C四点共圆。

连结AA'，BB'，于是

$\angle A'CB'=\angle ACB=\alpha$，$\therefore \angle CBB'=\angle CB'B=3\alpha$。

$\because \angle B'A'C=\angle BAC=4\alpha$，$AC=A'C=b$，$\angle AA'C=3\alpha$。

$\therefore$ A，A'，B'三点共线，$\therefore AB'=AC=b$。

$\because \angle BAB'=\angle BCB'=\alpha=\angle ACB=\angle AB'B$。

$\therefore BB'=BA=c$。

由托勒密定理有

$$BC\cdot AB'=AB\cdot B'C+BB'\cdot AC$$。

即有

$$ab=c\cdot a+cb$$。

证5 在证4中已有$\angle BB'A=\alpha$，$\angle BA'B'=3\alpha$。

$\therefore \angle B'BA'=3\alpha=\angle BA'B'$，$\therefore B'A'=B'B=c$。

$\because AB'=AC=b$，$\therefore AA'=b-c$

$\because \angle AA'C=3\alpha$，

$\therefore\ bc\sin 4\alpha = 2S_{\triangle ABC} = AA'\cdot BC\sin 3\alpha = (b-c)a\sin 3\alpha$.

$\because\ 7\alpha = 180^\circ$

$\therefore\ bc = (b-c)a = ab - ac$. $\therefore ab = ac + bc$.

证6 在证4中已证 A,B,B',C 四点共圆,

$\therefore \triangle ABA' \backsim \triangle CB'A'$. $\therefore \dfrac{AB}{B'C} = \dfrac{AA'}{A'C}$.

$\therefore cb = (b-c)a$. $\therefore ab = ac + bc$.

《旋转》17题

设ABCDEF是凸六边形,$\angle B+\angle D+\angle F=360^\circ$且 $\dfrac{AB}{BC}\dfrac{CD}{DE}\dfrac{EF}{FA}=1$,求证 $\dfrac{BC}{CA}\dfrac{AE}{EF}\dfrac{FD}{DB}=1$.

(1998年IMO预选题)

证明 因为$\angle B+\angle D+\angle F=360^\circ$,所以当将$\angle AFE$,$\angle ABC$与$\angle CDE$拼在一起时,这3个角拼成一个周角,恰好天衣无缝,只是由于边长不同,还需要作位似变换.

将$\triangle AEF$绕点E旋转,使得边EF落在ED上,然后作以E为中心的位似变换,使得EF变换之后恰为ED.记点A在变换之后的像点为点P,连结PA,PC,于是

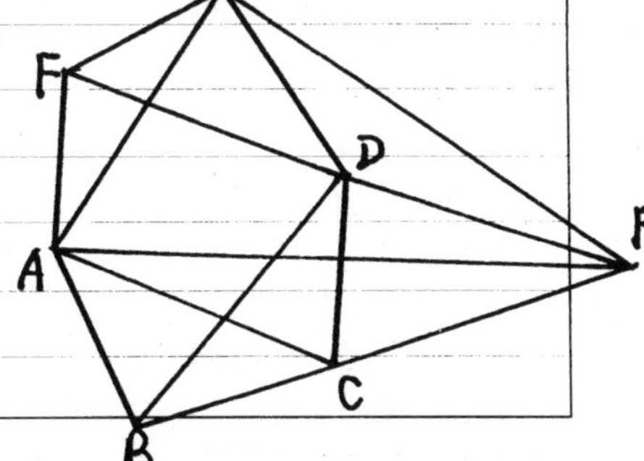

$\triangle AEF \backsim \triangle PED$.

$\therefore \dfrac{AE}{PE} = \dfrac{EF}{ED} = \dfrac{FA}{DP}$. ①

$\because \angle B+\angle D+\angle F=360°$，$\therefore \angle PDC=\angle B$.

又 $\because \dfrac{AB}{BC}=\dfrac{DE\cdot FA}{CD\cdot FE}=\dfrac{DE\cdot DP}{CD\cdot DE}=\dfrac{DP}{CD}$. ②

$\therefore \triangle ABC\backsim\triangle PDC$（这也是旋转位似）.

$\therefore \angle BCA=\angle DCP$ 且有 $\dfrac{CB}{CD}=\dfrac{CA}{CP}$. ③

$\because \angle FED=\angle AEP$，再由①有

$\triangle FED\backsim\triangle AEP$.

同理 $\angle BCD=\angle ACP$. 再由③有

$\triangle BCD\backsim\triangle ACP$.

$\therefore \dfrac{FD}{EF}=\dfrac{PA}{AE}$，$\dfrac{BC}{BD}=\dfrac{AC}{PA}$.

二式相乘，即得

$$1=\frac{FD\cdot AE}{EF\cdot PA}\cdot\frac{BC\cdot PA}{BD\cdot AC}=\frac{BC\cdot AE\cdot FD}{AC\cdot EF\cdot DB}.$$

（《中等数学》1999-5-36）

◎编辑手记

对外经济贸易大学副校长、国际商学院院长张新民曾说:“人力资源分三个层次:人物,人才,人手.”一个单位的主要社会声望、学术水准一定是有一些旗杆式的人物来作代表.

数学奥林匹克在中国是“显学”,有数以万计的教练员,但这里面绝大多数是人手和人才级别的,能称得上人物的寥寥无几.本书作者南开大学数学教授李成章先生算是一位.

有些人貌似牛×,但了解了之后发现实际上就是个傻×,有些人今天牛×,但没过多久,报纸上或中纪委网站上就会公布其也是个傻×.于是人们感叹,今日之中国还有没有一以贯之的人物,即看似不太牛×,但一了解还真挺牛×,以前就挺牛×,过了多少年之后还挺牛×,这样的人哪里多呢?余以为:数学圈里居多.上了点年纪的,细细琢磨,都挺牛×.在外行人看来挺平凡的老头,当年都是厉害的角色,正如本书作者——李成章先生.20世纪80年代,中国数学奥林匹克刚刚兴起之时,一批学有专长、治学严谨的中年数学工作者积极参与培训工作,使得中国奥数军团在国际上异军突起,成绩卓著.南方有常庚哲、单墫、杜锡录、苏淳、李尚志等,北方则首推李成章教授.当时还有一位齐东旭教授,后来齐教授退出了奥赛圈,而李成章教授则一直坚持至今,教奥数的教龄可能已长达30余年.屠呦呦教授在获拉斯克奖之前并不被多少中国人知晓,获了此奖后也只有少部分人关注,直到获诺贝尔奖后才被大多数中国人知晓,在之前长达40年无人知晓.李成章教授也是如此,尽管他不是三无教授,他有博士学位,但那又如何呢?一个不善钻营,老老实实做人,踏踏实实做事的知识分子的命运如果不出什么意外,大致也就是如此了.但圈内人会记得,会在恰当的时候向其表示致敬.

本书尽管不那么系统,不那么体例得当,但它是绝对的原汁原味,纯手工制作,许多题目都是作者自己原创的,而且在组合分析领域绝对是国内一流.学过竞赛的人都知道,组合问题既不好学也不好教,原因是它没有统一的方法,几乎是一题一样,完全凭借巧思,而且国内著作大多东抄西抄,没真东西,但本书恰好弥补了这一缺失.

李教授是吉林人,东北口音浓重,自幼学习成绩优异,以高分考入吉林大学数学系,后在王柔怀校长门下攻读偏微分方程博士学位,深得王先生喜爱.在《数学文化》杂志中曾刊登过王先生之子写的一个长篇回忆文章,其中就专门提到了李教授在偏微分方程方面的突出贡献.李教授为人耿直,坚持真理不苟同,颇有求真务实之精神.曾有人在报刊上这样形容:科普鹰派它是一个独特的品种,幼儿园老师问“树上有十只鸟,用枪打死一只,树上还有几只鸟?”大概答“九只”的,长大后成了科普鹰派;答“没有”的,长大后仍是普通人.科普鹰派相信一切社会问题都可以还原为科学问题,普通人则相信“不那么科学”的常识.

李教授习惯于用数学的眼光看待一切事物,个性鲜明.为了说明其在中国数学奥林匹克事业中的地位,举个例子:在20世纪八九十年代中国数学奥林匹克国家集训队上,队员们亲切地称其为“李军长”.看过电影《南征北战》的人都知道,里面最经典的人物莫过于“张军长”和“李军长”,“张军长”的原型是抗日名将张灵甫,学生们将这一称号送给了北大教授张筑生,他是“文革”后北大的第一位数学博士,师从著名数学家廖山涛先生,热心数学奥林匹克事业,后英年早逝.张筑生教授与李成章教授是那时中国队的主力教练,为中国数学奥林匹克走向世界立下了汗马功劳,也得到了一堆的奖状与证书.至于一个成熟的偏微分方程专家为什么转而从事数学奥林匹克这样一个略显初等的工作,这恐怕是与当时的社会环境有关,有一个例子:1980年末,中科院冶金研究所博士黄信到上海推销一款名为“胜天”的游戏机,同时为了苦练攻关技巧,把手指头也磨破了.1990年,他将积累的一拳头高的手稿写成中国内地第一本攻略书——《电子游戏入门》.

这立即成为畅销书.半年后,福州老师傅瓒也加入此列,出版了《电视游戏一点通》,结果一年内再版五次,总印量超过23万册,这在很大程度上要归功于他开创性地披露游戏秘籍.

一时间,几乎全中国的孩子都在疯狂念着口诀按手柄,最著名的莫过于“上上下下左右左右BA”,如果足够连贯地完成,游戏者就可以在魂斗罗开局时获得三十条命.

攻略书为傅瓒带来一万多元的版税收入,而当时作家梁晓声捻断须眉出一本小说也就得5 000元左右.所以对于当时清贫的数学工作者来说,教数学竞赛是一个脱贫的机会.《连线》杂志创始主编、《失控》作者凯文·凯利(Kevin Kelly)相信:机遇优于效率——埋头苦干一生不及抓住机遇一次.

李教授十分敬业,俗称干一行爱一行.笔者曾到过李教授的书房,以笔者的视角看李教授远不是博览群书型,其藏书量在数学界当然比不上上海的叶中豪,就是与笔者相比也仅为笔者的几十分之一，但是它专．2011年4月，中国人民大学政治系主任、知名学者张鸣教授在《文史博览》杂志上发表题为“学界的技术主义的泥潭”的文章，其中一段如下：“画地为牢的最突出的表现，就是教授们不看书．出版界经常统计社会大众的阅读量，越统计越泄气，无疑，社会大众的阅读量是逐年下降的，跟美国、日本这样的发达国家，距离越拉越大．其实，中国的教授，阅读量也不大．我们很多著名院校的理工科教授，家里几乎没有什么藏书，顶多有几本工具书，一些专业杂志．有位父母都是著名工科教授的学生告诉我，在家里，他买书是要挨骂的．社会科学的教授也许会有几本书，但多半跟自己的专业有关．文史哲的教授藏书比较多一点，但很多人真正看的，也就是自己的专业书籍，小范围的专业书籍．众教授的读书经历，就是专业训练的过程，从教科书到专业杂志，舍此而外，就意味着不务正业．”

李教授的藏书有两类．一类是关于偏微分方程方面的，多是英文专著，是其在读博士期间用科研经费买的早期影印版（没买版权的），其中有盖尔方特的《广义函数》（4卷本）等名著，第二类就是各种数学奥林匹克参考书，收集的十分齐全，排列整整齐齐．如果从理想中知识分子应具有的博雅角度审视李教授，似乎他还有些不完美．但是要从“专业至上”，“技术救国”的角度看，李教授堪称完美，从这九大本一丝不苟的讲义（李教授家里这样的笔记还有好多本，本次先挑了这九本当作第一辑，所以在阅读时可能会有跳跃感，待全部出版后，定会像拼图完成一样有一个整体面貌）可见这是一个标准的技术型专家，是俄式人才培养理念的硕果．

不幸的是，在笔者与之洽谈出版事宜期间李教授患了脑瘤．之前李教授就得过中风等老年病，此次患病打击很重，手术后靠记扑克牌恢复记忆．但李教授每次与笔者谈的不是对生的渴望与对死亡的恐惧，而是谈奥数往事，谈命题思路，谈解题心得，可想其对奥数的痴迷与热爱．怎样形容他与奥数之间的这种不解之缘呢？突然记起了胡适的一首小诗，想了想，将它添在了本文的末尾．

醉过才知酒浓，
爱过才知情重，
你不能做我的诗，
正如我不能做你的梦．

刘培杰

2016年1月1日

于哈工大

刘培杰数学工作室
已出版(即将出版)图书目录——初等数学

书　名	出版时间	定　价	编号
新编中学数学解题方法全书(高中版)上卷(第2版)	2018—08	58.00	951
新编中学数学解题方法全书(高中版)中卷(第2版)	2018—08	68.00	952
新编中学数学解题方法全书(高中版)下卷(一)(第2版)	2018—08	58.00	953
新编中学数学解题方法全书(高中版)下卷(二)(第2版)	2018—08	58.00	954
新编中学数学解题方法全书(高中版)下卷(三)(第2版)	2018—08	68.00	955
新编中学数学解题方法全书(初中版)上卷	2008—01	28.00	29
新编中学数学解题方法全书(初中版)中卷	2010—07	38.00	75
新编中学数学解题方法全书(高考复习卷)	2010—01	48.00	67
新编中学数学解题方法全书(高考真题卷)	2010—01	38.00	62
新编中学数学解题方法全书(高考精华卷)	2011—03	68.00	118
新编平面解析几何解题方法全书(专题讲座卷)	2010—01	18.00	61
新编中学数学解题方法全书(自主招生卷)	2013—08	88.00	261
数学奥林匹克与数学文化(第一辑)	2006—05	48.00	4
数学奥林匹克与数学文化(第二辑)(竞赛卷)	2008—01	48.00	19
数学奥林匹克与数学文化(第二辑)(文化卷)	2008—07	58.00	36′
数学奥林匹克与数学文化(第三辑)(竞赛卷)	2010—01	48.00	59
数学奥林匹克与数学文化(第四辑)(竞赛卷)	2011—08	58.00	87
数学奥林匹克与数学文化(第五辑)	2015—06	98.00	370
世界著名平面几何经典著作钩沉——几何作图专题卷(共3卷)	2022—01	198.00	1460
世界著名平面几何经典著作钩沉(民国平面几何老课本)	2011—03	38.00	113
世界著名平面几何经典著作钩沉(建国初期平面三角老课本)	2015—08	38.00	507
世界著名解析几何经典著作钩沉——平面解析几何卷	2014—01	38.00	264
世界著名数论经典著作钩沉(算术卷)	2012—01	28.00	125
世界著名数学经典著作钩沉——立体几何卷	2011—02	28.00	88
世界著名三角学经典著作钩沉(平面三角卷Ⅰ)	2010—06	28.00	69
世界著名三角学经典著作钩沉(平面三角卷Ⅱ)	2011—01	38.00	78
世界著名初等数论经典著作钩沉(理论和实用算术卷)	2011—07	38.00	126
世界著名几何经典著作钩沉(解析几何卷)	2022—10	68.00	1564
发展你的空间想象力(第3版)	2021—01	98.00	1464
空间想象力进阶	2019—05	68.00	1062
走向国际数学奥林匹克的平面几何试题诠释.第1卷	2019—07	88.00	1043
走向国际数学奥林匹克的平面几何试题诠释.第2卷	2019—09	78.00	1044
走向国际数学奥林匹克的平面几何试题诠释.第3卷	2019—03	78.00	1045
走向国际数学奥林匹克的平面几何试题诠释.第4卷	2019—09	98.00	1046
平面几何证明方法全书	2007—08	35.00	1
平面几何证明方法全书习题解答(第2版)	2006—12	18.00	10
平面几何天天练上卷・基础篇(直线型)	2013—01	58.00	208
平面几何天天练中卷・基础篇(涉及圆)	2013—01	28.00	234
平面几何天天练下卷・提高篇	2013—01	58.00	237
平面几何专题研究	2013—07	98.00	258
平面几何解题之道.第1卷	2022—05	38.00	1494
几何学习题集	2020—10	48.00	1217
通过解题学习代数几何	2021—04	88.00	1301
圆锥曲线的奥秘	2022—06	88.00	1541

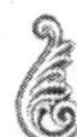

刘培杰数学工作室
已出版(即将出版)图书目录——初等数学

书　名	出版时间	定　价	编号
最新世界各国数学奥林匹克中的平面几何试题	2007—09	38.00	14
数学竞赛平面几何典型题及新颖解	2010—07	48.00	74
初等数学复习及研究(平面几何)	2008—09	68.00	38
初等数学复习及研究(立体几何)	2010—06	38.00	71
初等数学复习及研究(平面几何)习题解答	2009—01	58.00	42
几何学教程(平面几何卷)	2011—03	68.00	90
几何学教程(立体几何卷)	2011—07	68.00	130
几何变换与几何证题	2010—06	88.00	70
计算方法与几何证题	2011—06	28.00	129
立体几何技巧与方法(第 2 版)	2022—10	168.00	1572
几何瑰宝——平面几何 500 名题暨 1500 条定理(上、下)	2021—07	168.00	1358
三角形的解法与应用	2012—07	18.00	183
近代的三角形几何学	2012—07	48.00	184
一般折线几何学	2015—08	48.00	503
三角形的五心	2009—06	28.00	51
三角形的六心及其应用	2015—10	68.00	542
三角形趣谈	2012—08	28.00	212
解三角形	2014—01	28.00	265
探秘三角形:一次数学旅行	2021—10	68.00	1387
三角学专门教程	2014—09	28.00	387
图天下几何新题试卷.初中(第 2 版)	2017—11	58.00	855
圆锥曲线习题集(上册)	2013—06	68.00	255
圆锥曲线习题集(中册)	2015—01	78.00	434
圆锥曲线习题集(下册・第 1 卷)	2016—10	78.00	683
圆锥曲线习题集(下册・第 2 卷)	2018—01	98.00	853
圆锥曲线习题集(下册・第 3 卷)	2019—10	128.00	1113
圆锥曲线的思想方法	2021—08	48.00	1379
圆锥曲线的八个主要问题	2021—10	48.00	1415
论九点圆	2015—05	88.00	645
近代欧氏几何学	2012—03	48.00	162
罗巴切夫斯基几何学及几何基础概要	2012—07	28.00	188
罗巴切夫斯基几何学初步	2015—06	28.00	474
用三角、解析几何、复数、向量计算解数学竞赛几何题	2015—03	48.00	455
用解析法研究圆锥曲线的几何理论	2022—05	48.00	1495
美国中学几何教程	2015—04	88.00	458
三线坐标与三角形特征点	2015—04	98.00	460
坐标几何学基础.第 1 卷,笛卡儿坐标	2021—08	48.00	1398
坐标几何学基础.第 2 卷,三线坐标	2021—09	28.00	1399
平面解析几何方法与研究(第 1 卷)	2015—05	18.00	471
平面解析几何方法与研究(第 2 卷)	2015—06	18.00	472
平面解析几何方法与研究(第 3 卷)	2015—07	18.00	473
解析几何研究	2015—01	38.00	425
解析几何学教程.上	2016—01	38.00	574
解析几何学教程.下	2016—01	38.00	575
几何学基础	2016—01	58.00	581
初等几何研究	2015—02	58.00	444
十九和二十世纪欧氏几何学中的片段	2017—01	58.00	696
平面几何中考.高考.奥数一本通	2017—07	28.00	820
几何学简史	2017—08	28.00	833
四面体	2018—01	48.00	880
平面几何证明方法思路	2018—12	68.00	913
折纸中的几何练习	2022—09	48.00	1559
中学新几何学(英文)	2022—10	98.00	1562
线性代数与几何	2023—04	68.00	1633

刘培杰数学工作室
已出版(即将出版)图书目录——初等数学

书　　名	出版时间	定　价	编号
平面几何图形特性新析.上篇	2019—01	68.00	911
平面几何图形特性新析.下篇	2018—06	88.00	912
平面几何范例多解探究.上篇	2018—04	48.00	910
平面几何范例多解探究.下篇	2018—12	68.00	914
从分析解题过程学解题:竞赛中的几何问题研究	2018—07	68.00	946
从分析解题过程学解题:竞赛中的向量几何与不等式研究(全2册)	2019—06	138.00	1090
从分析解题过程学解题:竞赛中的不等式问题	2021—01	48.00	1249
二维、三维欧氏几何的对偶原理	2018—12	38.00	990
星形大观及闭折线论	2019—03	68.00	1020
立体几何的问题和方法	2019—11	58.00	1127
三角代换论	2021—05	58.00	1313
俄罗斯平面几何问题集	2009—08	88.00	55
俄罗斯立体几何问题集	2014—03	58.00	283
俄罗斯几何大师——沙雷金论数学及其他	2014—01	48.00	271
来自俄罗斯的5000道几何习题及解答	2011—03	58.00	89
俄罗斯初等数学问题集	2012—05	38.00	177
俄罗斯函数问题集	2011—03	38.00	103
俄罗斯组合分析问题集	2011—01	48.00	79
俄罗斯初等数学万题选——三角卷	2012—11	38.00	222
俄罗斯初等数学万题选——代数卷	2013—08	68.00	225
俄罗斯初等数学万题选——几何卷	2014—01	68.00	226
俄罗斯《量子》杂志数学征解问题100题选	2018—08	48.00	969
俄罗斯《量子》杂志数学征解问题又100题选	2018—08	48.00	970
俄罗斯《量子》杂志数学征解问题	2020—05	48.00	1138
463个俄罗斯几何老问题	2012—01	28.00	152
《量子》数学短文精粹	2018—09	38.00	972
用三角、解析几何等计算解来自俄罗斯的几何题	2019—11	88.00	1119
基谢廖夫平面几何	2022—01	48.00	1461
基谢廖夫立体几何	2023—04	48.00	1599
数学:代数、数学分析和几何(10—11年级)	2021—01	48.00	1250
立体几何.10—11年级	2022—01	58.00	1472
直观几何学:5—6年级	2022—04	58.00	1508
平面几何:9—11年级	2022—10	48.00	1571
谈谈素数	2011—03	18.00	91
平方和	2011—03	18.00	92
整数论	2011—05	38.00	120
从整数谈起	2015—10	28.00	538
数与多项式	2016—01	38.00	558
谈谈不定方程	2011—05	28.00	119
质数漫谈	2022—07	68.00	1529
解析不等式新论	2009—06	68.00	48
建立不等式的方法	2011—03	98.00	104
数学奥林匹克不等式研究(第2版)	2020—07	68.00	1181
不等式研究(第二辑)	2012—02	68.00	153
不等式的秘密(第一卷)(第2版)	2014—02	38.00	286
不等式的秘密(第二卷)	2014—01	38.00	268
初等不等式的证明方法	2010—06	38.00	123
初等不等式的证明方法(第二版)	2014—11	38.00	407
不等式·理论·方法(基础卷)	2015—07	38.00	496
不等式·理论·方法(经典不等式卷)	2015—07	38.00	497
不等式·理论·方法(特殊类型不等式卷)	2015—07	48.00	498
不等式探究	2016—03	38.00	582
不等式探秘	2017—01	88.00	689
四面体不等式	2017—01	68.00	715
数学奥林匹克中常见重要不等式	2017—09	38.00	845

刘培杰数学工作室

已出版(即将出版)图书目录——初等数学

书　　名	出版时间	定　价	编号
三正弦不等式	2018－09	98.00	974
函数方程与不等式:解法与稳定性结果	2019－04	68.00	1058
数学不等式.第1卷,对称多项式不等式	2022－05	78.00	1455
数学不等式.第2卷,对称有理不等式与对称无理不等式	2022－05	88.00	1456
数学不等式.第3卷,循环不等式与非循环不等式	2022－05	88.00	1457
数学不等式.第4卷,Jensen不等式的扩展与加细	2022－05	88.00	1458
数学不等式.第5卷,创建不等式与解不等式的其他方法	2022－05	88.00	1459
同余理论	2012－05	38.00	163
[x]与{x}	2015－04	48.00	476
极值与最值.上卷	2015－06	28.00	486
极值与最值.中卷	2015－06	38.00	487
极值与最值.下卷	2015－06	28.00	488
整数的性质	2012－11	38.00	192
完全平方数及其应用	2015－08	78.00	506
多项式理论	2015－10	88.00	541
奇数、偶数、奇偶分析法	2018－01	98.00	876
不定方程及其应用.上	2018－12	58.00	992
不定方程及其应用.中	2019－01	78.00	993
不定方程及其应用.下	2019－02	98.00	994
Nesbitt不等式加强式的研究	2022－06	128.00	1527
最值定理与分析不等式	2023－02	78.00	1567
一类积分不等式	2023－02	88.00	1579
邦费罗尼不等式及概率应用	2023－05	58.00	1637

书　　名	出版时间	定　价	编号
历届美国中学生数学竞赛试题及解答(第一卷)1950－1954	2014－07	18.00	277
历届美国中学生数学竞赛试题及解答(第二卷)1955－1959	2014－04	18.00	278
历届美国中学生数学竞赛试题及解答(第三卷)1960－1964	2014－06	18.00	279
历届美国中学生数学竞赛试题及解答(第四卷)1965－1969	2014－04	28.00	280
历届美国中学生数学竞赛试题及解答(第五卷)1970－1972	2014－06	18.00	281
历届美国中学生数学竞赛试题及解答(第六卷)1973－1980	2017－07	18.00	768
历届美国中学生数学竞赛试题及解答(第七卷)1981－1986	2015－01	18.00	424
历届美国中学生数学竞赛试题及解答(第八卷)1987－1990	2017－05	18.00	769

书　　名	出版时间	定　价	编号
历届中国数学奥林匹克试题集(第3版)	2021－10	58.00	1440
历届加拿大数学奥林匹克试题集	2012－08	38.00	215
历届美国数学奥林匹克试题集:1972～2019	2020－04	88.00	1135
历届波兰数学竞赛试题集.第1卷,1949～1963	2015－03	18.00	453
历届波兰数学竞赛试题集.第2卷,1964～1976	2015－03	18.00	454
历届巴尔干数学奥林匹克试题集	2015－05	38.00	466
保加利亚数学奥林匹克	2014－10	38.00	393
圣彼得堡数学奥林匹克试题集	2015－01	38.00	429
匈牙利奥林匹克数学竞赛题解.第1卷	2016－05	28.00	593
匈牙利奥林匹克数学竞赛题解.第2卷	2016－05	28.00	594
历届美国数学邀请赛试题集(第2版)	2017－10	78.00	851
普林斯顿大学数学竞赛	2016－06	38.00	669
亚太地区数学奥林匹克竞赛题	2015－07	18.00	492
日本历届(初级)广中杯数学竞赛试题及解答.第1卷(2000～2007)	2016－05	28.00	641
日本历届(初级)广中杯数学竞赛试题及解答.第2卷(2008～2015)	2016－05	38.00	642
越南数学奥林匹克题选:1962－2009	2021－07	48.00	1370
360个数学竞赛问题	2016－08	58.00	677
奥数最佳实战题.上卷	2017－06	38.00	760
奥数最佳实战题.下卷	2017－05	58.00	761
哈尔滨市早期中学数学竞赛试题汇编	2016－07	28.00	672
全国高中数学联赛试题及解答:1981—2019(第4版)	2020－07	138.00	1176
2022年全国高中数学联合竞赛模拟题集	2022－06	30.00	1521

刘培杰数学工作室

已出版(即将出版)图书目录——初等数学

书　　名	出版时间	定　价	编号
20 世纪 50 年代全国部分城市数学竞赛试题汇编	2017—07	28.00	797
国内外数学竞赛题及精解:2018～2019	2020—08	45.00	1192
国内外数学竞赛题及精解:2019～2020	2021—11	58.00	1439
许康华竞赛优学精选集.第一辑	2018—08	68.00	949
天问叶班数学问题征解 100 题.Ⅰ,2016—2018	2019—05	88.00	1075
天问叶班数学问题征解 100 题.Ⅱ,2017—2019	2020—07	98.00	1177
美国初中数学竞赛:AMC8 准备(共 6 卷)	2019—07	138.00	1089
美国高中数学竞赛:AMC10 准备(共 6 卷)	2019—08	158.00	1105
王连笑教你怎样学数学:高考选择题解题策略与客观题实用训练	2014—01	48.00	262
王连笑教你怎样学数学:高考数学高层次讲座	2015—02	48.00	432
高考数学的理论与实践	2009—08	38.00	53
高考数学核心题型解题方法与技巧	2010—01	28.00	86
高考思维新平台	2014—03	38.00	259
高考数学压轴题解题诀窍(上)(第 2 版)	2018—01	58.00	874
高考数学压轴题解题诀窍(下)(第 2 版)	2018—01	48.00	875
北京市五区文科数学三年高考模拟题详解:2013～2015	2015—08	48.00	500
北京市五区理科数学三年高考模拟题详解:2013～2015	2015—09	68.00	505
向量法巧解数学高考题	2009—08	28.00	54
高中数学课堂教学的实践与反思	2021—11	48.00	791
数学高考参考	2016—01	78.00	589
新课程标准高考数学解答题各种题型解法指导	2020—08	78.00	1196
全国及各省市高考数学试题审题要津与解法研究	2015—02	48.00	450
高中数学章节起始课的教学研究与案例设计	2019—05	28.00	1064
新课标高考数学——五年试题分章详解(2007～2011)(上、下)	2011—10	78.00	140,141
全国中考数学压轴题审题要津与解法研究	2013—04	78.00	248
新编全国及各省市中考数学压轴题审题要津与解法研究	2014—05	58.00	342
全国及各省市 5 年中考数学压轴题审题要津与解法研究(2015 版)	2015—04	58.00	462
中考数学专题总复习	2007—04	28.00	6
中考数学较难题常考题型解题方法与技巧	2016—09	48.00	681
中考数学难题常考题型解题方法与技巧	2016—09	48.00	682
中考数学中档题常考题型解题方法与技巧	2017—08	68.00	835
中考数学选择填空压轴好题妙解 365	2017—05	38.00	759
中考数学:三类重点考题的解法例析与习题	2020—04	48.00	1140
中小学数学的历史文化	2019—11	48.00	1124
初中平面几何百题多思创新解	2020—01	58.00	1125
初中数学中考备考	2020—01	58.00	1126
高考数学之九章演义	2019—08	68.00	1044
高考数学之难题谈笑间	2022—06	68.00	1519
化学可以这样学:高中化学知识方法智慧感悟疑难辨析	2019—07	58.00	1103
如何成为学习高手	2019—09	58.00	1107
高考数学:经典真题分类解析	2020—04	78.00	1134
高考数学解答题破解策略	2020—11	58.00	1221
从分析解题过程学解题:高考压轴题与竞赛题之关系探究	2020—08	88.00	1179
教学新思考:单元整体视角下的初中数学教学设计	2021—03	58.00	1278
思维再拓展:2020 年经典几何题的多解探究与思考	即将出版		1279
中考数学小压轴汇编初讲	2017—07	48.00	788
中考数学大压轴专题微言	2017—09	48.00	846
怎么解中考平面几何探索题	2019—06	48.00	1093
北京中考数学压轴题解题方法突破(第 8 版)	2022—11	78.00	1577
助你高考成功的数学解题智慧:知识是智慧的基础	2016—01	58.00	596
助你高考成功的数学解题智慧:错误是智慧的试金石	2016—04	58.00	643
助你高考成功的数学解题智慧:方法是智慧的推手	2016—04	68.00	657
高考数学奇思妙解	2016—04	38.00	610
高考数学解题策略	2016—05	48.00	670
数学解题泄天机(第 2 版)	2017—10	48.00	850

刘培杰数学工作室
已出版(即将出版)图书目录——初等数学

书　　名	出版时间	定　价	编号
高考物理压轴题全解	2017－04	58.00	746
高中物理经典问题 25 讲	2017－05	28.00	764
高中物理教学讲义	2018－01	48.00	871
高中物理教学讲义:全模块	2022－03	98.00	1492
高中物理答疑解惑 65 篇	2021－11	48.00	1462
中学物理基础问题解析	2020－08	48.00	1183
初中数学、高中数学脱节知识补缺教材	2017－06	48.00	766
高考数学小题抢分必练	2017－10	48.00	834
高考数学核心素养解读	2017－09	38.00	839
高考数学客观题解题方法和技巧	2017－10	38.00	847
十年高考数学精品试题审题要津与解法研究	2021－10	98.00	1427
中国历届高考数学试题及解答.1949－1979	2018－01	38.00	877
历届中国高考数学试题及解答.第二卷,1980—1989	2018－10	28.00	975
历届中国高考数学试题及解答.第三卷,1990—1999	2018－10	48.00	976
数学文化与高考研究	2018－03	48.00	882
跟我学解高中数学题	2018－07	58.00	926
中学数学研究的方法及案例	2018－05	58.00	869
高考数学抢分技能	2018－07	68.00	934
高一新生常用数学方法和重要数学思想提升教材	2018－06	38.00	921
2018 年高考数学真题研究	2019－01	68.00	1000
2019 年高考数学真题研究	2020－05	88.00	1137
高考数学全国卷六道解答题常考题型解题诀窍:理科(全 2 册)	2019－07	78.00	1101
高考数学全国卷 16 道选择、填空题常考题型解题诀窍.理科	2018－09	88.00	971
高考数学全国卷 16 道选择、填空题常考题型解题诀窍.文科	2020－01	88.00	1123
高中数学一题多解	2019－06	58.00	1087
历届中国高考数学试题及解答:1917－1999	2021－08	98.00	1371
2000～2003 年全国及各省市高考数学试题及解答	2022－05	88.00	1499
2004 年全国及各省市高考数学试题及解答	2022－07	78.00	1500
突破高原:高中数学解题思维探究	2021－08	48.00	1375
高考数学中的“取值范围”	2021－10	48.00	1429
新课程标准高中数学各种题型解法大全.必修一分册	2021－06	58.00	1315
新课程标准高中数学各种题型解法大全.必修二分册	2022－01	68.00	1471
高中数学各种题型解法大全.选择性必修一分册	2022－06	68.00	1525
高中数学各种题型解法大全.选择性必修二分册	2023－01	58.00	1600
高中数学各种题型解法大全.选择性必修三分册	2023－04	48.00	1643
历届全国初中数学竞赛经典试题详解	2023－04	88.00	1624

新编 640 个世界著名数学智力趣题	2014－01	88.00	242
500 个最新世界著名数学智力趣题	2008－06	48.00	3
400 个最新世界著名数学最值问题	2008－09	48.00	36
500 个世界著名数学征解问题	2009－06	48.00	52
400 个中国最佳初等数学征解老问题	2010－01	48.00	60
500 个俄罗斯数学经典老题	2011－01	28.00	81
1000 个国外中学物理好题	2012－04	48.00	174
300 个日本高考数学题	2012－05	38.00	142
700 个早期日本高考数学试题	2017－02	88.00	752
500 个前苏联早期高考数学试题及解答	2012－05	28.00	185
546 个早期俄罗斯大学生数学竞赛题	2014－03	38.00	285
548 个来自美苏的数学好问题	2014－11	28.00	396
20 所苏联著名大学早期入学试题	2015－02	18.00	452
161 道德国工科大学生必做的微分方程习题	2015－05	28.00	469
500 个德国工科大学生必做的高数习题	2015－06	28.00	478
360 个数学竞赛问题	2016－08	58.00	677
200 个趣味数学故事	2018－02	48.00	857
470 个数学奥林匹克中的最值问题	2018－10	88.00	985
德国讲义日本考题.微积分卷	2015－04	48.00	456
德国讲义日本考题.微分方程卷	2015－04	38.00	457
二十世纪中叶中、英、美、日、法、俄高考数学试题精选	2017－06	38.00	783

刘培杰数学工作室
已出版(即将出版)图书目录——初等数学

书　　名	出版时间	定　价	编号
中国初等数学研究　2009 卷(第 1 辑)	2009－05	20.00	45
中国初等数学研究　2010 卷(第 2 辑)	2010－05	30.00	68
中国初等数学研究　2011 卷(第 3 辑)	2011－07	60.00	127
中国初等数学研究　2012 卷(第 4 辑)	2012－07	48.00	190
中国初等数学研究　2014 卷(第 5 辑)	2014－02	48.00	288
中国初等数学研究　2015 卷(第 6 辑)	2015－06	68.00	493
中国初等数学研究　2016 卷(第 7 辑)	2016－04	68.00	609
中国初等数学研究　2017 卷(第 8 辑)	2017－01	98.00	712
初等数学研究在中国. 第 1 辑	2019－03	158.00	1024
初等数学研究在中国. 第 2 辑	2019－10	158.00	1116
初等数学研究在中国. 第 3 辑	2021－05	158.00	1306
初等数学研究在中国. 第 4 辑	2022－06	158.00	1520
几何变换(Ⅰ)	2014－07	28.00	353
几何变换(Ⅱ)	2015－06	28.00	354
几何变换(Ⅲ)	2015－01	38.00	355
几何变换(Ⅳ)	2015－12	38.00	356
初等数论难题集(第一卷)	2009－05	68.00	44
初等数论难题集(第二卷)(上、下)	2011－02	128.00	82,83
数论概貌	2011－03	18.00	93
代数数论(第二版)	2013－08	58.00	94
代数多项式	2014－06	38.00	289
初等数论的知识与问题	2011－02	28.00	95
超越数论基础	2011－03	28.00	96
数论初等教程	2011－03	28.00	97
数论基础	2011－03	18.00	98
数论基础与维诺格拉多夫	2014－03	18.00	292
解析数论基础	2012－08	28.00	216
解析数论基础(第二版)	2014－01	48.00	287
解析数论问题集(第二版)(原版引进)	2014－05	88.00	343
解析数论问题集(第二版)(中译本)	2016－04	88.00	607
解析数论基础(潘承洞,潘承彪著)	2016－07	98.00	673
解析数论导引	2016－07	58.00	674
数论入门	2011－03	38.00	99
代数数论入门	2015－03	38.00	448
数论开篇	2012－07	28.00	194
解析数论引论	2011－03	48.00	100
Barban Davenport Halberstam 均值和	2009－01	40.00	33
基础数论	2011－03	28.00	101
初等数论 100 例	2011－05	18.00	122
初等数论经典例题	2012－07	18.00	204
最新世界各国数学奥林匹克中的初等数论试题(上、下)	2012－01	138.00	144,145
初等数论(Ⅰ)	2012－01	18.00	156
初等数论(Ⅱ)	2012－01	18.00	157
初等数论(Ⅲ)	2012－01	28.00	158

刘培杰数学工作室

已出版(即将出版)图书目录——初等数学

书　　名	出版时间	定　价	编号
平面几何与数论中未解决的新老问题	2013－01	68.00	229
代数数论简史	2014－11	28.00	408
代数数论	2015－09	88.00	532
代数、数论及分析习题集	2016－11	98.00	695
数论导引提要及习题解答	2016－01	48.00	559
素数定理的初等证明.第2版	2016－09	48.00	686
数论中的模函数与狄利克雷级数(第二版)	2017－11	78.00	837
数论:数学导引	2018－01	68.00	849
范氏大代数	2019－02	98.00	1016
解析数学讲义.第一卷,导来式及微分、积分、级数	2019－04	88.00	1021
解析数学讲义.第二卷,关于几何的应用	2019－04	68.00	1022
解析数学讲义.第三卷,解析函数论	2019－04	78.00	1023
分析·组合·数论纵横谈	2019－04	58.00	1039
Hall代数:民国时期的中学数学课本:英文	2019－08	88.00	1106
基谢廖夫初等代数	2022－07	38.00	1531
数学精神巡礼	2019－01	58.00	731
数学眼光透视(第2版)	2017－06	78.00	732
数学思想领悟(第2版)	2018－01	68.00	733
数学方法溯源(第2版)	2018－08	68.00	734
数学解题引论	2017－05	58.00	735
数学史话览胜(第2版)	2017－01	48.00	736
数学应用展观(第2版)	2017－08	68.00	737
数学建模尝试	2018－04	48.00	738
数学竞赛采风	2018－01	68.00	739
数学测评探营	2019－05	58.00	740
数学技能操握	2018－03	48.00	741
数学欣赏拾趣	2018－02	48.00	742
从毕达哥拉斯到怀尔斯	2007－10	48.00	9
从迪利克雷到维斯卡尔迪	2008－01	48.00	21
从哥德巴赫到陈景润	2008－05	98.00	35
从庞加莱到佩雷尔曼	2011－08	138.00	136
博弈论精粹	2008－03	58.00	30
博弈论精粹.第二版(精装)	2015－01	88.00	461
数学 我爱你	2008－01	28.00	20
精神的圣徒　别样的人生——60位中国数学家成长的历程	2008－09	48.00	39
数学史概论	2009－06	78.00	50
数学史概论(精装)	2013－03	158.00	272
数学史选讲	2016－01	48.00	544
斐波那契数列	2010－02	28.00	65
数学拼盘和斐波那契魔方	2010－07	38.00	72
斐波那契数列欣赏(第2版)	2018－08	58.00	948
Fibonacci数列中的明珠	2018－06	58.00	928
数学的创造	2011－02	48.00	85
数学美与创造力	2016－01	48.00	595
数海拾贝	2016－01	48.00	590
数学中的美(第2版)	2019－04	68.00	1057
数论中的美学	2014－12	38.00	351

刘培杰数学工作室
已出版(即将出版)图书目录——初等数学

书　　名	出版时间	定　价	编号
数学王者　科学巨人——高斯	2015－01	28.00	428
振兴祖国数学的圆梦之旅:中国初等数学研究史话	2015－06	98.00	490
二十世纪中国数学史料研究	2015－10	48.00	536
数字谜、数阵图与棋盘覆盖	2016－01	58.00	298
时间的形状	2016－01	38.00	556
数学发现的艺术:数学探索中的合情推理	2016－07	58.00	671
活跃在数学中的参数	2016－07	48.00	675
数海趣史	2021－05	98.00	1314
数学解题——靠数学思想给力(上)	2011－07	38.00	131
数学解题——靠数学思想给力(中)	2011－07	48.00	132
数学解题——靠数学思想给力(下)	2011－07	38.00	133
我怎样解题	2013－01	48.00	227
数学解题中的物理方法	2011－06	28.00	114
数学解题的特殊方法	2011－06	48.00	115
中学数学计算技巧(第2版)	2020－10	48.00	1220
中学数学证明方法	2012－01	58.00	117
数学趣题巧解	2012－03	28.00	128
高中数学教学通鉴	2015－05	58.00	479
和高中生漫谈:数学与哲学的故事	2014－08	28.00	369
算术问题集	2017－03	38.00	789
张教授讲数学	2018－07	38.00	933
陈永明实话实说数学教学	2020－04	68.00	1132
中学数学学科知识与教学能力	2020－06	58.00	1155
怎样把课讲好:大罕数学教学随笔	2022－03	58.00	1484
中国高考评价体系下高考数学探秘	2022－03	48.00	1487
自主招生考试中的参数方程问题	2015－01	28.00	435
自主招生考试中的极坐标问题	2015－04	28.00	463
近年全国重点大学自主招生数学试题全解及研究.华约卷	2015－02	38.00	441
近年全国重点大学自主招生数学试题全解及研究.北约卷	2016－05	38.00	619
自主招生数学解证宝典	2015－09	48.00	535
中国科学技术大学创新班数学真题解析	2022－03	48.00	1488
中国科学技术大学创新班物理真题解析	2022－03	58.00	1489
格点和面积	2012－07	18.00	191
射影几何趣谈	2012－04	28.00	175
斯潘纳尔引理——从一道加拿大数学奥林匹克试题谈起	2014－01	28.00	228
李普希兹条件——从几道近年高考数学试题谈起	2012－10	18.00	221
拉格朗日中值定理——从一道北京高考试题的解法谈起	2015－10	18.00	197
闵科夫斯基定理——从一道清华大学自主招生试题谈起	2014－01	28.00	198
哈尔测度——从一道冬令营试题的背景谈起	2012－08	28.00	202
切比雪夫逼近问题——从一道中国台北数学奥林匹克试题谈起	2013－04	38.00	238
伯恩斯坦多项式与贝齐尔曲面——从一道全国高中数学联赛试题谈起	2013－03	38.00	236
卡塔兰猜想——从一道普特南竞赛试题谈起	2013－06	18.00	256
麦卡锡函数和阿克曼函数——从一道前南斯拉夫数学奥林匹克试题谈起	2012－08	18.00	201
贝蒂定理与拉姆贝克莫斯尔定理——从一个拣石子游戏谈起	2012－08	18.00	217
皮亚诺曲线和豪斯道夫分球定理——从无限集谈起	2012－08	18.00	211
平面凸图形与凸多面体	2012－10	28.00	218
斯坦因豪斯问题——从一道二十五省市自治区中学数学竞赛试题谈起	2012－07	18.00	196

刘培杰数学工作室
已出版(即将出版)图书目录——初等数学

书　　名	出版时间	定　价	编号
纽结理论中的亚历山大多项式与琼斯多项式——从一道北京市高一数学竞赛试题谈起	2012—07	28.00	195
原则与策略——从波利亚"解题表"谈起	2013—04	38.00	244
转化与化归——从三大尺规作图不能问题谈起	2012—08	28.00	214
代数几何中的贝祖定理(第一版)——从一道 IMO 试题的解法谈起	2013—08	18.00	193
成功连贯理论与约当块理论——从一道比利时数学竞赛试题谈起	2012—04	18.00	180
素数判定与大数分解	2014—08	18.00	199
置换多项式及其应用	2012—10	18.00	220
椭圆函数与模函数——从一道美国加州大学洛杉矶分校(UCLA)博士资格考题谈起	2012—10	28.00	219
差分方程的拉格朗日方法——从一道 2011 年全国高考理科试题的解法谈起	2012—08	28.00	200
力学在几何中的一些应用	2013—01	38.00	240
从根式解到伽罗华理论	2020—01	48.00	1121
康托洛维奇不等式——从一道全国高中联赛试题谈起	2013—03	28.00	337
西格尔引理——从一道第 18 届 IMO 试题的解法谈起	即将出版		
罗斯定理——从一道前苏联数学竞赛试题谈起	即将出版		
拉克斯定理和阿廷定理——从一道 IMO 试题的解法谈起	2014—01	58.00	246
毕卡大定理——从一道美国大学数学竞赛试题谈起	2014—07	18.00	350
贝齐尔曲线——从一道全国高中联赛试题谈起	即将出版		
拉格朗日乘子定理——从一道 2005 年全国高中联赛试题的高等数学解法谈起	2015—05	28.00	480
雅可比定理——从一道日本数学奥林匹克试题谈起	2013—04	48.00	249
李天岩一约克定理——从一道波兰数学竞赛试题谈起	2014—06	28.00	349
受控理论与初等不等式:从一道 IMO 试题的解法谈起	2023—03	48.00	1601
布劳维不动点定理——从一道前苏联数学奥林匹克试题谈起	2014—01	38.00	273
伯恩赛德定理——从一道英国数学奥林匹克试题谈起	即将出版		
布查特一莫斯特定理——从一道上海市初中竞赛试题谈起	即将出版		
数论中的同余数问题——从一道普特南竞赛试题谈起	即将出版		
范·德蒙行列式——从一道美国数学奥林匹克试题谈起	即将出版		
中国剩余定理:总数法构建中国历史年表	2015—01	28.00	430
牛顿程序与方程求根——从一道全国高考试题解法谈起	即将出版		
库默尔定理——从一道 IMO 预选试题谈起	即将出版		
卢丁定理——从一道冬令营试题的解法谈起	即将出版		
沃斯滕霍姆定理——从一道 IMO 预选试题谈起	即将出版		
卡尔松不等式——从一道莫斯科数学奥林匹克试题谈起	即将出版		
信息论中的香农熵——从一道近年高考压轴题谈起	即将出版		
约当不等式——从一道希望杯竞赛试题谈起	即将出版		
拉比诺维奇定理	即将出版		
刘维尔定理——从一道《美国数学月刊》征解问题的解法谈起	即将出版		
卡塔兰恒等式与级数求和——从一道 IMO 试题的解法谈起	即将出版		
勒让德猜想与素数分布——从一道爱尔兰竞赛试题谈起	即将出版		
天平称重与信息论——从一道基辅市数学奥林匹克试题谈起	即将出版		
哈密尔顿一凯莱定理:从一道高中数学联赛试题的解法谈起	2014—09	18.00	376
艾思特曼定理——从一道 CMO 试题的解法谈起	即将出版		

刘培杰数学工作室
已出版(即将出版)图书目录——初等数学

书　　名	出版时间	定　价	编号
阿贝尔恒等式与经典不等式及应用	2018－06	98.00	923
迪利克雷除数问题	2018－07	48.00	930
幻方、幻立方与拉丁方	2019－08	48.00	1092
帕斯卡三角形	2014－03	18.00	294
蒲丰投针问题——从2009年清华大学的一道自主招生试题谈起	2014－01	38.00	295
斯图姆定理——从一道"华约"自主招生试题的解法谈起	2014－01	18.00	296
许瓦兹引理——从一道加利福尼亚大学伯克利分校数学系博士生试题谈起	2014－08	18.00	297
拉姆塞定理——从王诗宬院士的一个问题谈起	2016－04	48.00	299
坐标法	2013－12	28.00	332
数论三角形	2014－04	38.00	341
毕克定理	2014－07	18.00	352
数林掠影	2014－09	48.00	389
我们周围的概率	2014－10	38.00	390
凸函数最值定理:从一道华约自主招生题的解法谈起	2014－10	28.00	391
易学与数学奥林匹克	2014－10	38.00	392
生物数学趣谈	2015－01	18.00	409
反演	2015－01	28.00	420
因式分解与圆锥曲线	2015－01	18.00	426
轨迹	2015－01	28.00	427
面积原理:从常庚哲命的一道CMO试题的积分解法谈起	2015－01	48.00	431
形形色色的不动点定理:从一道28届IMO试题谈起	2015－01	38.00	439
柯西函数方程:从一道上海交大自主招生的试题谈起	2015－02	28.00	440
三角恒等式	2015－02	28.00	442
无理性判定:从一道2014年"北约"自主招生试题谈起	2015－01	38.00	443
数学归纳法	2015－03	18.00	451
极端原理与解题	2015－04	28.00	464
法雷级数	2014－08	18.00	367
摆线族	2015－01	38.00	438
函数方程及其解法	2015－05	38.00	470
含参数的方程和不等式	2012－09	28.00	213
希尔伯特第十问题	2016－01	38.00	543
无穷小量的求和	2016－01	28.00	545
切比雪夫多项式:从一道清华大学金秋营试题谈起	2016－01	38.00	583
泽肯多夫定理	2016－03	38.00	599
代数等式证题法	2016－01	28.00	600
三角等式证题法	2016－01	28.00	601
吴大任教授藏书中的一个因式分解公式:从一道美国数学邀请赛试题的解法谈起	2016－06	28.00	656
易卦——类万物的数学模型	2017－08	68.00	838
"不可思议"的数与数系可持续发展	2018－01	38.00	878
最短线	2018－01	38.00	879
数学在天文、地理、光学、机械力学中的一些应用	2023－03	88.00	1576
从阿基米德三角形谈起	2023－01	28.00	1578
幻方和魔方(第一卷)	2012－05	68.00	173
尘封的经典——初等数学经典文献选读(第一卷)	2012－07	48.00	205
尘封的经典——初等数学经典文献选读(第二卷)	2012－07	38.00	206
初级方程式论	2011－03	28.00	106
初等数学研究(Ⅰ)	2008－09	68.00	37
初等数学研究(Ⅱ)(上、下)	2009－05	118.00	46,47
初等数学专题研究	2022－10	68.00	1568

刘培杰数学工作室
已出版(即将出版)图书目录——初等数学

书　　名	出版时间	定　价	编号
趣味初等方程妙题集锦	2014—09	48.00	388
趣味初等数论选美与欣赏	2015—02	48.00	445
耕读笔记(上卷):一位农民数学爱好者的初数探索	2015—04	28.00	459
耕读笔记(中卷):一位农民数学爱好者的初数探索	2015—05	28.00	483
耕读笔记(下卷):一位农民数学爱好者的初数探索	2015—05	28.00	484
几何不等式研究与欣赏.上卷	2016—01	88.00	547
几何不等式研究与欣赏.下卷	2016—01	48.00	552
初等数列研究与欣赏·上	2016—01	48.00	570
初等数列研究与欣赏·下	2016—01	48.00	571
趣味初等函数研究与欣赏.上	2016—09	48.00	684
趣味初等函数研究与欣赏.下	2018—09	48.00	685
三角不等式研究与欣赏	2020—10	68.00	1197
新编平面解析几何解题方法研究与欣赏	2021—10	78.00	1426
火柴游戏(第2版)	2022—05	38.00	1493
智力解谜.第1卷	2017—07	38.00	613
智力解谜.第2卷	2017—07	38.00	614
故事智力	2016—07	48.00	615
名人们喜欢的智力问题	2020—01	48.00	616
数学大师的发现、创造与失误	2018—01	48.00	617
异曲同工	2018—09	48.00	618
数学的味道	2018—01	58.00	798
数学千字文	2018—10	68.00	977
数贝偶拾——高考数学题研究	2014—04	28.00	274
数贝偶拾——初等数学研究	2014—04	38.00	275
数贝偶拾——奥数题研究	2014—04	48.00	276
钱昌本教你快乐学数学(上)	2011—12	48.00	155
钱昌本教你快乐学数学(下)	2012—03	58.00	171
集合、函数与方程	2014—01	28.00	300
数列与不等式	2014—01	38.00	301
三角与平面向量	2014—01	28.00	302
平面解析几何	2014—01	38.00	303
立体几何与组合	2014—01	28.00	304
极限与导数、数学归纳法	2014—01	38.00	305
趣味数学	2014—03	28.00	306
教材教法	2014—04	68.00	307
自主招生	2014—05	58.00	308
高考压轴题(上)	2015—01	48.00	309
高考压轴题(下)	2014—10	68.00	310
从费马到怀尔斯——费马大定理的历史	2013—10	198.00	Ⅰ
从庞加莱到佩雷尔曼——庞加莱猜想的历史	2013—10	298.00	Ⅱ
从切比雪夫到爱尔特希(上)——素数定理的初等证明	2013—07	48.00	Ⅲ
从切比雪夫到爱尔特希(下)——素数定理100年	2012—12	98.00	Ⅲ
从高斯到盖尔方特——二次域的高斯猜想	2013—10	198.00	Ⅳ
从库默尔到朗兰兹——朗兰兹猜想的历史	2014—01	98.00	Ⅴ
从比勃巴赫到德布朗斯——比勃巴赫猜想的历史	2014—02	298.00	Ⅵ
从麦比乌斯到陈省身——麦比乌斯变换与麦比乌斯带	2014—02	298.00	Ⅶ
从布尔到豪斯道夫——布尔方程与格论漫谈	2013—10	198.00	Ⅷ
从开普勒到阿诺德——三体问题的历史	2014—05	298.00	Ⅸ
从华林到华罗庚——华林问题的历史	2013—10	298.00	Ⅹ

刘培杰数学工作室
已出版(即将出版)图书目录——初等数学

书　　名	出版时间	定　价	编号
美国高中数学竞赛五十讲.第1卷(英文)	2014—08	28.00	357
美国高中数学竞赛五十讲.第2卷(英文)	2014—08	28.00	358
美国高中数学竞赛五十讲.第3卷(英文)	2014—09	28.00	359
美国高中数学竞赛五十讲.第4卷(英文)	2014—09	28.00	360
美国高中数学竞赛五十讲.第5卷(英文)	2014—10	28.00	361
美国高中数学竞赛五十讲.第6卷(英文)	2014—11	28.00	362
美国高中数学竞赛五十讲.第7卷(英文)	2014—12	28.00	363
美国高中数学竞赛五十讲.第8卷(英文)	2015—01	28.00	364
美国高中数学竞赛五十讲.第9卷(英文)	2015—01	28.00	365
美国高中数学竞赛五十讲.第10卷(英文)	2015—02	38.00	366

书　　名	出版时间	定　价	编号
三角函数(第2版)	2017—04	38.00	626
不等式	2014—01	38.00	312
数列	2014—01	38.00	313
方程(第2版)	2017—04	38.00	624
排列和组合	2014—01	28.00	315
极限与导数(第2版)	2016—04	38.00	635
向量(第2版)	2018—08	58.00	627
复数及其应用	2014—08	28.00	318
函数	2014—01	38.00	319
集合	2020—01	48.00	320
直线与平面	2014—01	28.00	321
立体几何(第2版)	2016—04	38.00	629
解三角形	即将出版		323
直线与圆(第2版)	2016—11	38.00	631
圆锥曲线(第2版)	2016—09	48.00	632
解题通法(一)	2014—07	38.00	326
解题通法(二)	2014—07	38.00	327
解题通法(三)	2014—05	38.00	328
概率与统计	2014—01	28.00	329
信息迁移与算法	即将出版		330

书　　名	出版时间	定　价	编号
IMO 50年.第1卷(1959—1963)	2014—11	28.00	377
IMO 50年.第2卷(1964—1968)	2014—11	28.00	378
IMO 50年.第3卷(1969—1973)	2014—09	28.00	379
IMO 50年.第4卷(1974—1978)	2016—04	38.00	380
IMO 50年.第5卷(1979—1984)	2015—04	38.00	381
IMO 50年.第6卷(1985—1989)	2015—04	58.00	382
IMO 50年.第7卷(1990—1994)	2016—01	48.00	383
IMO 50年.第8卷(1995—1999)	2016—06	38.00	384
IMO 50年.第9卷(2000—2004)	2015—04	58.00	385
IMO 50年.第10卷(2005—2009)	2016—01	48.00	386
IMO 50年.第11卷(2010—2015)	2017—03	48.00	646

刘培杰数学工作室
已出版(即将出版)图书目录——初等数学

书　名	出版时间	定　价	编号
数学反思(2006—2007)	2020－09	88.00	915
数学反思(2008—2009)	2019－01	68.00	917
数学反思(2010—2011)	2018－05	58.00	916
数学反思(2012—2013)	2019－01	58.00	918
数学反思(2014—2015)	2019－03	78.00	919
数学反思(2016—2017)	2021－03	58.00	1286
数学反思(2018—2019)	2023－01	88.00	1593
历届美国大学生数学竞赛试题集.第一卷(1938—1949)	2015－01	28.00	397
历届美国大学生数学竞赛试题集.第二卷(1950—1959)	2015－01	28.00	398
历届美国大学生数学竞赛试题集.第三卷(1960—1969)	2015－01	28.00	399
历届美国大学生数学竞赛试题集.第四卷(1970—1979)	2015－01	18.00	400
历届美国大学生数学竞赛试题集.第五卷(1980—1989)	2015－01	28.00	401
历届美国大学生数学竞赛试题集.第六卷(1990—1999)	2015－01	28.00	402
历届美国大学生数学竞赛试题集.第七卷(2000—2009)	2015－08	18.00	403
历届美国大学生数学竞赛试题集.第八卷(2010—2012)	2015－01	18.00	404
新课标高考数学创新题解题诀窍:总论	2014－09	28.00	372
新课标高考数学创新题解题诀窍:必修1～5分册	2014－08	38.00	373
新课标高考数学创新题解题诀窍:选修2－1,2－2,1－1,1－2分册	2014－09	38.00	374
新课标高考数学创新题解题诀窍:选修2－3,4－4,4－5分册	2014－09	18.00	375
全国重点大学自主招生英文数学试题全攻略:词汇卷	2015－07	48.00	410
全国重点大学自主招生英文数学试题全攻略:概念卷	2015－01	28.00	411
全国重点大学自主招生英文数学试题全攻略:文章选读卷(上)	2016－09	38.00	412
全国重点大学自主招生英文数学试题全攻略:文章选读卷(下)	2017－01	58.00	413
全国重点大学自主招生英文数学试题全攻略:试题卷	2015－07	38.00	414
全国重点大学自主招生英文数学试题全攻略:名著欣赏卷	2017－03	48.00	415
劳埃德数学趣题大全.题目卷.1:英文	2016－01	18.00	516
劳埃德数学趣题大全.题目卷.2:英文	2016－01	18.00	517
劳埃德数学趣题大全.题目卷.3:英文	2016－01	18.00	518
劳埃德数学趣题大全.题目卷.4:英文	2016－01	18.00	519
劳埃德数学趣题大全.题目卷.5:英文	2016－01	18.00	520
劳埃德数学趣题大全.答案卷:英文	2016－01	18.00	521
李成章教练奥数笔记.第1卷	2016－01	48.00	522
李成章教练奥数笔记.第2卷	2016－01	48.00	523
李成章教练奥数笔记.第3卷	2016－01	38.00	524
李成章教练奥数笔记.第4卷	2016－01	38.00	525
李成章教练奥数笔记.第5卷	2016－01	38.00	526
李成章教练奥数笔记.第6卷	2016－01	38.00	527
李成章教练奥数笔记.第7卷	2016－01	38.00	528
李成章教练奥数笔记.第8卷	2016－01	48.00	529
李成章教练奥数笔记.第9卷	2016－01	28.00	530

刘培杰数学工作室

已出版(即将出版)图书目录——初等数学

书 名	出版时间	定 价	编号
第19~23届"希望杯"全国数学邀请赛试题审题要津详细评注(初一版)	2014—03	28.00	333
第19~23届"希望杯"全国数学邀请赛试题审题要津详细评注(初二、初三版)	2014—03	38.00	334
第19~23届"希望杯"全国数学邀请赛试题审题要津详细评注(高一版)	2014—03	28.00	335
第19~23届"希望杯"全国数学邀请赛试题审题要津详细评注(高二版)	2014—03	38.00	336
第19~25届"希望杯"全国数学邀请赛试题审题要津详细评注(初一版)	2015—01	38.00	416
第19~25届"希望杯"全国数学邀请赛试题审题要津详细评注(初二、初三版)	2015—01	58.00	417
第19~25届"希望杯"全国数学邀请赛试题审题要津详细评注(高一版)	2015—01	48.00	418
第19~25届"希望杯"全国数学邀请赛试题审题要津详细评注(高二版)	2015—01	48.00	419
物理奥林匹克竞赛大题典——力学卷	2014—11	48.00	405
物理奥林匹克竞赛大题典——热学卷	2014—04	28.00	339
物理奥林匹克竞赛大题典——电磁学卷	2015—07	48.00	406
物理奥林匹克竞赛大题典——光学与近代物理卷	2014—06	28.00	345
历届中国东南地区数学奥林匹克试题集(2004~2012)	2014—06	18.00	346
历届中国西部地区数学奥林匹克试题集(2001~2012)	2014—07	18.00	347
历届中国女子数学奥林匹克试题集(2002~2012)	2014—08	18.00	348
数学奥林匹克在中国	2014—06	98.00	344
数学奥林匹克问题集	2014—01	38.00	267
数学奥林匹克不等式散论	2010—06	38.00	124
数学奥林匹克不等式欣赏	2011—09	38.00	138
数学奥林匹克超级题库(初中卷上)	2010—01	58.00	66
数学奥林匹克不等式证明方法和技巧(上、下)	2011—08	158.00	134,135
他们学什么:原民主德国中学数学课本	2016—09	38.00	658
他们学什么:英国中学数学课本	2016—09	38.00	659
他们学什么:法国中学数学课本.1	2016—09	38.00	660
他们学什么:法国中学数学课本.2	2016—09	28.00	661
他们学什么:法国中学数学课本.3	2016—09	38.00	662
他们学什么:苏联中学数学课本	2016—09	28.00	679
高中数学题典——集合与简易逻辑·函数	2016—07	48.00	647
高中数学题典——导数	2016—07	48.00	648
高中数学题典——三角函数·平面向量	2016—07	48.00	649
高中数学题典——数列	2016—07	58.00	650
高中数学题典——不等式·推理与证明	2016—07	38.00	651
高中数学题典——立体几何	2016—07	48.00	652
高中数学题典——平面解析几何	2016—07	78.00	653
高中数学题典——计数原理·统计·概率·复数	2016—07	48.00	654
高中数学题典——算法·平面几何·初等数论·组合数学·其他	2016—07	68.00	655

刘培杰数学工作室
已出版(即将出版)图书目录——初等数学

书　名	出版时间	定　价	编号
台湾地区奥林匹克数学竞赛试题.小学一年级	2017-03	38.00	722
台湾地区奥林匹克数学竞赛试题.小学二年级	2017-03	38.00	723
台湾地区奥林匹克数学竞赛试题.小学三年级	2017-03	38.00	724
台湾地区奥林匹克数学竞赛试题.小学四年级	2017-03	38.00	725
台湾地区奥林匹克数学竞赛试题.小学五年级	2017-03	38.00	726
台湾地区奥林匹克数学竞赛试题.小学六年级	2017-03	38.00	727
台湾地区奥林匹克数学竞赛试题.初中一年级	2017-03	38.00	728
台湾地区奥林匹克数学竞赛试题.初中二年级	2017-03	38.00	729
台湾地区奥林匹克数学竞赛试题.初中三年级	2017-03	28.00	730
不等式证题法	2017-04	28.00	747
平面几何培优教程	2019-08	88.00	748
奥数鼎级培优教程.高一分册	2018-09	88.00	749
奥数鼎级培优教程.高二分册.上	2018-04	68.00	750
奥数鼎级培优教程.高二分册.下	2018-04	68.00	751
高中数学竞赛冲刺宝典	2019-04	68.00	883
初中尖子生数学超级题典.实数	2017-07	58.00	792
初中尖子生数学超级题典.式、方程与不等式	2017-08	58.00	793
初中尖子生数学超级题典.圆、面积	2017-08	38.00	794
初中尖子生数学超级题典.函数、逻辑推理	2017-08	48.00	795
初中尖子生数学超级题典.角、线段、三角形与多边形	2017-07	58.00	796
数学王子——高斯	2018-01	48.00	858
坎坷奇星——阿贝尔	2018-01	48.00	859
闪烁奇星——伽罗瓦	2018-01	58.00	860
无穷统帅——康托尔	2018-01	48.00	861
科学公主——柯瓦列夫斯卡娅	2018-01	48.00	862
抽象代数之母——埃米·诺特	2018-01	48.00	863
电脑先驱——图灵	2018-01	58.00	864
昔日神童——维纳	2018-01	48.00	865
数坛怪侠——爱尔特希	2018-01	68.00	866
传奇数学家徐利治	2019-09	88.00	1110
当代世界中的数学.数学思想与数学基础	2019-01	38.00	892
当代世界中的数学.数学问题	2019-01	38.00	893
当代世界中的数学.应用数学与数学应用	2019-01	38.00	894
当代世界中的数学.数学王国的新疆域(一)	2019-01	38.00	895
当代世界中的数学.数学王国的新疆域(二)	2019-01	38.00	896
当代世界中的数学.数林撷英(一)	2019-01	38.00	897
当代世界中的数学.数林撷英(二)	2019-01	48.00	898
当代世界中的数学.数学之路	2019-01	38.00	899

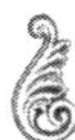

刘培杰数学工作室
已出版(即将出版)图书目录——初等数学

书　名	出版时间	定　价	编号
105 个代数问题:来自 AwesomeMath 夏季课程	2019－02	58.00	956
106 个几何问题:来自 AwesomeMath 夏季课程	2020－07	58.00	957
107 个几何问题:来自 AwesomeMath 全年课程	2020－07	58.00	958
108 个代数问题:来自 AwesomeMath 全年课程	2019－01	68.00	959
109 个不等式:来自 AwesomeMath 夏季课程	2019－04	58.00	960
国际数学奥林匹克中的 110 个几何问题	即将出版		961
111 个代数和数论问题	2019－05	58.00	962
112 个组合问题:来自 AwesomeMath 夏季课程	2019－05	58.00	963
113 个几何不等式:来自 AwesomeMath 夏季课程	2020－08	58.00	964
114 个指数和对数问题:来自 AwesomeMath 夏季课程	2019－09	48.00	965
115 个三角问题:来自 AwesomeMath 夏季课程	2019－09	58.00	966
116 个代数不等式:来自 AwesomeMath 全年课程	2019－04	58.00	967
117 个多项式问题:来自 AwesomeMath 夏季课程	2021－09	58.00	1409
118 个数学竞赛不等式	2022－08	78.00	1526
紫色彗星国际数学竞赛试题	2019－02	58.00	999
数学竞赛中的数学:为数学爱好者、父母、教师和教练准备的丰富资源. 第一部	2020－04	58.00	1141
数学竞赛中的数学:为数学爱好者、父母、教师和教练准备的丰富资源. 第二部	2020－07	48.00	1142
和与积	2020－10	38.00	1219
数论:概念和问题	2020－12	68.00	1257
初等数学问题研究	2021－03	48.00	1270
数学奥林匹克中的欧几里得几何	2021－10	68.00	1413
数学奥林匹克题解新编	2022－01	58.00	1430
图论入门	2022－09	58.00	1554
澳大利亚中学数学竞赛试题及解答(初级卷)1978～1984	2019－02	28.00	1002
澳大利亚中学数学竞赛试题及解答(初级卷)1985～1991	2019－02	28.00	1003
澳大利亚中学数学竞赛试题及解答(初级卷)1992～1998	2019－02	28.00	1004
澳大利亚中学数学竞赛试题及解答(初级卷)1999～2005	2019－02	28.00	1005
澳大利亚中学数学竞赛试题及解答(中级卷)1978～1984	2019－03	28.00	1006
澳大利亚中学数学竞赛试题及解答(中级卷)1985～1991	2019－03	28.00	1007
澳大利亚中学数学竞赛试题及解答(中级卷)1992～1998	2019－03	28.00	1008
澳大利亚中学数学竞赛试题及解答(中级卷)1999～2005	2019－03	28.00	1009
澳大利亚中学数学竞赛试题及解答(高级卷)1978～1984	2019－05	28.00	1010
澳大利亚中学数学竞赛试题及解答(高级卷)1985～1991	2019－05	28.00	1011
澳大利亚中学数学竞赛试题及解答(高级卷)1992～1998	2019－05	28.00	1012
澳大利亚中学数学竞赛试题及解答(高级卷)1999～2005	2019－05	28.00	1013
天才中小学生智力测验题. 第一卷	2019－03	38.00	1026
天才中小学生智力测验题. 第二卷	2019－03	38.00	1027
天才中小学生智力测验题. 第三卷	2019－03	38.00	1028
天才中小学生智力测验题. 第四卷	2019－03	38.00	1029
天才中小学生智力测验题. 第五卷	2019－03	38.00	1030
天才中小学生智力测验题. 第六卷	2019－03	38.00	1031
天才中小学生智力测验题. 第七卷	2019－03	38.00	1032
天才中小学生智力测验题. 第八卷	2019－03	38.00	1033
天才中小学生智力测验题. 第九卷	2019－03	38.00	1034
天才中小学生智力测验题. 第十卷	2019－03	38.00	1035
天才中小学生智力测验题. 第十一卷	2019－03	38.00	1036
天才中小学生智力测验题. 第十二卷	2019－03	38.00	1037
天才中小学生智力测验题. 第十三卷	2019－03	38.00	1038

刘培杰数学工作室

已出版(即将出版)图书目录——初等数学

书　　名	出版时间	定　价	编号
重点大学自主招生数学备考全书:函数	2020－05	48.00	1047
重点大学自主招生数学备考全书:导数	2020－08	48.00	1048
重点大学自主招生数学备考全书:数列与不等式	2019－10	78.00	1049
重点大学自主招生数学备考全书:三角函数与平面向量	2020－08	68.00	1050
重点大学自主招生数学备考全书:平面解析几何	2020－07	58.00	1051
重点大学自主招生数学备考全书:立体几何与平面几何	2019－08	48.00	1052
重点大学自主招生数学备考全书:排列组合・概率统计・复数	2019－09	48.00	1053
重点大学自主招生数学备考全书:初等数论与组合数学	2019－08	48.00	1054
重点大学自主招生数学备考全书:重点大学自主招生真题.上	2019－04	68.00	1055
重点大学自主招生数学备考全书:重点大学自主招生真题.下	2019－04	58.00	1056
高中数学竞赛培训教程:平面几何问题的求解方法与策略.上	2018－05	68.00	906
高中数学竞赛培训教程:平面几何问题的求解方法与策略.下	2018－06	78.00	907
高中数学竞赛培训教程:整除与同余以及不定方程	2018－01	88.00	908
高中数学竞赛培训教程:组合计数与组合极值	2018－04	48.00	909
高中数学竞赛培训教程:初等代数	2019－04	78.00	1042
高中数学讲座:数学竞赛基础教程(第一册)	2019－06	48.00	1094
高中数学讲座:数学竞赛基础教程(第二册)	即将出版		1095
高中数学讲座:数学竞赛基础教程(第三册)	即将出版		1096
高中数学讲座:数学竞赛基础教程(第四册)	即将出版		1097
新编中学数学解题方法 1000 招丛书.实数(初中版)	2022－05	58.00	1291
新编中学数学解题方法 1000 招丛书.式(初中版)	2022－05	48.00	1292
新编中学数学解题方法 1000 招丛书.方程与不等式(初中版)	2021－04	58.00	1293
新编中学数学解题方法 1000 招丛书.函数(初中版)	2022－05	38.00	1294
新编中学数学解题方法 1000 招丛书.角(初中版)	2022－05	48.00	1295
新编中学数学解题方法 1000 招丛书.线段(初中版)	2022－05	48.00	1296
新编中学数学解题方法 1000 招丛书.三角形与多边形(初中版)	2021－04	48.00	1297
新编中学数学解题方法 1000 招丛书.圆(初中版)	2022－05	48.00	1298
新编中学数学解题方法 1000 招丛书.面积(初中版)	2021－07	28.00	1299
新编中学数学解题方法 1000 招丛书.逻辑推理(初中版)	2022－06	48.00	1300
高中数学题典精编.第一辑.函数	2022－01	58.00	1444
高中数学题典精编.第一辑.导数	2022－01	68.00	1445
高中数学题典精编.第一辑.三角函数・平面向量	2022－01	68.00	1446
高中数学题典精编.第一辑.数列	2022－01	58.00	1447
高中数学题典精编.第一辑.不等式・推理与证明	2022－01	58.00	1448
高中数学题典精编.第一辑.立体几何	2022－01	58.00	1449
高中数学题典精编.第一辑.平面解析几何	2022－01	68.00	1450
高中数学题典精编.第一辑.统计・概率・平面几何	2022－01	58.00	1451
高中数学题典精编.第一辑.初等数论・组合数学・数学文化・解题方法	2022－01	58.00	1452
历届全国初中数学竞赛试题分类解析.初等代数	2022－09	98.00	1555
历届全国初中数学竞赛试题分类解析.初等数论	2022－09	48.00	1556
历届全国初中数学竞赛试题分类解析.平面几何	2022－09	38.00	1557
历届全国初中数学竞赛试题分类解析.组合	2022－09	38.00	1558

联系地址:哈尔滨市南岗区复华四道街 10 号　哈尔滨工业大学出版社刘培杰数学工作室

网　　址:http://lpj.hit.edu.cn/

邮　　编:150006

联系电话:0451－86281378　　13904613167

E-mail:lpj1378@163.com